U0260339

农业面源和重金属污染监测方法与评价指标体系研究

刘宝存　郑　戈◎主编

中国农业出版社
北　京

编 委 会

主　编：刘宝存　郑　戈

副主编：熊　炜　索琳娜　王　农　徐志宇　刘新刚

编　委（按姓氏笔画排序）：

丁建莉　马义兵　王　农　王　芳　王　磊　叶　飞
刘宏斌　刘宝存　刘善江　刘新刚　衣文平　安志装
孙仁华　孙钦平　杜会英　李新宇　邱康康　何　艳
谷佳林　张惠文　武淑霞　委立国　郑　戈　郑永权
郑庆祥　索琳娜　徐志宇　徐建明　蒋　宝　蒋建东
翟丽梅　熊　炜　魏莉丽

序一

PREFACE

随着近年来农田化学投入品的过量施用、农业废弃物的不合理处置和农业生产方式的转变，外源投入和内源自身产生的农业面源和重金属污染问题日益凸显，由此引发的农产品质量安全和环境事件受到社会广泛关注，同时也成为近年来学术界研究的热点。

2014 年 4 月 17 日，环境保护部和国土资源部发布了《全国土壤污染状况调查公报》，指出“全国土壤环境状况总体不容乐观，部分地区土壤污染严重，耕地土壤环境质量堪忧，工矿业废弃地土壤环境问题突出。工矿业、农业等人为活动以及土壤环境背景值高是造成土壤污染或超标的主要原因”。农业面源和重金属污染等生态环境问题已成为影响人民生活、身体健康和经济社会可持续发展的重要因素之一。

大量科学研究和实践证明，我国农业生态环境的特殊性，特别是各地区气候条件、地形地貌、环境背景值以及资源禀赋的巨大差异，难以完全照搬国外理论与技术，来切实解决我国农业领域所面临的重大环境科学问题，以及有效遏制农业环境污染、生态退化的发展态势。为此，进入“十三五”以来，科技部围绕我国农业面源污染、农田重金属污染防治的重大战略需求，组织实施了国家重点研发计划“农业面源污染和重金属污染农田综合防治与修复”重点专项（以下简称“专项”），为我国农业绿色发展的生态环境安全保障提供理论和技术支撑。

良好的农业生态环境是发展绿色农业的物质基础，而农业面源和重金属污染防治是农业生态环境安全的一项核心工程，为保障该工程的实施，建立一套既符合我国国情又科学合理的农业面源和重金属污染防治方法和评价体系将至关重要，这不仅有利于推动土壤污染防治方案的制定和相关技术的开发应用，而且能对工程和技术治理效果进行验收和评价，从而促进农业生态环境改善，提高我国农产品质量安全的保障能力，推进区域乃至全国农业绿色发展。

该书正是为了上述目的所开展的专项研究，其成果可帮助我们从科学、客观的角度了解国家重点研发计划专项研究进展和我国在该方面的水平，为今后农业面源和重金属污染防治方面的工作开展、成果总结和效果评价提供借鉴。

该书以农业面源和重金属污染监测方法与评价指标体系建立为研究目标，分别从农田氮磷流失治理效果的评价方法与评价体系及其指标体系、农田有毒有害化学/生物污染物环境残留评价方法与指标体系、农业有机废弃物资源化处理技术与利用技术评价指标体系、农田重金属污染治理与修复技术评价指标体系、农业面源和重金属专项评价指标体系等方面，结合国内外的研究进展进行了调研和系统梳理、归纳凝练和深入研究，从监测方法、指标形成和指标体系、评估方法等方面形成了《农业面源和重金属污染监测方法与评价指标体系研究》成果，以期为我国开展农业面源和重金属污染治理成效评估，建立农业面源污染监测与评估指标体系，指导开展区域农业面源和重金属污染监管与防控提供支撑服务。

该书是我国首次出版的针对农业面源和重金属污染防治工作评价的一本工具书。该书的出版将对我国农业面源和重金属污染防治项目管理部门、科研单位和研究人员，在全面掌握本领域研究现状、政策法规、标准规范现状，制定项目规划、预期效果和管理措施等方面提供帮助。

张佳宝

2020年10月

序　二

PREFACE

2020年是全面建成小康社会目标实现之年，是全面打赢脱贫攻坚战收官之年，更是推进农业绿色发展、实施乡村振兴战略的重要一年。2020年中央1号文件中着重强调要治理农村生态环境突出问题——大力推进畜禽粪污资源化利用，基本完成大规模养殖场粪污治理设施建设；深入开展农药化肥减量行动，加强农膜污染治理，推进秸秆综合利用；稳步推进农用地土壤污染管控和修复利用。

为深入贯彻中央确定的绿色发展理念和全面实施乡村振兴战略，全面落实《全国农业可持续发展规划（2015—2030年）》确定的“保护耕地资源，促进农田永续利用”“治理环境污染，改善农业农村环境”。农业农村部提出了“一控两减三基本”目标，先后印发了《关于打好农业面源污染防治攻坚战的实施意见》《关于贯彻落实〈土壤污染防治行动计划〉的实施意见》等一系列文件，并组织实施了一系列行动计划，也取得了阶段性的成效。

建设美丽中国，是党和国家从战略全局提出的国家目标，也是对广大人民群众的庄严承诺，更是实现国家生态文明建设目标和乡村振兴战略目标的实践和检验。干净的空气、洁净的水、安全的食物以及稳定安全的生态环境已经成为人民群众满足美好生活的刚性需求。我国农业生态环境领域科技创新如何满足广大人民群众对美好生活的追求、适应未来发展变化需求，为未来社会、经济的健康可持续发展和实现乡村振兴战略目标提供强大科技支撑，是新时代新形势下农业生态环境领域科技工作者面临的新课题、新任务和新挑战。

聚焦我国当前的农业面源和重金属污染问题，着眼于未来发展需求，按照“基础研究、共性关键技术研究、技术集成创新研究与示范”全链条一体化设计，国家重点研发计划“十三五”设立“农业面源和重金属污染农田综合防治与修复技术研发”重点专项（以下简称“专项”）。专项以粮食、蔬菜、瓜果、主要经济作物种植区为研究对象，以农田面源污染物、重金属和农业有机废弃物等的防控为目标，按照全链条设计、一体化实施的指导思想，设置农田氮磷淋溶损失污染与防控机制、农田氮磷径流流失污染与防控机制、农田有毒有害化学/生物污染与防控机制等7项基础研究项目；设置水土流失型氮磷面源污染阻截技术与产品、水稻主产区氮磷流失综合防控技术与产品、废弃物好氧发酵技术与智能控制设备、农业面源和重金属污染监测技术与监管平台等15项共性关键技术研发项目；设置京津冀设施农业面源和重金属污染防治与修复技术示范、长江下游面源和重金属污染综合防治与修复技术示范、珠三角镉砷和面源污染农田综合防治与修复技术示范等13项综合防治与修复技术集成示范项目。

自专项组织实施以来，得到了相关领域科研人员的广泛关注，也得到了各部委、各省（自治区、直辖市）、各科研单位的大力支持与配合，坚持“问题导向、目标导向、产业导向”原则，在全国范围基本形成了强强联合、大兵团联合作战的新型科研攻关组织模式。在专项实施过程中，创新性地建立了项目实施与产业需求“四方对接”管理模式，专业机构、项目负责人、专项实施方案编制专家和行业部门等“四方”及时进行对接，促进项目真正落地实施和解决产业中的实际问题，引入专家评估机制，成立专项管理专家委员会，由了解全国和区域农业面源和重金属防治技术需求和政策制定的科研类和管理类专家组成，在专项的概算编制、项目磋商、立项建议、过程与中期检查等阶段组织开展评估监督。专项管理上，督促各个项目牵头单位瞄准在“提高科技创新度、产业关联度和对产业的贡献度”上狠下功夫，为科技创新链与产业链的有机结合搭建了平台，取得了阶段性实实在在的显著成效，为有效有序推进区域乃至全国的农业绿色发展、保障农产品质量安全和改善生态环境发挥了积极作用。

该书以评价专项实施效果为研究对象，根据专项设置原则和总体目标、兼顾各类项目的差异性，针对基础研究、关键技术研发、集成示范应用三类项目的特点，综合国内外本领域先进评价方法和标准，建立导向明确、科学合理的绩效评价体系。在国内外现有工作基础上，实现评价方法的规范化，评价要素的标准化，评价指标的科学化，初步探索建立了适合我国国情现状的农业面源和重金属污染治理与修复领域项目评价和考核指标体系，从而为第三方科学评估提供了专业化、标准化的科学依据。

杨世年

2020年10月

前言

FOREWORD

在长期的社会和经济发展中，我国农业发展在保障农产品安全生产、提供食物营养防止饥饿、推动社会稳定发展等方面发挥了突出作用，其生产性功能得到了长足发展。我们也清醒地看到，我国农业发展在取得巨大成就的同时也产生了突出的农业环境问题，追求高投入高产出下的农业集约化、规模化发展导致农业生态系统自我调节能力减弱、防灾抗灾减灾能力降低，农业应对气候变化等多元化目标的实现与可持续发展面临新挑战，农业追求高产的生产模式对生态环境的影响，实现农业绿色可持续发展面临的资源与生态环境双重约束和压力越来越受到社会的普遍关注与重视。2015年中央1号文件对加强农业生态治理做出专门部署，强调要加强农业面源污染治理，并提出关于打好农业面源污染防治攻坚战的实施意见，吹响了集中力量治理农业面源污染“最后一公里”的号角。2016年以来，国家先后颁布实施了《土壤污染防治行动计划》《农用地土壤环境管理办法（试行）》《土壤环境质量　农用地土壤污染风险管控标准（试行）》《土壤污染防治法》等系列法律、标准和文件，初步完善形成了我国农田污染防治的政策性框架体系。

为进一步提升我国农业面源和重金属污染防治与修复技术的创新研发水平和应用能力，更好地保障农产品质量安全和农业生态环境安全，全面促进国家生态文明建设，为农业绿色发展和实施乡村振兴战略提供强有力的技术支撑服务，“十三五”期间，国家重点研发计划启动实施了“农业面源和重金属污染农田综合防治与修复技术研发”重点专项（以下简称“专项”）。专项按照全链条设计、一体化实施的思路，围绕基础研究、关键技术研发、集成示范应用3个层次，共设置35个研究项目。农业污染物来源种类繁多，有农业化学品、禽畜养殖与农业有机废弃物等，造成的农田污染具有隐蔽性、累积性及不确定性强、时空差异大、影响因素和作用过程复杂的特点。为进一步科学评估我国现阶段农业面源和重金属污染综合防治修复效果，推进农业绿色健康可持续发展，在开展农业面源和重金属污染系统研究与监测预报的同时，如何对不同区域，同一污染要素，统一方法和标准，评价其农业面源和重金属污染防治的整体效果，亟须建立一套较为系统、完整、可操作的，针对农田的水、土、气环境状况的监测评价方法与指标体系。

本书是在专项全面启动后开始筹划，我们借助国家“十三五”重点研发计划实施的契机，在农业农村部的大力支持下，系统梳理和调研分析总结了国内外已有资料，也积极吸收了专项的部分研发成果，首次完成农业面源和重金属污染监测方法与评价指标体系研发，补齐了国内该领域研究的短板。希望本书的成果不仅对专项项目的绩效评价有重要的使用价值，也对未来农业环境科学研究和科技管理有一定的指导意义。

本书的编著过程，得到了农业农村部科技发展中心、农业农村部农业生态与资源保护总站、农业农村部环境保护科研监测所、北京市农林科学院植物营养与资源研究所、北京土壤学会等单位的大力支持，同时也得到专项相关首席专家的鼎力协助，特别是中国科学院南京土壤研究所张佳宝院士、农业农村部科技发展中心杨雄年主任在百忙之中为本书作序。在此，我们对参加本书编写的相关专家和科研人员，以及各级领导等给予的大力支持和辛勤付出，表示衷心的感谢。

由于时间仓促，加之作者认知、水平有限，书中难免有遗漏和错误之处，敬请读者批评指正。

编著者

2020年10月

目录

绪　论

一、研究背景

随着经济社会的快速发展，农业资源的高强度利用和人为不合理的干预，造成工农业生产过程中排放的大量有毒有害物质在农田系统中部分残留和逐渐累积，导致了一系列农田土壤污染的重大环境问题，直接威胁了国家粮食安全、生态环境质量和人体健康。

2014年4月环境保护部和国土资源部共同发布了《全国土壤污染状况调查公报》，全国土壤环境状况总体不容乐观，耕地土壤质量堪忧。2016年5月国务院又相继印发了《土壤污染防治行动计划》，备受关注的环境保护“土十条”正式出台，促使土壤污染防控与修复成为“十三五”期间农业科技重点发展方向。2018年8月31日，十三届全国人大常委会第五次会议全票通过了《土壤污染防治法》，自2019年1月1日起施行。2018年底前，完成了全国农用地土壤污染状况详查，初步查明了农用地土壤污染的面积、分布及其对农产品的影响。由于我国农田污染物种类繁多，包括氮磷、重金属等无机污染物，农药、邻苯二甲酸酯、激素、抗生素等有机污染物，病原菌、抗生素抗性基因等生物污染物，以及农业污染物，各地区环境、地理、气候以及经济发展等因素差异较大，农田污染防控与修复技术研发和应用进展缓慢。从实践来看，农田污染防控与修复不单纯是一个科学技术问题，更是一个兼容政策、经济、社会等多因素的综合性系统工程。

为进一步提升我国农业面源和重金属污染防治与修复技术的创新研发水平和应用能力，在国家科技计划管理改革的背景下，“十三五”期间启动了国家重点研发计划“农业面源和重金属污染农田综合防治与修复技术研发”重点专项（以下简称“专项”）。该专项按照全链条设计、一体化实施的思路，围绕基础研究、关键技术研发、集成示范应用3个层次，共设置35个研究方向项目。为我国绿色生态农业发展提供了以农业投入品、产出品、农业面源和重金属污染防治为主体的环境友好技术、产品和装备，以小麦、玉米、水稻和蔬菜为主体的绿色高效生产调控理论、技术、产品和装备，以及农产品安全、农田生态环境质量提升理论、技术、产品和装备。值此“十三五”国家科技计划实施临近收官，“十四五”蓄势待发之际，亟须建立一套标准化的评估方法和指标体系，从科学、客观、合理的角度分析评价我国农业面源和重金属污染防控以及绿色农业发展的真实状态和进步水平，为“十三五”专项项目的结题验收和未来项目的设立、实施与管理提供重要参考依据。

二、研究目标

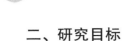

根据《国家重点研发计划管理暂行办法》《国家重点研发计划资金管理办法》《国家重点研发计划项目综合绩效评价工作规范（试行）》及国家“十三五”重点专项的设置原则和总体目标、兼顾项目的差异性，针对基础研究、关键技术研发、集成示范应用三类项目的特点，调查、收集、整理国内外农业面源和重金属污染调控与修复技术评价要素、方法、标准和指标体系现状，综合国内外本领域先进评价方法和标准，建立导向明确、科学合理的绩效评价机制。

在国内外现有工作基础上，实现评价方法的规范化，评价要素的标准化，评价指标的科学化。在核实、充分利用项目承担单位各阶段总结材料等资料的基础上，按照项目申报阶段确立的绩效考核内容和任务指标，梳理目前专项实施的成果进展，总结专项组织管理方面的经验，提出该研究领域重点专项评价要素与指标体系，从而为第三方科学评估提供依据。

三、基本原则

为提高专项的管理水平和实施效益，更好发挥支撑重点领域科技创新的作用，需依托专业机构加强对项目的监测和评价。

1. 内容

对专项的组织管理、任务实施情况、科研产出效率和效能进行监测与评估。对专项的监测分为年度监测和终期监测两类。

（1）年度监测。

主要以每年由专业机构组织的专项总结工作会议及各单位提供的总结材料和专家评议结果作为监测结果，及时报告科技部、农业农村部、生态环境部等，并反馈项目承担单位，以便及时加强管理和整改。

（2）终期监测。

结合项目验收，以及在项目验收后开展的跟踪监测评估，务实反映项目实施效果。监测结果报送科技部、农业农村部、生态环境部，作为未来项目设立和专项申报的重要参考。

2. 方法

由专业机构牵头组建专家组或委托第三方专业评估机构，在核实、利用项目承担单位总结材料等资料基础上，按照绩效评价指标和评价标准，科学选择和综合运用同行评议、文献计量、案例分析、问卷调查等方法，分析评价形成结论。

3. 定位

（1）分类。

按照专项设置（基础研究、关键技术、集成示范）中任务指标分类评价。

基础研究与应用基础研究类项目重点评价新发现、新原理、新方法、新规律的重大原创性和科学价值、解决经济社会发展和国家安全重大需求中关键科学问题的效能、支撑技术和产品开发的效果、代表性论文等科研成果的质量和水平，以国际同行评议为主。

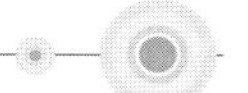

技术和产品开发类项目重点评价新技术、新方法、新产品、关键部件等的创新性、成熟度、稳定性、可靠性，突出成果转化应用情况及其在解决经济社会发展关键问题、支撑引领行业产业发展中发挥的作用。

应用示范类项目绩效评价以规模化应用、行业推广为导向，重点评价集成性、先进性、经济适用性、辐射带动作用及产生的经济社会效益，更多采取应用推广相关方评价和市场评价方式。

（2）科学。

绩效目标内容具体清晰，定量指标、定性指标应具有可考核性。

（3）务实。

绩效目标应充分考虑农业科研活动与科学研究规律与特点，经过充分调查、研究和论证，符合客观实际。

4. 指标

（1）管理。

监测专项实施过程中业务管理和财务管理状况，评估其是否科学、规范、有效。

（2）产出。

根据任务书，对项目指标的完成数量和质量进行全面评估，如论文、专利、科技成果、标准草案、示范推广规模以及对行业发展贡献度等。

（3）效益。

经济效益指标：技术与产品产生市场经济收益或保证技术采纳应用者经济利益的直接经济效益，以及基于国家粮食安全、环境安全的间接经济效益。

社会效益指标：技术示范推广、技术与人才培训、智库决策支持国家粮食安全、环境安全作用。

生态效益指标：提高资源与能源利用率、减少农业环境污染，对农村生态环境、绿水青山保护的支撑作用。

可持续影响指标：对农业可持续发展的支撑作用、对农业新技术应用的支撑作用、人才培养、提升国际影响力等。

（4）满意度。

设置专门问卷进行广泛调查，监测社会公众或服务对象满意度。主要是评价成果服务对象、行业主管部门或社会公众对使用或者应用某种技术、产品等，或者对本专项综合应用、综合评价的满意程度。

第一章　农田氮磷流失治理效果的评价方法和评价体系

在农产品需求不断增加、农业资源与生态环境双重压力下，深入系统研究化肥中氮磷元素输入农田系统后的迁移、转化、残留、累积等演变过程，探明氮磷流失系数、生态效应与农田持续生产力下降的关系，减少或者降低氮磷造成的农业面源污染，提高农田生态系统中氮磷的利用效能，是突破制约我国农田生产力提升和保障农产品安全的理论瓶颈问题的重要途径。因此，开展农业面源污染机制的基础研究，是实现“十三五”期间农田生态系统安全保障的重要内容。

第一节　农田氮磷流失治理效果的监测与评价方法

针对我国农田氮磷流失治理的技术应用实际，构建面源监测、地下淋溶监测、水田地表径流等一系列技术监测规范、体系、方法等，可以为有效评价农田氮磷流失治理效果提供基础性的支撑和保障。

一、农田面源污染监测技术规范

（一）范围

本方法规定了农田面源污染监测过程中田间监测小区的管理、观测记录、样品采集、样品分析测试、监测质量控制、监测结果报告等基本内容。

本方法适用于我国以地表径流或地下淋溶途径发生的田块尺度面源污染监测。不适用于地下水位埋深在 1.5m 以内的农田地下淋溶面源污染监测。

（二）规范性引用文件

本标准引用下列国家或行业标准。下列标准所包含的条文，通过在本文件中引用而构成本文件的条文。

HJ/T 164—2004　地下水环境监测技术规范

NY/T 395—2012　农田土壤环境质量监测技术规范

NY/T 396—2000　农用水源环境质量监测技术规范

HJ 494—2009　水质　采样技术指导

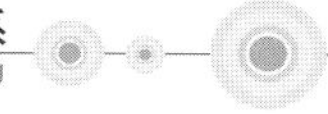

HJ 493—2009　水质采样　样品的保存和管理技术规定
GB 5084—2005　农田灌溉水质标准
HJ 636—2012　水质　总氮的测定　碱性过硫酸钾消解紫外分光光度法
GB 11893—1989　水质　总磷的测定　钼酸铵分光光度法
GB/T 7480—1987　水质　硝酸盐氮的测定　酚二磺酸分光光度法

（三）术语和定义

下列术语和定义适用于本文件。

1. 农田面源污染

指借助降雨、灌水或冰雪融水使农田土壤表面或土体中的氮、磷等水污染物向地表水或地下水迁移的过程，是地表水富营养化或地下水硝酸盐污染的重要原因之一。

2. 农田地表径流

指借助降雨、灌水或冰雪融水将农田土壤中的氮、磷等水污染物向地表水体径向迁移的过程，是农田面源污染产生的重要途径之一。

3. 农田地下淋溶

指借助降雨、灌水或冰雪融水将农田土壤表面或土体中的氮、磷等水污染物向地下水淋洗的过程，是农田面源污染产生的重要途径之一。

4. 监测小区

指为监测农田面源污染而设置的具有固定边界和面积并按特定施肥、灌溉、耕作等措施进行管理的种植小区。

5. 田间径流池

指田间条件下用于收集特定监测小区地表径流且具有防雨、防渗功能的固定设备。

6. 田间渗滤池

指田间条件下用于收集一定长、宽、深且具有隔离边界的目标土体淋溶液的全套地下装置的总称。

7. 流失通量

单位时间、单位面积农田通过地表径流或地下淋溶途径向周边环境排出的氮、磷等面源污染物总量。

（四）监测周期

农田面源污染监测以一年为一个监测周期，不仅包括作物生长阶段，也包括农田非种植时段。一般情况下，1个监测周期从第一季作物播种前翻耕开始，到下一年度同一时间段为止。以作物收获的时间顺序来确定第一季作物，比如南方水稻-小麦轮作制，小麦先收获，则小麦为第一季作物，水稻则为第二季作物，监测的周期则从小麦播种前的翻耕期开始，到下一年度的同一时间为止。遇有特殊气候条件（如露地栽培的强降雨等），随时监测。

（五）农田地表径流/地下淋溶计量与采样

1. 农田地表径流计量与样品采集

（1）地表径流计量。

每次产流均单独计量、采样。

每次产流后，准确测量田间径流池内水面高度（精确至 mm），计算径流水体积。计算公式如下：

$$V_i=(H_i\times S1+H2\times S2)\times 1\ 000$$

其中：V_i——监测小区第 i 次地表径流量（L）；

H_i——第 i 次产流后的径流池水面高度（m）；

$S1$——径流池底面积（m^2）；

$H2$——径流池排水凹槽深度（m）；

$S2$——径流池排水凹槽底面积（m^2）。

（2）径流水样采集。

在记录好产流量后即可采集地表径流水样。

每个田间径流池每次采集 2 个混合样品。样品瓶为 500mL 以上的聚乙烯塑料瓶，采样前贴好用铅笔标明样品编号的标签。标签式样参见 NY/T 396－2000 农用水源环境质量监测技术规范中水样品标签式样。

采样前，用洁净工具充分搅匀径流池中的水，然后用取样瓶在径流池不同部位、不同深度多点采样（至少 8 点），将多点采集的水样，置于清洁的聚乙烯塑料桶或塑料盆中，将水样充分混匀，取水样分装到已经准备好的 2 个样品瓶中。

采集到的 2 份水样，1 份供分析测试用，另 1 份作为备用。

（3）径流池清洗、备用。

取完水样后，拧开每个径流池底排水凹槽处的盖子或排水阀门，排空池内径流水；抽排过程中，应边排边洗，将径流池清洗干净。

2. 农田地下淋溶计量与样品采集

（1）地下淋溶计量。

每次灌水或较大降雨后，均应检查是否发生淋溶。每次产流均单独计量，单独采集淋溶液。

采样时，将真空泵连接缓冲瓶，缓冲瓶连接采样瓶，采样瓶连接淋溶液采集桶，保证各接口处连接紧密。然后启动真空泵将淋溶液全部抽入采样瓶中，计量淋溶液体积（L）。

（2）淋溶水样采集。

每个田间渗滤池每次采集 2 份混合样品。样品瓶为 500mL 以上的聚乙烯塑料瓶，采样前贴好用铅笔标明样品编号的标签。标签式样参见 NY/T 396—2000 中水样品标签式样。

采样前，先摇匀淋溶液，然后取 2 份混合水样（每个样约 500mL，如淋溶液不足 1 000mL，则将淋溶液全部作为样品采集），1 份供分析测试用，另 1 份作为备用。

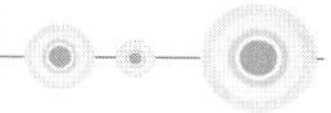

（六）样品保存

地表径流或地下淋溶水样原则上应于采样当天带回实验室进行分析测试，如果不能当天测试，立即冰冻保存。样品保存与运输方法参见标准 NY/T 396—2000 与 HJ 493—2009。

备用样品，监测结果经审核后，才可作相应的补测或废弃处理。

（七）分析测试

1. 测试项目

地表径流水样测试项目包括：总氮（TN）、硝态氮（NO_3^--N）、铵态氮（NH_4^+-N），总磷（TP）、溶解性总磷（DTP）。

地下淋溶水样测试项目包括：总氮（TN）、硝态氮（NO_3^--N）、铵态氮（NH_4^+-N），总磷（TP）、溶解性总磷（DTP）。

2. 测试方法

总氮：参见标准 HJ 636—2012 或者碱性过硫酸氧化-流动分析仪分析法。

硝态氮：紫外分光光度法或流动注射分析仪分析法。

铵态氮：流动注射分析仪分析法或靛酚蓝比色法。

总磷：参见标准 GB 11893—1989。

溶解性总磷：2.5μm 滤膜过滤-过硫酸氧化-钼锑抗比色法。

（八）质量控制

1. 田间监测质量控制

每次观测记录时，检查各小区的地表径流或地下淋溶量是否基本一致（特定的处理除外）。

认真检查监测设备是否完好。田间径流池是否漏水、渗水，所有小区径流收集管的高度是否一致；地下淋溶设备是否正常。

2. 实验室内分析测试质量控制

实验室内分析测试项目的质量控制参见标准 NY/T 395—2012 与 NY/T 396—2000 相关规定。

（九）农田面源污染流失通量的计算

监测周期内农田面源污染流失通量的计算公式如下：

$$F=\sum_{i=1}^{n}\frac{V_i\times C_i}{S}\times f$$

其中：F——农田面源污染流失通量（kg/hm^2）；

n——监测周期内的农田产流（地表径流或地下淋溶）次数；

V_i——第 i 次产流的水量（L）；

C_i——第 i 次产流的氮、磷等面源污染物浓度（mg/L）；

S——监测单元的面积（m^2），地表径流监测单元的面积即为监测小区的面积

(m^2)，地下淋溶监测单元的面积为田间渗滤池所承载的集液区（即目标监测土体）的面积（一般为 $1.50m \times 0.80m = 1.2m^2$）；

f——转换系数，系由监测单元面源污染物流失量（mg/m^2）转换为每公顷面源污染物流失量（kg/hm^2）时的换算系数，具体数值根据监测单元面积而定。

二、农田地下淋溶面源污染监测技术规范

（一）范围

本标准规定了农田地下淋溶面源污染监测小区的布置、田间渗滤池装置的制作与安装方法等基本要求。

本标准适用于我国平原地区常年地下水位在 1.5m 以下、以地下淋溶途径流失的农田面源污染物监测。

（二）规范性引用文件

本标准引用下列国家或行业标准。下列标准所包含的条文，通过在本规范中引用而构成本规范的条文。

NY/T 1118—2006　测土配方施肥技术规范

NY/T 395—2000　农田土壤环境质量监测技术规范

NY/T 497—2002　肥料效应鉴定田间试验技术规程

NY/T 1119—2019　耕地质量监测技术规程

（三）术语和定义

下列术语和定义适用于本标准。

1. 农田地下淋溶

指借助降雨、灌水或冰雪融水将农田土壤表面或土体中的氮、磷等水污染物向地下水淋洗的过程，是农田面源污染产生的重要途径之一。

2. 农田面源污染

指借助降雨、灌水或冰雪融水使农田土壤表面或土体中的氮、磷等水污染物向地表水或地下水迁移的过程，是地表水富营养化或地下水硝酸盐污染的重要原因之一。

3. 监测小区

指为监测农田地下淋溶面源污染而设置，具有一定面积并按特定施肥、灌溉等措施进行管理的种植小区。

4. 田间渗滤池

指田间条件下用于收集特定面积、特定规格目标土体淋溶液的全套装置，包括监测目标土体、淋溶液收集桶、采样装置及相关配件等。

（四）田间渗滤池装置及安装

本标准采用田间渗滤池法监测农田地下淋溶面源污染，或是采用小麦、玉米氮磷淋失

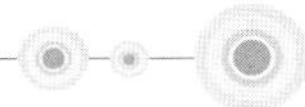

技术与产品研发项目创新改进的淋溶液采集装置开展监测。

安装田间渗滤池装置时，先将监测土体分层挖出，分层堆放，形成一个长方体土壤剖面，下部安装淋溶液收集桶，用集液膜将土壤剖面四周及底部包裹，然后分层回填土壤。田间渗滤池装置预置埋藏于地下，如图 1-1（地下部分）所示。

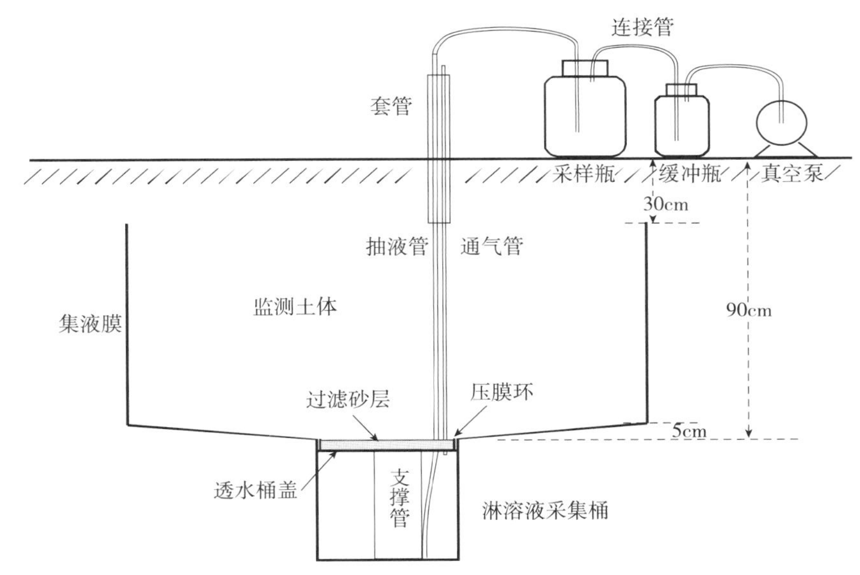

图 1-1　田间渗滤池（地下部分）及取水装置（地上部分）示意

1. 装置组件及规格

(1) 淋溶液收集桶：为聚丙烯材质圆柱形水桶，直径 40cm，深 35cm，用于收集淋溶液。

(2) 支撑管：为 PVC 圆管，直径 15cm，高 30cm，直立于淋溶液收集桶中部，用于支撑桶盖与固定抽液管。

(3) 透水桶盖：为聚丙烯材质的多孔、圆形、下凹桶盖，淋溶液可从小孔进入到桶内。

(4) 过滤网：孔径 0.149mm 尼龙网，2 层，粘贴在透水桶盖的凹状表面，具有过滤淋溶液的作用。

(5) 密封塞（大、小）：固定在透水桶盖上，抽液管与通气管分别从大、小两塞的内部穿过，起密封作用。

(6) 抽液管：直径为 1cm 的塑料管，底端固定在支撑管下部，穿过透水桶盖和土体到达地面，顶端露出地表 100cm，用于抽取淋溶液。

(7) 通气管：直径为 0.3cm 的塑料管，插在小密封塞内，穿过土体到达地面，顶端露出地表 100cm，用于向淋溶收集桶内通气。

(8) 集液膜：厚度为 0.8～1.0mm 的塑料膜，用于隔离渗滤池与外土体，共 2 块，尺寸分别为 3.5m×1.2m 和 2.8m×1.9m。

(9) 压膜环：为聚丙烯材质的圆形环，可将集液膜压入透水桶盖内，使膜与桶盖连接为一个整体。

(10) 过滤砂层：粒径 2～3mm 的石英砂，用稀酸与清水反复冲洗，晾干后装入透水桶盖的凹处，用于过滤淋溶液。

（11）套管：为直径 16mm 的 PVC 管，长度 100cm，抽液管与进气管从中穿过，垂直于地面，埋入地下 30cm 深，露出地表 70cm，具有保护、固定和标志的作用。

（12）塑料薄膜：4 块，尺寸 1m×2m，厚度 0.8～1.0mm，用于临时堆放剖面中按层挖出的土壤，起衬垫作用。

（13）铁锹：用于剖面的挖掘与回填。

（14）卷尺：用于剖面挖掘过程中尺寸的控制。

（15）剪刀：用于压膜环内部集液膜的剪裁。

（16）壁纸刀：用于地表下 30cm 处集液膜的剪裁。

（17）记号笔：用于标记。

2. 田间渗滤池装置的安装流程

（1）划定监测目标土体：田间渗滤池的监测目标土体规格为 150cm（长）×80cm（宽）×90cm（深），一般安装在监测小区内最有代表性的中部区域，长边垂直于作物种植行向。对于拥有多个区组、多个监测小区的地块，各区组、各监测小区的监测目标区域四边应保持平齐，方便田间管理。

（2）挖掘土壤剖面：在划定的田间渗滤池安装区域内挖掘一个深 90cm 的土壤剖面，剖面四周修平修齐。挖出的土壤应分层（0～20cm、20～40cm、40～60cm、60～90cm）堆放在标明土层编号的塑料薄膜上，以便能分层回填。在挖掘过程中，要保证土壤剖面四壁整齐不塌方。

（3）修底、挖小剖面：先将土壤剖面底部修理成周围高出中心 3～5cm 的倒梯形（以便淋溶液向中部汇集），然后在剖面正中心位置向下挖一个直径 40cm、深 35cm 的圆柱形小剖面。

（4）放置淋溶液收集桶：将淋溶液收集桶垂直放入小剖面中，周壁若有缝隙用细土封填、压实。

（5）连接抽液管：打开透水桶盖，将支撑管直立放置在收集桶的中部，使抽液管的下端处于收集桶的底部，抽液管上端从桶盖底部经大密封塞抽出到桶盖上，边盖桶盖边调整抽出的长度，桶盖盖严后，再把通气管从桶盖的上表面经小密封塞穿入到桶中。穿管过程中注意不能让土壤掉入桶中。

（6）铺集液膜：将尺寸为 3.5m×1.2m 的集液膜铺在与土壤剖面 80cm 边平行方向的底部与侧壁，尺寸为 2.8m×1.9m 的另一张集液膜铺在与土壤剖面 1.5m 边平行方向的底部与侧壁，铺前在膜的中部对应位置打出略小于进气管与抽液管直径的小孔，把两管从孔中穿过，再把膜平铺在剖面底部与周围，剖面底部塑料膜为两层，剖面四壁拐角处互相重叠 20cm。塑料膜上部多出剖面上沿约 10cm，将其固定在地表上，使膜不下滑并与四面土壁紧贴。

（7）压膜、裁膜：把透水桶盖上方的塑料膜用压膜环压到桶盖的下凹处，使膜与桶连接成一体，压紧后，用剪刀将连接环内的塑料膜沿压膜环内缘小心剪裁去除，注意不要剪伤尼龙网，随后再把准备好的石英砂平铺至桶盖上沿。

（8）回填：按土壤挖出时的逆序分层回填，边回填边压实，并整理塑料膜，使之与剖

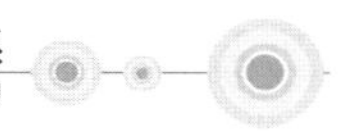

面四壁之间以及薄膜重叠部分之间均紧密连接，回填过程中可少量多次灌水，促使土层沉实。回填至距地表 30cm 时，将集液膜沿回填土表面裁掉，把通气管与抽液管穿过套管，套管垂直立于土表，再回填最上层土壤，回填后将小区地表整平，即可进行农事操作。

（五）田间渗滤池装置的使用与维护

（1）田间渗滤池内种植作物品种、密度、时期、行向等与所在小区完全一致，施肥品种、施肥量、灌溉量及灌溉方式也确保与所在小区完全一致。

（2）耕作时应避免对抽液管、通气管、集液膜的损坏。

（3）每次产生淋溶水后，应保证及时取水。将真空泵连接缓冲瓶，缓冲瓶连接采样瓶，采样瓶连接淋溶液收集桶，并保证各接口处连接紧密，然后启动真空泵将淋溶液抽入采样瓶中。将淋溶液带回实验室测试或冷冻保存备用。

（4）定期检查田间渗滤池装置的抽液管、通气管是否完好，保障设施能正常运行。

（5）田间渗滤池所在区域应设明显标志，以防止被损坏。

三、水田地表径流面源污染监测技术规范

（一）范围

本标准规定了我国水田地表径流面源污染监测小区、径流收集池及配套设备的建设方法。

（二）规范性引用文件

本标准引用下列国家或行业标准。下列标准所包含的条文，通过在本标准中引用而构成本标准的条文。本标准出版时，所示版本均有效。所有标准都会被修订，使用本标准的各方应探讨使用下列标准最新版本的可能性。

NY/T 1118—2006　测土配方施肥技术规范

NY/T 395—2012　农田土壤环境质量监测技术规范

NY/T 497—2002　肥料效应鉴定田间试验技术规程

NY/T 1119—2012　耕地质量监测技术规程

（三）术语和定义

下列术语和定义适用于本标准。

1. 水田

指围有田埂（坎），可以经常蓄水，用于种植水稻等水生作物的耕地。

2. 农田地表径流

指借助降雨、灌水或冰雪融水将农田土壤中的氮、磷等水污染物向地表水体径向迁移的过程，是农田面源污染产生的重要途径之一。

3. 农田面源污染

指借助降雨、灌水或冰雪融水使农田土壤表面或土体中的氮、磷等营养物质向地表水或地下水迁移的过程，是地表水富营养化或地下水硝酸盐污染的重要原因之一。

4. 监测小区

指为监测农田径流面源污染而设置，具有一定面积并按特定施肥、灌溉等措施进行管理的种植小区。

5. 径流收集池

指田间条件下用于收集特定监测小区地表径流且具有防渗、防雨功能的固定设施。

（四）使用与维护

（1）每个监测小区及相对应的径流收集池均需注明标记，明确编号，避免样品混淆。

（2）定期检查监测设备，确保所有监测小区田埂、田间径流池和防水盖板没有破损、不漏水、不渗水，径流收集管口高度一致。

（3）确保及时采集径流水样并清洗径流池，并随时检查确保径流收集管不被泥沙及杂物堵塞，以免影响径流水的收集。

四、水旱轮作农田地表径流面源污染监测技术规范

（一）范围

本标准规定了水旱轮作条件下农田地表径流面源污染监测小区、径流收集池及配套设备的建设方法。

（二）规范性引用文件

本标准引用下列国家或行业标准。下列标准所包含的条文，通过在本标准中引用而构成本标准的条文。本标准出版时，所示版本均有效。所有标准都会被修订，使用本标准的各方应探讨使用下列标准最新版本的可能性。

NY/T 1118—2006　测土配方施肥技术规范

NY/T 395—2012　农田土壤环境质量监测技术规范

NY/T 497—2002　肥料效应鉴定田间试验技术规程

NY/T 1119—2012　耕地质量监测技术规程

（三）术语和定义

下列术语和定义适用于本标准。

1. 水旱轮作

指在一个种植年度、同一块农田上，按季节有序轮换种植水稻等水生作物和小麦等旱生作物的种植模式。

2. 农田地表径流

指借助降雨、灌水或冰雪融水将农田土壤中的氮、磷等水污染物向地表水体径向迁移的过程，是农田面源污染产生的重要途径之一。

3. 农田面源污染

指借助降雨、灌水或冰雪融水使农田土壤表面或土体中的氮、磷等水污染物向地表水

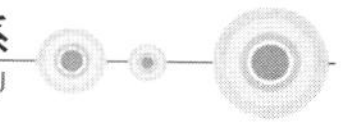

或地下水迁移的过程，是地表水富营养化或地下水硝酸盐污染的重要原因之一。

4. 监测小区

指为监测农田径流面源污染而设置，具有一定面积并按特定施肥、灌溉等措施进行管理的种植小区。

5. 径流收集池

指田间条件下用于收集特定监测小区地表径流且具有防渗、防雨功能的固定设备。

（四）使用与维护

（1）每个监测小区及相对应的径流收集池均需注明标记，明确编号，避免径流样品混淆。

（2）定期检查监测设备，确保所有监测小区田埂、田间径流池和防水盖板没有破损、不漏水、不渗水，径流收集管口高度一致。

（3）确保及时采集径流水样并清洗径流池，并随时检查确保径流收集管不被泥沙及杂物堵塞，以免影响径流水的收集。

五、坡耕地农田径流面源污染监测技术规范

（一）范围

本标准规定了我国丘陵山区坡耕地径流面源污染监测小区、径流收集池及配套设备的建设方法。

（二）规范性引用文件

本标准引用下列国家或行业标准。下列标准所包含的条文，通过在本标准中引用而构成本标准的条文。本标准出版时，所示版本均有效。所有标准都会被修订，使用本标准的各方应探讨使用下列标准最新版本的可能性。

NY/T 1118—2006 测土配方施肥技术规范

NY/T 395—2012 农田土壤环境质量监测技术规范

NY/T 497—2002 肥料效应鉴定田间试验技术规程

NY/T 1119—2019 耕地质量监测技术规程

（三）术语和定义

下列术语和定义适用于本标准。

1. 坡耕地

坡度介于5°～25°的山坡上开垦出来的旱作耕地。

2. 农田地表径流

指借助降雨、灌水或冰雪融水将农田土壤中的氮、磷等水污染物向地表水体径向迁移的过程，是农田面源污染产生的重要途径之一。

3. 农田面源污染

指借助降雨、灌水或冰雪融水使农田土壤表面或土体中的氮、磷等水污染物向地表水

或地下水迁移的过程，是地表水富营养化或地下水硝酸盐污染的重要原因之一。

4. 监测小区

指为监测农田径流面源污染而设置，具有一定面积并按特定施肥、灌溉等措施进行管理的种植小区。

5. 径流收集池

指田间条件下用于收集特定监测小区地表径流且具有防渗、防雨功能的固定设备。

（四）使用与维护

（1）每个监测小区及相对应的径流收集池均需注明标记，明确编号，避免样品混淆。

（2）定期检查监测设备，确保所有监测小区田埂、田间径流池和防水盖板没有破损、不漏水、不渗水，径流收集管口高度一致。

（3）确保及时采集径流水样并清洗径流池，并随时检查确保径流收集管不被泥沙及杂物堵塞，以免影响径流水的收集。

六、平原旱地农田地表径流面源污染监测技术规范

（一）范围

本标准规定了我国平原旱地农田地表径流面源污染监测小区、径流收集池及配套设备的建设方法。

（二）规范性引用文件

本标准引用下列国家或行业标准。下列标准所包含的条文，通过在本标准中引用而构成本标准的条文。本标准出版时，所示版本均有效。所有标准都会被修订，使用本标准的各方应探讨使用下列标准最新版本的可能性。

NY/T 1118—2006　测土配方施肥技术规范

NY/T 395—2012　农田土壤环境质量监测技术规范

NY/T 497—2002　肥料效应鉴定田间试验技术规程

NY/T 1119—2019　耕地质量监测技术规程

（三）术语和定义

下列术语和定义适用于本标准。

1. 旱地

指只种植旱作作物的耕地。

2. 农田地表径流

指借助降雨、灌水或冰雪融水将农田土壤中的氮、磷等水污染物向地表水体径向迁移的过程，是农田面源污染产生的重要途径之一。

3. 农田面源污染

指借助降雨、灌水或冰雪融水使农田土壤表面或土体中的氮、磷等营养物质向地表水

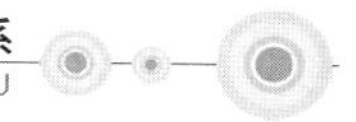

或地下水迁移的过程，是地表水富营养化或地下水硝酸盐污染的重要原因之一。

4. 监测小区

指为监测农田径流面源污染而设置，具有一定面积并按特定施肥、灌溉等措施进行管理的种植小区。

5. 径流收集池

指田间条件下用于收集特定监测小区地表径流且具有防渗、防雨功能的固定设施。

（四）使用与维护

（1）每个监测小区及相对应的径流收集池均需注明标记，明确编号，避免样品混淆。

（2）定期检查监测设施，确保所有监测小区田埂、田间径流池和防水盖板没有破损、不漏水、不渗水，径流收集管口高度一致。

（3）确保及时采集径流水样并清洗径流池，并随时检查确保径流收集管不被泥沙及杂物堵塞，以免影响径流水的收集。

七、农田大气面源污染监测技术规范

规定了两种尺度下农田大气氨挥发的测定方法：农田土壤表面挥发氨的密闭室间歇抽气-酸碱滴定/分光光度法、通气式氨气捕获-分光光度法、美国环保局（USEPA）排放隔离通量箱法和大面积农田生态系统挥发氨的微气象学法[1]。

（一）术语和定义

1. 农田生态系统

以作物为中心的农田中，生物群落与其生态环境间在能量和物质交换及其相互作用上所构成的一种生态系统。

2. 农田氨挥发

农田土壤和农田生态系统向上方大气排放气态氨（NH_3）的现象。

3. 密闭室间歇抽气

用封闭的罩子将测定区域隔离开，微型真空泵驱动气流，在24h内反复进行抽气-停止-抽气过程，气流中氨被吸收液收集的一种采样方法。

4. 通气式氨气捕获

用无封口的罩子将测定区域隔离开，利用经氨吸收液浸润的海绵，在自然通气条件下采集挥发氨的一种采样方法。

5. 微气象学法

依据微气象学原理，在自然条件下，直接从试验区上方采样，并测定风速、干湿温度等，由此分析农田氨挥发量的一种方法。

（二）原理与适用范围

1. 密闭室间歇抽气-酸碱滴定/分光光度法

利用空气置换密闭室内的氨，挥发出来的氨随着抽气气流进入吸收瓶中，被瓶中氨吸收液吸收，通过酸碱滴定或分光光度法测定氨浓度，估算土壤表面氨挥发量及累积量。该方法适用于具备动力源的农田。

2. 通气式氨气捕获-分光光度法

通过通气式氨气捕获装置将土壤罩住，利用装置内含氨吸收液的海绵吸收土壤挥发出来的氨气，通过测定海绵内氨的含量，估算土壤表面氨挥发量及累积量。

3. 微气象学法

农田中土壤或作物地上部分排放的气态氨向上扩散并随风向向下风口移动，氨的水平通量密度与垂直通量密度成正比，通过测定待测农田中圆形区域内一定高度的空气氨浓度和周围背景氨浓度，计算得出氨的垂直通量密度即氨挥发量。该方法适用于空旷、平坦、肥力水平均衡的农田。

4. USEPA 排放隔离通量箱法

通量箱法的工作原理是在待测土壤上方放置一定内径的无底箱，箱内即为土壤表面的上层空间，为密闭状态，通过酸吸收或浸有酸液的捕获器捕获等方式来收集土壤表面挥发的氨。由于通量箱法具有装置简单、可多点同时监测、便于移动等优点，目前已广泛应用于田间小区试验。根据箱内是否与外界气体相通，分为静态通量箱法和动态通量箱法。

静态通量箱法通常采用浸过酸的滤纸、玻璃棉球、泡沫塑料或直接用酸溶液对土壤挥发的氨吸收一段时间后，用标准稀硫酸滴定来测量氨挥发量。但静态箱不透气、箱内微环境不同于自然状态，易受作物、人为操作等影响。动态通量箱法是在箱体上设气体进气口、出气口及压力平衡口。在进气口不断充入一定压力的采样点空气，排除箱内原有氨气，再模拟与外界相似的环境，进而收集土壤表面排放的氨气。

（三）试剂、仪器和材料

1. 试剂

所需试剂及其配制方法、要求见表 1-1。

表 1-1 所需试剂、配制方法及要求

试剂名称	配制方法及要求
0.005 mol/L 硫酸溶液	按照标准 GB/T 18204.2 中 8.1.2.2 所述方法配制
2%硼酸+甲基红-溴甲酚绿混合指示剂	称量 20g 硼酸溶于 950mL 热蒸馏水，加入 20mL 混合指示剂，然后调节 pH 至约 4.5，定容至 1L
0.01mol/L 硫酸标准溶液	按照标准 GB/T 601 配制
磷酸甘油混合液	将 100mL 磷酸与 80mL 甘油混合，定容至 2L
1mol/L 氯化钾溶液	称量 149.1g 氯化钾溶于 500mL 水中，定容至 1L
2%草酸溶液	称量 20g 草酸溶于 950mL 蒸馏水中（可加热蒸馏水助溶），定容至 1L
0.1mol/L 硫酸铵溶液	称量 6.607g 硫酸铵溶于水中，定容至 1L
0.1mol/L 氢氧化钠溶液	称量 4g 氢氧化钠溶于水中，定容至 1L

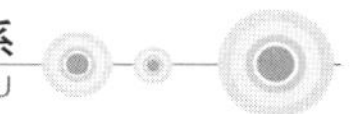

（续）

试剂名称	配制方法及要求
甲基红-溴甲酚绿混合指示剂	称取0.66g甲基红与0.99g溴甲酚绿于玛瑙研钵中，加入酒精研磨，吸取上层溶液于1L容量瓶中，重复加入酒精研磨并吸取上层溶液的步骤，直至甲基红与溴甲酚绿全部溶解并移至容量瓶中，用酒精定容至1L

注：除非另有注明，分析时均使用符合国家标准的分析纯化学试剂，实验用水为蒸馏水或去离子水。

2. 仪器和相关监测材料

（1）所需仪器包括： pH计、真空泵、流量计、温度计、风速计、迎风采样器、分光光度计、流动分析仪、天平（精度为0.001g）、摇床、冰箱以及半自动滴定管。

（2）所需相关监测用材料包括： 有机玻璃罩、PVC管、螺纹管、橡胶管、250mL洗气瓶、玻璃缓冲瓶、聚氨酯材质、具塞比色管、聚乙烯瓶、2L玻璃烧杯以及50mL蒸发皿。

（四）监测点位基本信息调研

在拟监测区域内选取种植粮食作物、蔬菜和果树的典型地块，监测统计：

（1）典型地块基本信息，包括监测点位置、种植作物、种植模式、坡度、土壤类型、土壤质地、肥力状况等。

（2）典型地块处理描述，包括耕作制度、灌溉处理、施肥处理等信息。

（3）典型地块种植记录和施肥记录，包括种植季节、作物种类、种植方式，肥料类型、施用量、施用方式、施用日期、肥料养分含量等信息。

采用国家标准方法分析土壤和肥料样品参数，分析指标包括pH、土壤含水率、全氮含量、氨氮含量、硝态氮含量、有机质含量等，掌握监测点位土壤和肥料基本参数，为后续氨排放量测算提供分析依据和理论基础。

（五）监测点选择原则与布设方法

选择耕作方式、栽培模式、施肥水平以及灌溉排水等管理水平具有代表性的田块作为监测田块。选择密闭室间歇抽气-酸碱滴定/分光光度法和通气式氨气捕获-分光光度法进行测定时，对于土地利用方式相同的田块，在不小于15m^{2}的范围宜设置1个监测点。

背景区面积不小于1km^{2}且1周内未曾施用过氮肥，观测区应为半径不小于25m的圆形田块，圆周筑埂，埂高0.15m，若设置多个观测区，观测区间相隔应不小于80m，见图1-2。

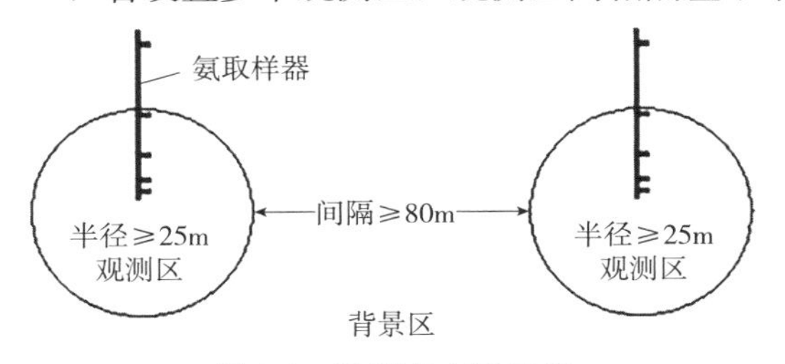

图1-2　监测点布置示意

（六）采样与测定步骤

1. 密闭室间歇抽气-酸碱滴定/分光光度法

（1）装置结构。

整套装置包含换气杆（材质可为聚氯乙烯，中空）、波纹管、空气交换室（材质可为透明有机玻璃，直径 20cm，高 15cm，底部开放，顶部有 2 个通气孔）、洗气瓶（材质为玻璃，瓶塞有一长一短两个 L 形通气管穿过）、调节阀、流量计、缓冲瓶、微型真空泵及连接各部件的乳胶管。换气杆通过波纹管与空气交换室顶部通气孔连接，空气交换室顶部另一个通气孔通过乳胶管与洗瓶中较长的 L 形通气管连接，洗瓶中较短的 L 形通气管通过乳胶管与调节阀连接，调节阀、流量计、缓冲瓶和微型真空泵通过乳胶管串联，见图 1-3。

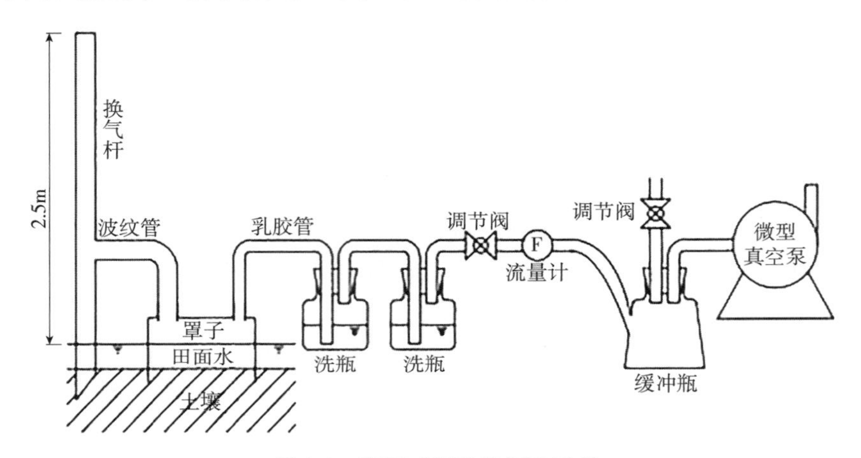

图 1-3 密闭式间歇抽气法示意

（2）装置工作原理。

外界空气从换气杆顶部进入，通过波纹管到达空气交换室，带动交换室内挥发的氨进入洗气瓶，通过洗气瓶中的吸收液将氨吸收，进而通过测定吸收液中氨的总量计算田间氨挥发量。通过该装置采集样品时，将各部件依次连接，把空气交换室放置于待测区域，空气交换室底部插入土壤 2cm，将氨吸收液注入洗气瓶，使液面没过洗气瓶中较长的通气管口 1cm，开启微型真空泵，控制调节阀保持空气交换室内空气交换速率为15～20 次/min，抽气结束后测定吸收液中氨的总量。

（3）准备氨吸收液。

密闭室间歇抽气-分光光度法：每次加入 60mL 0.05mol/L 稀硫酸溶液；密闭室间歇抽气-酸碱滴定法：每次加入 80mL 2%硼酸＋甲基红-溴甲酚绿混合指示剂（表 1-1）。

（4）样品采集。

采样时间为每日的 7：00～9：00 和 15：00～17：00。采样时应打开真空泵，气室内的换气速率应控制在 15～20 次/min。

（5）氨吸收液的测定。

密闭室间歇抽气-分光光度法：氨的浓度（C）按照 GB/T 18204.2 中的靛酚蓝分光光度法执行，当对检测精度有更高要求时，氨的浓度（C）按照 HJ 666 的流动注射-水杨酸

分光光度法执行。如当天未能测定，应放置在4℃冰箱内保存，在一周内完成测定。

密闭室间歇抽气-酸碱滴定法：用0.01mol/L硫酸标准溶液（5.1.3）滴定，记录所用酸的体积（V）。

(6) 回收率和精确度测定。

①将4套蒸发皿中分别加入已知氨量的纯溶液作为氨的挥发源，调整溶液的pH至9以上，置入氨挥发采样装置内。

②参照前面（3）（4）（5）的采样和测定步骤进行测定。

③测定蒸发皿中残留溶液中的氨量。确定理论氨的挥发量，与测得氨挥发量进行比对计算确定回收率、重复性以及标准偏差。回收率和精确度应达90%以上。

2. 通气式氨气捕获-分光光度法

(1) 装置结构。

整套装置包含圆柱形气室（高20cm，内径15cm，材质可为聚氯乙烯或聚甲基丙烯酸甲酯）；圆片形海绵（2块，直径15.2cm，厚5cm），测定前两层海绵灌注磷酸甘油混合液（表1-1）；圆柱形支柱（4根，长15cm，直径0.5cm，材质可为竹木纤维或不锈钢，黏附在气室外壁上，顶部延伸出5cm）；吸盘（4个，底部与圆柱形支柱连接，吸盘吸附在遮雨板底面）；圆盘形遮雨板（直径30cm，边缘下挂3cm，材质可为聚氯乙烯或聚甲基丙烯酸甲酯），见图1-4。

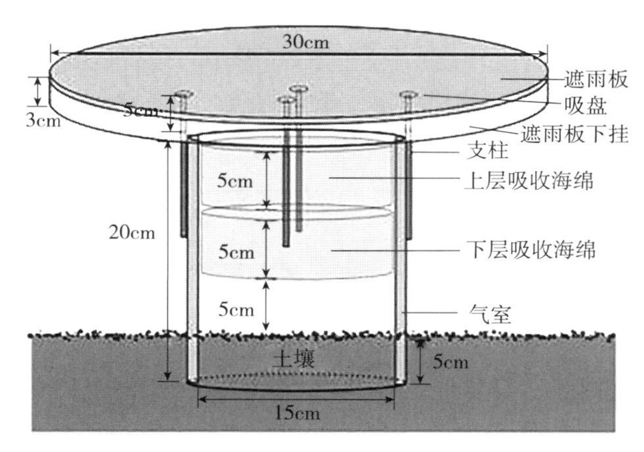

图1-4　通气式氨气捕获装置示意

(2) 装置工作原理。

利用经酸液浸润的海绵吸收地表挥发的氨，洗脱海绵吸收到的氨，以靛酚蓝分光光度法测定田间氨挥发量。用于在田间捕获挥发的氨时，将圆柱形气室垂直插入土壤，插入深度为5cm，将两层圆片形吸收海绵中分别用注射器注入20mL磷酸甘油（表1-1）。将两层海绵分别放置到气室内，其中，下层吸收海绵距离地面5cm，用于捕获土壤挥发的氨；上层吸收海绵用于消除外界空气中的氨对下层吸收海绵的干扰。遮雨板固定在圆柱形支柱顶端，与圆柱形气室间距5cm。

(3) 准备气态氨吸收液。

按照表1-1中的方法和要求配制磷酸甘油混合液。

(4) 样品采集。

记录每次采样前的下层海绵干重（m_1）；间隔 1～3d 采样 1 次；将 2L 烧杯置于天平上调零后，放入下层海绵，加入 60mL 氯化钾溶液（表 1-1），记录质量（m_2）；挤压下层海绵不少于 15 次，取 2mL 洗脱液称量（m_3），洗脱液总体积（V）为挤压下层海绵不少于 15 次，取 2mL 洗脱液称量（m_3），洗脱液总体积（V）为 $2\times(m_2-m_1)/m_3$。

(5) 氨吸收液的测定。

铵态氮的浓度（C）按照 GB/T 18204.2 中的靛酚蓝分光光度法执行，当对检测精度有更高要求时，铵态氮的浓度（C）按照 HJ 666 的流动注射-水杨酸分光光度法执行。如当天未能测定，应放置在 4℃冰箱内保存，在一周内完成测定。

(6) 回收率和精确度测定。

①将 10mL 硫酸铵溶液和 20mL 氢氧化钠溶液按顺序分别加入 4 个 50mL 蒸发皿中，快速置入通气式氨气捕获装置内，并密封。

②参照上述（3）（4）（5）步骤的采样和测定步骤进行测定。实际测得的铵离子含量占挥发出铵离子理论值的百分数即为装置的回收率（R）。回收率和精确度应达 90%以上。

3. 微气象学法

(1) 装置结构。

采样器包含头小尾大的 PVC 管（长宜 28cm，内径宜 7cm）、安装于 PVC 管尾部的两个鳍片（高宜 7cm，材质可为聚氯乙烯或聚甲基丙烯酸甲酯）、安装于 PVC 管中部的枢轴（PVC 管可在垂直枢轴方向自由转动）、位于 PVC 管中心位置的封口不锈钢管、环绕不锈钢管的薄型不锈钢鳍片以及固定鳍片的定位条（材质可为不锈钢），见图 1-5。

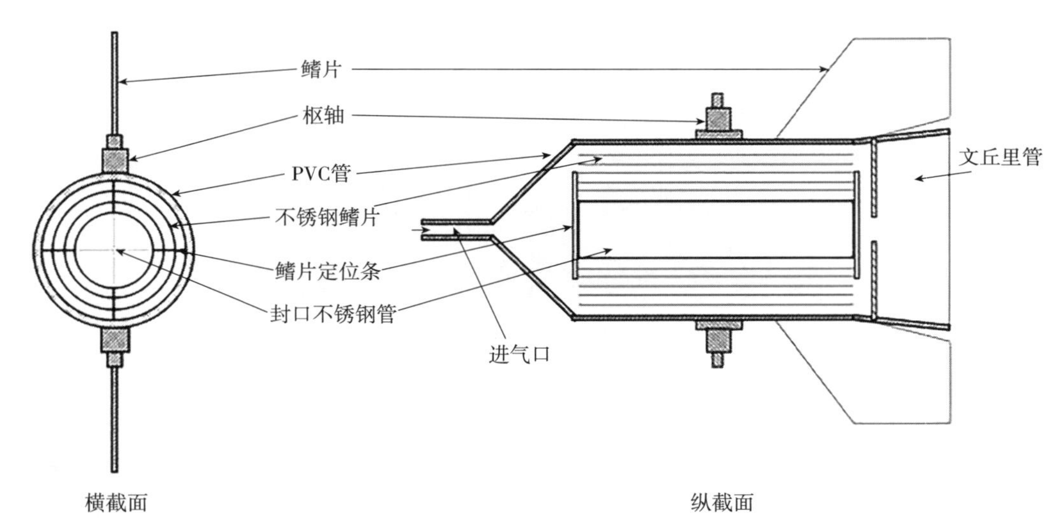

图 1-5 采样器结构示意

在圆形观测区的圆心位置树立一根高 300cm 的管柱，管柱上离地面 20cm、40cm、80cm、160cm 及 260cm 处各装有收集挥发氨的采样器支架与采样器。

(2) 装置工作原理。

根据微气象学原理在不同高度设置氨采样器，氨采样器尾部装有随风转动的风标，螺

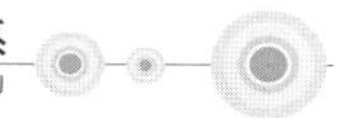

旋状不锈钢鳍片内层的表面浸润 2%草酸吸收液（表 1-1），吸附田间气流中所含的氨，洗脱后以靛酚蓝分光光度法测定洗脱液中的铵浓度，并折算为氨挥发量。

（3）准备气态氨吸收液。

按照表 1-1 中的方法和要求准备 2%草酸溶液。

（4）样品采集。

采样时间为每日的 00：00～24：00，每 6h 采样 1 次。换取下氨取样器，用塞子封闭取样器尾部文丘里管的开孔，从取样器进气口加入蒸馏水 40mL，用塞子封闭进气口，沿取样器工作时的气流方向用力晃动 20s，倒出洗脱液测定。

（5）洗脱液的测定。铵态氮的浓度（C）按照 GB/T 18204.2 中的靛酚蓝分光光度法执行，当对检测精度有更高要求时，铵态氮的浓度（C）按照 HJ 666 的流动注射-水杨酸分光光度法执行。如当天未能测定，应放置在 4℃冰箱内保存，在一周内完成测定。

（6）精确度测定。洗脱液中铵的测定按照 GB/T 18204.2 的靛酚蓝分光光度法或 HJ 666的流动注射-水杨酸分光光度法进行校正。

4. USEPA 排放隔离通量箱法

（1）采样方法。

农田为典型的氨排放源，采用 USEPA 排放隔离通量箱法确定各区域的氨排放通量，结合排放表面的面积确定氨排放量。隔离通量箱法的主体设备为包含不锈钢底座、有机玻璃顶盖的通量箱，顶盖上带有进气口、出气口、气压平衡孔和热电偶温度计，具体见图 1-6。

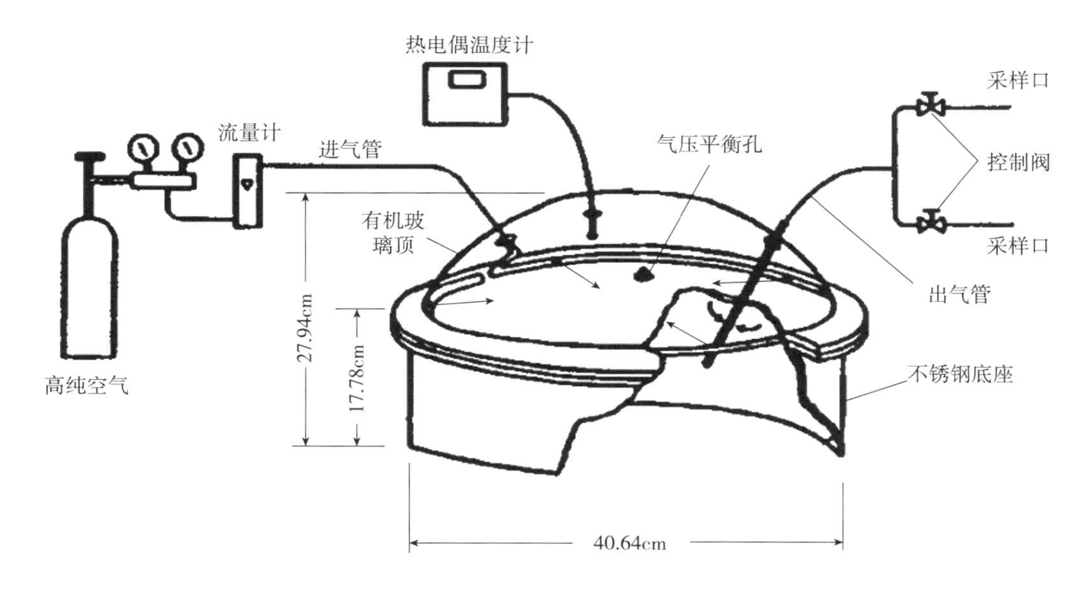

图 1-6 USEPA 隔离通量箱结构

监测时，将通量箱罩在排放源表面，底座边缘插入排放源表面 2～3cm，确保密封，前端以 5L/min 的速率通入监测点位空气或混合气体（监测点位空气中加入 10%He），与通量室内其他气体进行混合；经过 4 个停留时间（每个停留时间为 6min，共 24min），罩内外环境达到平衡后开始收集气体，根据如下公式计算氨排放通量：

$$flux = \frac{Q \times C}{A}$$

式中：$flux$——氨排放通量，mg/（$m^2 \cdot s$）；

Q——通量箱吹扫气体流量，m^3/s；

A——通量箱内底面积，m^2；

C——监测点的氨浓度，mg/m^3。

（2）氨的分析测定。

本研究采取两种测试方法结合的方式进行氨样品的测试，以消除测试方式带来的误差。采样时同时采集两组样品，分别按如下方法进行测试。

①按照《环境空气和废气　氨的测定　纳氏试剂分光光度法》（HJ 533—2009）和《环境空气　氨的测定　次氯酸钠-水杨酸分光光度法》（HJ 534—2009）等相关技术规范和标准，将现场采集的氨样品妥善保存，尽快带回实验室进行测定。两种方法的原理如下：

纳氏试剂分光光度法：用稀硫酸溶液吸收空气中的氨，生成的铵离子与纳氏试剂反应生成黄棕色络合物，该络合物的吸光度与氨的含量成正比，在420nm波长处测量吸光度，根据吸光度计算空气中氨的含量。

次氯酸钠-水杨酸分光光度法：氨被稀硫酸溶液吸收后，生成硫酸铵。在硝普钠存在下，铵离子与水杨酸和次氯酸钠反应生成蓝色络合物，在波长697nm处测定吸光度。吸光度与氨的含量成正比，根据吸光度计算氨的含量。

②采用Thermo Fisher 17i型氨分析仪实时监测。其操作原理如下：样气由一个外置泵吸入到分析仪中，分成3路，一路样气直接进入反应室，和内部臭氧发生器生成的臭氧混合，氧气中的NO与O_3生成NO_2和O_2，并发出一种特有的光，这种光的强度与NO的浓度成线性比例关系，利用光电倍增管监测这种光，转而产生成比例的电信号，微处理器将此电信号处理成NO的浓度读数；第二路样气，先进入一个被加热至大约325℃的钼转换器，将样气中的NO_2转换成NO，到达反应室后，经转换的分子与原始NO分子一起与臭氧发生反应，生成的信号代表了NO_x（$NO+NO_2$）浓度的读数；第三路样气，先进入一个加热至750℃的不锈钢转换器内，将样气中的NO_2和氨转换成NO，在到达反应室后，经转换的分子与原始NO分子一起与臭氧发生反应，生成的信号代表了N_t（$NO+NO_2+NH_3$）浓度的读数；氨浓度由N_t模式下获得的信号减去NO_x模式下获得的信号决定。

（七）通量计算

1. 密闭室间歇抽气-分光光度法

每日氨挥发量计算公式如下：

$$F = C \times 10^{-6} \times 60 \times \frac{10^4}{\pi \times r^2} \times 6$$

式中：F——氨挥发通量，kg/hm^2；

C——吸收液铵态氮的浓度，mg/mL；

60——稀硫酸吸收液的体积，mL；

10^{-6}——质量转换系数；

10^4——面积转换系数；

r——气室的半径，m；

6——24h 与日氨挥发收集时间 4h 的比值。

2. 密闭室间歇抽气-酸碱滴定法

每日氨挥发量计算公式如下：

$$F = V \times 10^{-3} \times C \times 0.014 \times \frac{10^4}{\pi \times r^2} \times 6$$

式中：F——氨挥发通量，kg/hm^2；

V——滴定用硫酸的体积，mL；

10^{-3}——体积转换系数；

C——滴定用硫酸的标定浓度，mol/L；

0.014——氮原子的相对原子质量，kg/mol；

10^4——面积转换系数；

r——气室的半径，m；

6——24h 与日氨挥发收集时间 4h 的比值。

3. 通气式氨气捕获-分光光度法

氨挥发量计算公式如下：

$$F = \frac{C \times V \times 10^{-6} \times 10^4}{\pi \times r^2 \times D_i \times R}$$

式中：F——氨挥发通量，kg/（$hm^2 \cdot d$）；

C——洗脱液中铵态氮的浓度，mg/mL；

V——洗脱液总体积，mL；

10^{-6}——质量转换系数；

10^4——面积转换系数；

r——气室的半径，m；

D_i——第 i 次取样时装置实际累积吸收氨的时间，d；

R——氨挥发捕获装置的氨回收率。

4. 微气象学法

氨挥发量计算公式如下：

$$F = \frac{1}{r} \times 10^4 \times \sum_{i=1}^{4} \left(\int_0^z \frac{40 \times C_i \times 10^{-9}}{2.42 \times 10^{-5}} dz \right)$$

式中：F——氨挥发通量，kg/（$hm^2 \cdot d$）；

r——圆形区半径值，m；

10^4——面积转换系数；

i——表示当天第 i 次取样；

4——每天的取样次数；

z——试验区监测点的高度，m；

40——洗脱液总体积，mL；

C_i——第 i 次取样洗脱液中的氨浓度，$\mu g/mL$；

10^{-9}——质量转换系数；

2.42×10^{-5}——取样器的有效横截面积，m^2。

第二节　农田氮磷流失治理效果的评价指标体系构建

一、指标体系构建原则

农业项目实施的效果，尤其在社会效益和生态效益的衡量边界方面，是比较模糊的，定量分析缺乏科学合理的基准。而对项目实施的经济学评价，要求评价对象必须具备稀缺性、内部化和定量性、确定性标准，但是氮磷流失治理技术效果恰恰缺乏上述评价特质或者因素。因此，为提高评价氮磷流失治理技术效果核算的准确性，根据国内氮磷流失治理技术效果定量研究成果以及应用实践，结合网络层次分析法的要求，对指标体系的构建遵循以下原则：

第一，经济性。由于氮磷流失治理技术效果的一大部分是属于公共物品，受益者不是单独的个体或者群体，因而具有非竞争性和非排他性的特点，市场化程度不高，也难以准确衡量其全部价值。但为了提高经济性衡量价值的有效性，一方面必须考虑全部效益的价值量，即经济性的大小。另一方面，政府宣传推广的农业新技术、新产品等必须确保国家粮食安全、生态安全环境安全，保证技术采纳者即广大农民、农业企业等农业生产者的根本利益，不能损害农业生产者的经济收益。

第二，客观性。该特性是就氮磷流失治理技术效果特点而言的，氮磷流失治理技术综合效果的计量过程非常复杂，对于同一区域或者同一类型的氮磷流失治理技术综合效果有效数据的监测取样，由于采样者自身认知程度和能力水平的差异导致结果相差甚大，这就容易产生部分的误差，使得价值评估结果的可靠性降低。因此，在评价氮磷流失治理技术效益时要遵循客观性，尽量避免人为误差影响。

第三，全面性。氮磷流失治理技术效益过程的复杂性也决定了评价指标的全面性，要求从不同维度构建技术效果评价指标体系，既有经济效益、社会效益，也有技术改进本身的效益及由此带来的生态效益等，减少评价过程中存在的技术偏差。这也要求评价要充分综合农学、生态学、作物学、经济学、管理学等不同学科的相关知识，不仅要掌握经济学方面专业的评价方法和运算过程，也要对农业技术本身、植物营养、生态环境等背景知识有足够的了解。

二、指标体系构成

针对农业面源污染研究相关项目的评价与考核采用层次分析法。氮磷流失治理技术综合效益是一种典型的网络结构，各类因素相互影响，所以氮磷流失治理技术综合效益存在层次结构，同时内部层次相互支配，内部各类因素存在依赖性和反馈性。

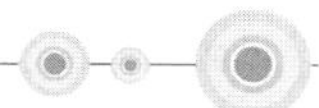

结合上述分析，氮磷流失治理技术综合效果评估的指标体系如表 1-2 所示：

目标层：氮磷流失治理技术应用的综合效果评价；

网络层：第一层（准则层），技术发展指数、经济发展指数、社会发展指数、生态发展指数；第二层（指标层），各指数又分别包括了不同的指标。

表 1-2　氮磷流失治理技术效果评价指标体系

目标层	准则层（V）	指标层（K）	指标说明
氮磷流失治理技术效益	技术效益	化肥施用强度（A_1）	总播种面积的化肥使用量
		肥料利用率（A_2）	作物吸收量占施肥总量的比例
		农学效率（A_3）	单位施肥量增加的作物产量
		品质改善（A_4）	产品品质的变化
	经济效益	每亩*机械投入成本（B_1）	施肥机械投入节约的成本
		每亩肥料投入成本（B_2）	化肥投入节约的成本
		每亩纯收入变化（B_3）	单位种植面的收益
	社会效益	培训率（C_1）	接受技术培训农民数量占总数量的比例
		推广率（C_2）	技术推广面积占耕地总面积的比例
		每公顷节省用工量（C_3）	减少化肥施用量后人工投入量的变化
	生态效益	肥料利用率（D_1）	肥料利用量占施肥量的比例
		养分盈余（D_2）	总氮投入与作物带走之差
		氮流失量（D_3）	氮元素流失的总量
		磷流失量（D_4）	磷元素流失的总量
		土壤环境质量（D_5）	土壤中硝酸盐、速效氮等的含量

三、确定指标权重

如何确定各个指标的权重是正确进行多指标体系综合指数评估的最重要环节。根据氮磷流失治理技术效果评价指标体系中各指标的界定含义，以及课题实际应用的要求，选用层次分析法和熵权法确定指标权重。

（一）计算氮磷流失量

以项目实验的相关数据为基础，结合原位监测和抽样调查的方法，获取项目示范区内种植模式的面积基量、施肥量及各种植模式减排措施面积等数据。

地表径流或地下淋溶途径流失的氮、磷总量等于整个监测周期中（一个完整的周年）各次径流水或淋溶水中污染物浓度与体积乘积之和。计算公式如下：

$$P=\sum_{i=1}^{n}C_i\times V_i$$

* 亩为非法定计量单位，1 亩≈667m^2。——编者注

其中：P——污染物流失量；

C_i——第 i 次径流（或淋溶）水中氮或磷的浓度；

V_i——第 i 次径流（或淋溶）水的体积。

（二）基于专家打分法的指标权重确定

1. 指标的重要性排序

设表 1-2 中各类具体指数为 C，就 C_K 与 C_L 间作重要性二元比较，以 f_{KL} 表示重要性定性排序标度：

若 C_K 比 C_L 重要，取 $f_{KL}=1$，$f_{LK}=0$；

若 C_L 比 C_K 重要，取 $f_{KL}=0$，$f_{LK}=1$；

若 C_K 与 C_L 同样重要，取 $f_{KL}=f_{LK}=0.5$。

显然有 $f_{KL}+f_{LK}=1$，$f_{KK}=f_{LL}=0.5$，则其重要性的二元对比矩阵为：

$$F=\begin{bmatrix} f_{11} & f_{12} & \cdots & f_{1m} \\ f_{21} & f_{22} & \cdots & f_{2m} \\ \cdots & \cdots & \cdots & \cdots \\ f_{m1} & f_{m2} & \cdots & f_{mm} \end{bmatrix}$$

同理，f_{KL} 的赋值方法如下：

当 $f_{HK}>f_{HL}$ 时，有 $f_{KL}=0$；

当 $f_{HK}<f_{HL}$ 时，有 $f_{KL}=1$；

当 $f_{HK}=f_{HL}$ 时，有 $f_{KL}=0.5$。

则矩阵 F 必满足重要性定性排序的传递性，F 称为重要性排序一致性标度矩阵。

对优越性排序一致性标度矩阵 F 进行数据整理，求出重要性排序一致性标度矩阵各行的和数，并按由大到小的顺序排列，给出各因素在满足排序一致条件下的重要性定性排序。其中标度为 0.5 的两个元素，对应行的和数相等排序相同。

2. 各指标权重的确定

根据重要性排序一致性标度矩阵 F，按最重要、次重要、…最不重要的顺序，依次记作序号 1、2、…m。

对每个具体指数的重要性做二元比较，根据语气算子和定量标度之间的关系（表 1-3），建立二元比较定量矩阵：

表 1-3 打分依据表述分值

指标对比	同等重要	稍微重要	明显重要	非常重要	绝对重要	介于两者之间
标度	1	3	5	7	9	2、4、6、8

$$G=\begin{bmatrix} g_{11} & g_{12} & \cdots & g_{1m} \\ g_{21} & g_{22} & \cdots & g_{2m} \\ \cdots & \cdots & \cdots & \cdots \\ g_{m1} & g_{m2} & \cdots & g_{mm} \end{bmatrix}$$

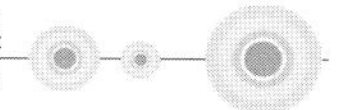

若矩阵 G 满足条件：

$$\begin{cases} 0 \leqslant g_{ik} \leqslant 1 \\ g_{ik} + g_{ki} = 1 \\ g_{ii} = g_{kk} = 0.5 \end{cases}$$

则矩阵 G 成为具体指数对重要性的有序二元比较矩阵。

C_{ik} 指数 C_i 对 C_k 就重要性做二元比较时，指数 C_i 对 C_k 的重要性定量标度；C_{ki} 指数 C_k 对 C_i 就重要性做二元比较时，指数 C_k 对 C_i 的重要性定量标度；i，k 排序下标。

若指数 C_i 比 C_k 重要，则 $g_{ik} > g_{ki}$；若指数 C_k 比 C_i 重要，则 $g_{ik} < g_{ki}$；若指数 C_i 与 C_k 同样重要，则 $g_{ik} = g_{ki} = 0.5$；若 C_k 比 C_i 无可比拟重要，则 $g_{ik} = 1$，$g_{ki} = 0$。

因矩阵 G 的序号或排序下标为因素关于重要性的有序排列，故矩阵 G 自对角线元素 0.5 开始的每一行元素，满足：

$$0.5 = g_{ii} \leqslant g_{i(i+1)} \leqslant g_{i(i+2)} \leqslant \cdots \leqslant g_{im}, \quad i = 1, 2, \cdots m$$

若矩阵 G 自对角线元素 0.5 开始的每一列元素，满足

$$0.5 = g_{ii} \geqslant g_{i(i+1)} \geqslant g_{i(i+2)} \geqslant \cdots \geqslant g_{im}, \quad i = 1, 2, \cdots m$$

根据矩阵 G 构造重要性有序相关矩阵 P，即将方阵 G 中的下三角元素，分别除以上三角的相应元素，则有：

$$P = \begin{bmatrix} 1 & \dfrac{g_{12}}{g_{21}} & \cdots & \dfrac{g_{1m}}{g_{m1}} \\ \dfrac{g_{21}}{g_{12}} & 1 & \cdots & \dfrac{g_{2m}}{g_{m2}} \\ \cdots & \cdots & \cdots & \cdots \\ \dfrac{g_{m1}}{g_{1m}} & \dfrac{g_{m2}}{g_{2m}} & \cdots & 1 \end{bmatrix}$$

指数 C_i 之间重要性的相对比较，是衡量重要性的一种测度，测度值的上限为 1，故重要性有序相关矩阵 P 的上三角元素定义为 1，下三角元素值全都小于 1。根据矩阵 G 的特点，则矩阵下三角的特征为：自对角线元素 1 开始，每一行元素值自右向左递减，每列元素值从上向下递减，矩阵 P 的第一列元素为各行元素的最小值。

对矩阵 P 每一行取小，取矩阵 P 的第一列元素

$$P_1 = \left(1, \frac{g_{21}}{g_{12}}, \cdots \frac{g_{m1}}{g_{1m}}\right)$$

对 P_1 作归一化，则得各定性指数对重要性的权重。

（三）基于熵权法的类指数权重确定

上述四个类指标计算完毕之后，根据熵权法计算其各个类指数的权重，用熵权系数法求各个指标的权重 w_j $(j = 1, 2, 3, \cdots m)$，步骤如下：

设 $X = \{x_{ij}\}_{n \times m}$ 代表原始数据阵，n 为项目区域数量，m 为氮磷流失治理技术指数数量。

设 $B=(b_{ij})=\dfrac{x_{ij}}{\sum\limits_{i=1}^{n}x_{ij}}(i=1, 2, 3, \cdots n; j=1, 2, 3, \cdots n)$。

第 j 个指标的熵值如下：

$$e_j=-c\sum_{i=1}^{n}b_{ij}\ln b_{ij}$$

这里 c 是常数，$c=(\ln n)^{-1}$，$0\leqslant e_j\leqslant 1$，$j=1, 2, 3, \cdots m$。

c 为调节系数，计算指标信息熵：

$$e_j=-k\sum_{i=1}^{n}(p_{ij}\ln p_{ij}), i=1, 2, 3, \cdots n; j=1, 2, 3, \cdots m$$

第 j 个指标的权重，权重向量为：

$$W_j=\frac{1-e_j}{m-\sum\limits_{j=1}^{m}e_j}(0<w_j<1, j=1, 2, 3, \cdots m)$$

四、获取氮磷流失数据

（一）原位监测

地表径流和地下淋溶是农田氮磷面源污染发生的两条主要途径，农田氨挥发是农田氮素损失的重要途径之一。

通过对项目试验示范区种植业氮磷流失与氨挥发原位监测点的周年监测，结合调查获取的项目区内种植模式的面积和施肥量，计算获得种植模式的氮磷流失系数，从而进一步计算出项目区单元内氮磷流失量与氨挥发量，为氮磷流失量与氨挥发核算提供数据支撑。

1. 监测设置

原则上，每个原位监测点按照要求设常规生产模式、关键减排模式和综合减排模式，每个模式 3 次重复，随机区组排列。具体描述如下：

常规生产模式：施肥、耕作、灌溉、秸秆覆盖或还田等各项农艺措施完全参照当地生产习惯。

关键减排模式：指特定分区、特定种植模式下，对影响种植业源氮磷流失的关键因子进行优化设计。如黄淮海平原保护地种植模式下，过量施肥为面源污染发生的关键因子，因此将优化施肥设为该模式的关键减排模式。

综合减排模式：指对影响种植业源氮磷流失的各类农艺措施（如施肥、耕作、灌溉、秸秆覆盖或还田等农艺措施）进行系统性综合优化。

设置常规生产模式的目的，就是获取各类种植模式常规生产条件下种植业源氮磷流失系数。设置关键减排模式和综合减排模式的目的是对常规生产模式氮磷流失系数进行校正。

每个监测点设 9 个小区。小区面积、形状、规格完全相同，小区面积为 30～50m^2。建议平原区小区规格为（4～6）m×（6～8）m，长宽比为 1.5∶1，山地丘陵区小区规格为（3～5）m×（8～10）m，长宽比为 3∶1。密植作物（如小麦、水稻等）小区面积不小于30m^2。

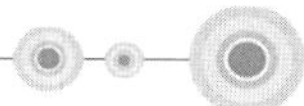

中耕作物（如烤烟、玉米、棉花等）小区面积不小于 $36m^2$，园地小区面积不小于 $36m^2$，应选择矮化、密植、成龄期果园、茶园或桑园，每个小区最少 2 行、每行最少 2 株果树。

每个监测小区均配有一个单独的田间径流池或田间渗滤池，用于收集地表径流或地下淋溶水样品。平原区、山地丘陵区地表径流监测小区及径流池排列可参考图 1-7 和图 1-8。平原区地下淋溶监测小区及淋溶盘排列可参考图 1-9 和图 1-10。

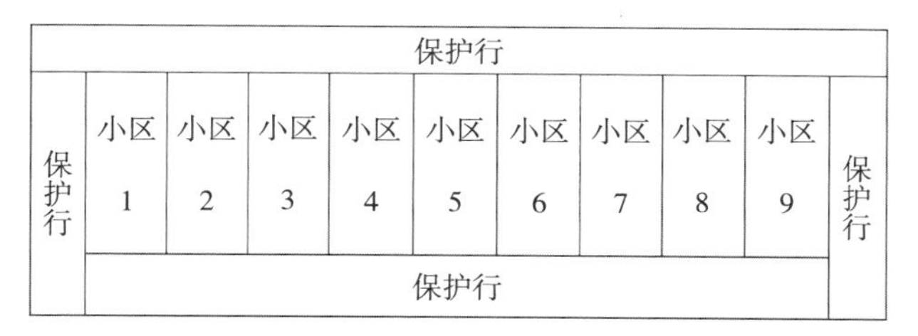

图 1-7 平原区地表径流监测小区排列示意

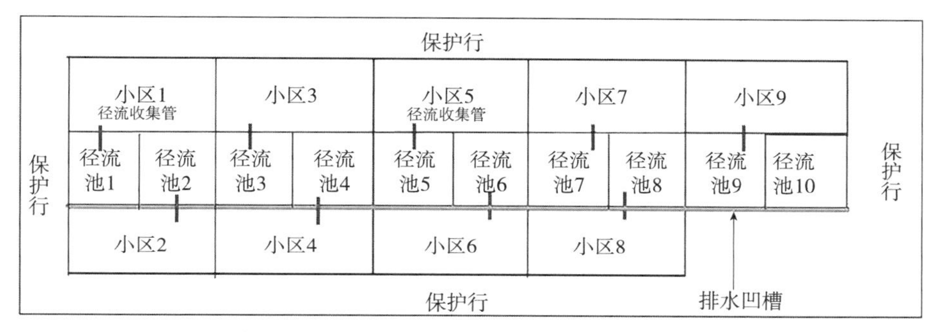

图 1-8 山地丘陵区地表径流监测小区排列示意

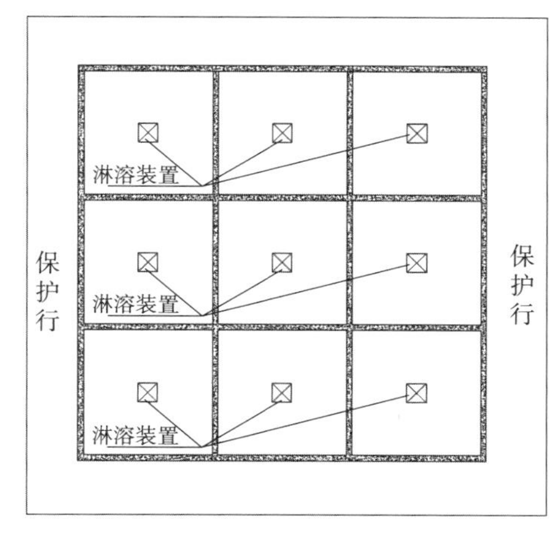

图 1-9 大田生产条件下淋溶监测小区淋溶装置安装位置示意

氨挥发监测装置每个小区设置 1 个，具体的设置要求见附件 1。

2. 监测方案

(1) 监测周期。

原位监测以 1 年为 1 个监测周期。监测周期不仅包括作物生长阶段，也包括农田非种

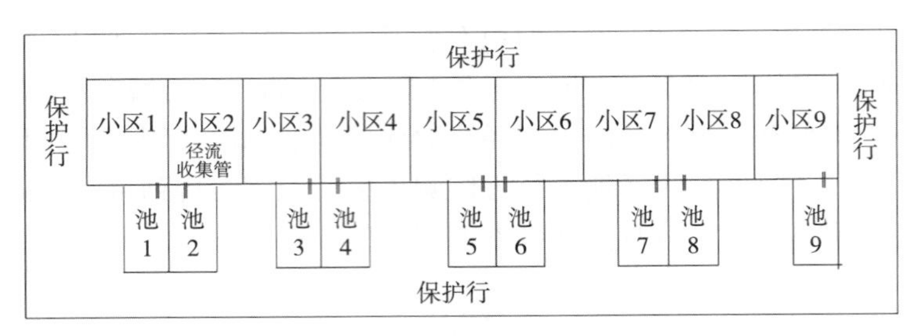

图 1-10　保护地生产条件下淋溶监测小区淋溶盘安装位置示意

植时段。一般情况下，1 个监测周期从第一季作物播种前翻耕开始，到下一年度同一时间段为止。以作物收获的时间顺序来确定第一季作物，比如南方水稻-小麦轮作制，小麦先收获，则小麦为第一季作物，水稻则为第二季作物，监测周期则从小麦播种前的翻耕期开始，到下一年度的同一时间为止。只种植一季作物的地区，必须由当年的 1 月 1 日监测至当年 12 月 31 日。

（2）监测内容。

监测期间，应详细记录监测地块基本信息以及作物栽培、耕作、灌溉、施肥等田间管理措施，详见附录 1。在监测记录中应统一规范地表径流（包括降雨或灌溉的径流和融雪径流）、地下淋溶（包括降雨或灌溉的淋溶和融雪淋溶）、降水（包括雨、雪、霰、冰雹和雨淞等）和灌溉水等各类水样品，以及土壤样品、作物样品的采集方法、样品编号、保存及测试等。其中地表径流和地下淋溶水样的采集方法、分析和计算详见农田面源污染监测技术规范（附录 2 第一节）。降水、灌溉、土壤和作物的样品采集方法等详见附录 3，农田氨挥发的采集方法、分析和计算详见附录 4。

在 1 个监测周期内，对于新建监测点，监测设施建设期间采集基础土壤进行测定。测定指标包括全氮、有机质、全氮、全磷、碱解氮、有效磷（Olsen-P）、速效钾、pH（以上指标由中国农业科学院或省市农业科学院统一测试）和含水率、硝态氮、铵态氮、可溶性总氮、分层次的土壤容重。每个监测点在每季作物收获时采集植株样，1 个监测周年结束最后一季作物收获时取土壤样品（地表径流点土壤采集深度为 0～20cm，地下淋溶点采集深度为 0～100cm，每 20cm 一层）。比如南方水稻-小麦轮作制，小麦为第一季作物，水稻为第二季作物，监测周期则从小麦播种前的翻耕期开始，到下一年度的同一时间为止，需采集小麦和水稻收获时的植株样品及水稻收获时的土壤样品。植株的监测指标，应包括籽粒和秸秆的产量、含水率（籽粒和秸秆分开测定）、全氮、全磷、全钾含量。土壤的测试指标包括含水率、硝态氮、铵态氮、有机质、全氮、全磷、全钾、有效磷、速效钾、pH。水样监测指标，应包括径流/淋溶/降水/灌溉样品的水量、铵态氮、硝态氮、总氮、可溶性总氮、总磷和可溶性总磷含量，降水/灌溉样品的 pH。气体监测指标为氨挥发通量（表 1-4）。

表 1-4　样品采集频次及其测试项目

样品名称	类别	采样频次	测试项目
地表径流水	必测	每次产流均需采样	径流水量、总氮、可溶性总氮、硝态氮、铵态氮、总磷、可溶性总磷

（续）

样品名称	类别	采样频次	测试项目
地下淋溶水	必测	每次产流均需采样	淋溶水量、总氮、可溶性总氮、硝态氮、铵态氮、总磷、可溶性总磷
吸收液或洗脱液	必测	每次施肥后连续 7～14d 每天采集	总氮或铵态氮
基础土壤/风干	新建点必测	监测设施建设期间采样	有机质、全氮、有效磷、速效钾、pH（由中国农业科学院或省市农业科学院统一测试）
基础土壤/新鲜	新建点必测	监测设施建设期间采样	土壤含水率、硝态氮、铵态氮，可溶性总氮、分层次的土壤容重
监测期土壤/风干	必测	每年秋季作物收获后采样	全氮、有机质、有效磷、速效钾、pH
监测期土壤/新鲜	必测	每年秋季作物收获后采样	土壤含水率、硝态氮、铵态氮
作物收获物	必测	每季作物收获期采样	收获物产量
作物收获物	必测	每季作物收获期采样	样品干重、鲜重、含水率、全氮、全磷
作物废弃物	必测	每季作物收获期采样	废弃物产量
作物废弃物	必测	每季作物收获期采样	样品干重、鲜重、含水率、全氮、全磷
降水	必测	每次降水后采样	降水量、总氮、可溶性总氮、硝态氮、铵态氮、总磷、可溶性总磷、pH
灌溉水	必测	每次灌溉采样	灌溉量、总氮、可溶性总氮、硝态氮、铵态氮、总磷、可溶性总磷、pH

（3）样品测试方法。

样品测试方法应选用标准方法或当前技术成熟、广泛认可的方法。各项指标测试方法详见表 1-5。

表 1-5　样品检测方法

	测试指标	标准检测方法	参照相应的标准号
土壤	全氮	凯氏定氮法	NY/T 1121.24—2012
	有机质	重铬酸钾容量法	NY/T 85—1988
	碱解氮	康维皿法	LY/T 1228—2015
	可溶性总氮	碱性过硫酸钾消解-紫外分光光度法	HJ 636—2012
	可溶性总磷	过硫酸钾氧化-自动定氮仪法比色法	GB 11893—1989
	铵态氮	比色法	LY/T 1228—2015
	硝态氮	比色法	LY/T 1228—2015
	有效磷	钼锑抗比色法	NY/T 1121.7—2014
	速效钾	乙酸铵-火焰光度计法	NY/T 889—2004
	可溶性磷	0.01mol/L $CaCl_2$浸提，钼蓝比色法	NY/T 1121.7—2014
	pH	电位法	NY/T 1377—2007
	容重	环刀法	NY/T 1121.4—2006
	含水率	质量法	NY/T 52—1987

（续）

	测试指标	标准检测方法	参照相应的标准号
植株	全氮	硫酸-过氧化氢消煮，自动定氮仪法	NY/T 2419—2013
	全磷	硫酸-过氧化氢消煮，钼锑抗比色法	NY/T 2421—2013
水	总氮	碱性过硫酸钾消解-紫外分光光度法	HJ 636—2012
	总磷	钼酸铵分光光度法	GB 11893—1989
	可溶性总氮	碱性过硫酸钾消解-紫外分光光度法	HJ 636—2012
	可溶性总磷	分光光度法	HJ 670—2013
	铵态氮	分光光度法	GB/T 5750.5—2006
	硝态氮	分光光度法	GB/T 5750.5—2006
气体	氨	滴定法或分光光度法	LY/T 1228—2015

（二）抽样调查

农业面源污染氮磷流失治理修复项目所涉及的各项监测数据，为种植业氮磷流失治理修复效益核算提供了基础数据，但未涉及各类种植模式面积、施肥情况及影响氮磷流失的农艺措施推广应用情况等关键信息。因此，采用抽样调查方法获取上述信息，以提供本次种植业氮磷流失量核算的基量数据。

1. 抽样原则

以各示范区耕地和园地面积在项目区中的占比为基础，综合考虑农业人口数量、人均耕地面积和规模化种植水平，确定各区抽样地块数量和密度；其中人均耕地数量多、规模化种植水平较高的可适当降低抽样密度。对于化肥用量高、氮磷流失风险较为突出的蔬菜、果树等种植模式需重点加密。

2. 调查内容

选取农区典型地块。调查地块面积、产量、耕作方式、施肥、施药、灌溉、地膜、农作物秸秆等相关信息（详见附录 2 种植业典型地块抽样调查表）。原则上耕地和园地面积之和超过 1 千亩的项目区均需开展调查，调查内容包括项目区名称、农户数量、农村劳动力人口数量、耕地和园地面积、规模种植主体的数量及面积、主要作物播种面积等。

3. 样本数量

样本数量根据调查内容确定，典型地块调查以示范点为基本单元组织实施。分散农户经营依然是当前我国种植业生产的主要形式。分散农户一般有多个分散地块，可调查符合普查抽样要求、面积最大或最能代表其种植水平的地块或棚室。

五、多指标综合法评价

多指标综合指数评价法是将评价结果数量化的一种技术处理。通过计算数学模型，将多指标进行综合，最后形成概括性的一个指数，通过指数比较达到评价目的。其最大优点是，不仅能反映复杂经济现象总体的变动方向和程度，而且可以确切地、定量地说明像现象变动所产生的实际综合效果。

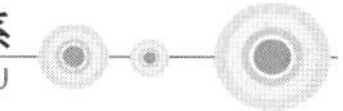

氮磷流失治理技术总效益即为技术效益、经济效益、社会效益、生态效益四个指数值与对应权重相乘的加权和。计算模型如下：

$$P=\sum_{j=1}^{n} P_j \times W_j (j=1, 2, \cdots n)$$

其中：P——技术效果的综合效益；

P_j——某一效益；

W_j——该效益的权重。

第二章　农田有毒有害化学/生物污染物环境残留评价方法与指标体系

为了满足人民日益增长的生活需求，确保食物安全，在有限的农业资源中高频度投入之下，大量的农药、抗生素、激素等物质产品投入到农业生产的过程中，不合理的施用，使得大量的农药、抗生素、激素等或者其衍生物残留在农业生态环境系统中，对农产品质量安全、农业生态系统安全和农业绿色可持续发展造成了威胁。深入系统研究农药、邻苯二甲酸酯、激素、病原微生物、抗生素和抗性基因等典型有毒有害化学/生物污染物输入农田系统后的迁移、转化、残留、降解、累积等演变过程，探明污染形成过程中环境、生态效应与农田持续生产力下降和农产品质量的关系，为破解制约我国农田生产力提升和保障农产品安全的理论和技术瓶颈提供支撑具有重要实践意义。因此，对农田有毒有害化学/生物污染与防控机制开展基础研究，是实现“十三五”期间农田生态系统安全保障的重要内容。

第一节　农田有毒有害化学/生物污染物环境残留监测与评价方法

我国各地区农业生产条件、生态资源禀赋差异较大，在农业生产的实际过程中，不科学、不合理的农业操作使得农药、抗生素等投入种类繁多，在农田生态系统中产生了大量的残留物或者衍生物，对农产品质量和生态环境造成了潜在的威胁。建立一套系统科学的方法，对农田有毒有害化学/生物污染物环境残留进行监测与评价，是减少或者消除这种潜在生态环境危害的重要措施。

一、农药品种及相关参考标准

农药品种选择主要考虑目前大量使用的、虽然禁限用但仍有突出问题的、主要的替代农药品种等因素。选择以下农药为参考对象。

（一）杀虫剂

1. **有机氯农药：**六六六、滴滴涕。
2. **有机磷农药：**毒死蜱、三唑磷。
3. **氨基甲酸酯类农药：**丁硫克百威。
4. **菊酯类农药：**高效氯氰菊酯。

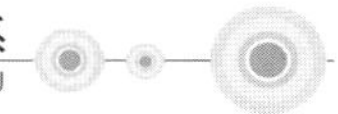

5. **烟碱类农药**：吡虫啉、啶虫脒、噻虫嗪、烯啶虫胺。

（二）杀菌剂

1. **三唑类杀菌剂**：苯醚甲环唑、戊唑醇、丙环唑。
2. **其他杀菌剂**：嘧菌酯、多菌灵、百菌清。

（三）除草剂

1. **酰胺类除草剂**：甲草胺、乙草胺、丁草胺、异丙甲草胺。
2. **磺酰脲类除草剂**：甲磺隆、苯磺隆。
3. **二苯醚类除草剂**：乙氧氟草醚、氟磺胺草醚。
4. **其他类除草剂**：莠去津、二甲戊灵。

二、初级农产品中农药最大残留限量值

针对农田系统中有毒有害化学/生物污染，提出化学污染物的治理方案，最终目标之一是保证农产品安全，因此首先应参考初级农产品中农药最大残留限量值（MRL）标准。农田污染治理以实现治理区域内食用农产品可食部位中目标农药含量降低到最大残留限量（参考附录5）以下为目标。

参考标准：GB 2763—2019《食品安全国家标准　食品中农药最大残留限量》[2]。

三、农产品中农药残留检测方法

（一）六六六、滴滴涕、毒死蜱、三唑磷、高效氯氰菊酯、啶虫脒、噻虫嗪、苯醚甲环唑、戊唑醇、丙环唑、甲草胺、乙草胺、丁草胺、异丙甲草胺、乙氧氟草醚、二甲戊灵等在谷物中的残留检测方法

参考标准：GB 23200.9—2016《食品安全国家标准　粮谷中475种农药及相关化学品残留量测定　气相色谱-质谱法》。

本标准适用于大麦、小麦、燕麦、大米、玉米中475种农药及相关化学品残留量的测定。其他粮谷、食品可参照执行。

1. 试样的制备

按照标准GB/T 5491的取样规范扦取粮谷样品，并经粉碎机粉碎，全部过425μm的标准网筛，混匀，制备好的试样均分成两份，装入洁净的盛样容器内，密封并标明标记。

2. 分析步骤

（1）提取。

称取10g试样（精确至0.01g）与10g硅藻土混合，移入加速溶剂萃取仪的34mL萃取池中，在10.34MPa压力、80℃条件下，加热5min，用乙腈静态萃取3min，循环2次，然后用萃取池体积60%的乙腈（20.4mL）冲洗萃取池，并用氮气吹扫100s。萃取完毕后，将萃取液混匀，对含油量较小的样品取萃取液体积的1/2（相当于5g试样量），对含油量较大的样品取萃取液体积的1/4（相当于2.5g试样量），待净化。

(2) 净化。

用 10mL 乙腈预洗 Envi-18 柱，然后将 Envi-18 柱放入固定架上，下接梨形瓶，移入上述萃取液，并用 15mL 乙腈洗涤 Envi-18 柱，收集萃取液及洗涤液，在旋转蒸发器上将收集的液体浓缩至约 1mL，备用。

在 Envi-Carb 柱中加入约 2cm 高无水硫酸钠，将该柱连接在 Sep-PakNH2 柱顶部，用 4mL 乙腈-甲苯溶液（3∶1）预洗串联柱，下接梨形瓶，放入固定架上。将上述样品浓缩液转移至串联柱中，用 2mL 乙腈-甲苯溶液洗涤 3 次样液瓶，并将洗涤液移入柱中，在串联柱上加上 50mL 贮液器，再用 25mL 乙腈-甲苯溶液洗涤串联柱，收集上述所有流出物于梨形瓶中，并在 40℃水浴中旋转蒸发至约 0.5mL。加入 5mL 正己烷进行溶剂交换 2 次，最后使样液体积约为 1mL，加入 40μL 内标溶液，混匀，用于气相色谱-质谱测定。

（二）毒死蜱、三唑磷、吡虫啉、啶虫脒、噻虫嗪、烯啶虫胺、戊唑醇、丙环唑、嘧菌酯、多菌灵、甲草胺、乙草胺、丙草胺、乙氧氟草醚、氟磺胺草醚、莠去津等在谷物中的残留检测方法

参考标准：GB/T 20770—2008《粮谷中 486 种农药及相关化学品残留量的测定　液相色谱-串联质谱法》

本标准适用于大麦、小麦、燕麦、大米、玉米中 486 种农药及相关化学品残留的定性鉴别，376 种农药及相关化学品残留量的定量测定。

1. 样品制备

粮谷样品经粉碎机粉碎，过 830μm 筛，混匀，密封，作为试样，标明标记。

2. 样品提取

称取 10g 试样（精确至 0.01g），放入盛有 15g 无水硫酸钠的具塞离心管中，加 35mL 乙腈，均质提取 1min，3 800r/min 离心 5min，上清液通过装有无水硫酸钠的筒形漏斗，收集于梨形瓶中，残渣再用 30mL 乙腈提取一次，合并提取液，将提取液用旋转蒸发器于 40℃水浴蒸发浓缩至约 0.5mL，加入 5mL 乙酸乙酯＋环己烷（1∶1）进行溶剂交换。重复两次，最后使样液体积约为 5mL，等待净化。

3. 样品净化

(1) 凝胶渗透色谱净化条件。

①净化柱：400mm×25mm（内径），内装 BIO-Beads S-X3 填料或相当者。

②检测波长：254nm。

③流动相：乙酸乙酯＋环己烷（1∶1，体积比）。

④流速：5mL/min。

⑤进样量：5mL。

⑥开始收集时间：22min。

⑦结束收集时间：40min。

(2) 净化。

将上述提取液转移至 10mL 的容量瓶中，用 5mL 乙酸乙酯＋环己烷（1∶1）分两次

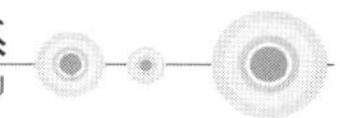

洗涤梨形瓶，并转移至上述10mL容量瓶中，定容至刻度，摇匀。将样液过0.45μm微孔滤膜滤入10mL试管中，供凝胶渗透色谱仪净化，收集22～40min的馏分于200mL梨形瓶中，并在40℃水浴旋转蒸发至0.5mL。将浓缩液置于氮气吹干仪上吹干。迅速加入1mL的乙腈+水（3∶2）溶解残渣，混匀，经0.2μm滤膜过滤，供液相色谱-串联质谱（LC-MS/MS）测定。

（三）六六六、滴滴涕、毒死蜱、三唑磷、啶虫脒、噻虫嗪、苯醚甲环唑、戊唑醇、丙环唑、甲草胺、乙草胺、丁草胺、异丙甲草胺、乙氧氟草醚、二甲戊灵等在水果和蔬菜中的残留检测方法

参考标准：GB 23200.8—2016《食品安全国家标准　水果和蔬菜中500种农药及相关化学品残留量的测定　气相色谱-质谱法》

本标准适用于苹果、柑橘、葡萄、甘蓝、芹菜、番茄中500种农药及相关化学品残留量的测定，其他蔬菜和水果可参照执行。

1. 试样制备

水果、蔬菜样品取样部位按GB 2763附录A执行，将样品切碎混匀均匀，制成匀浆，制备好的试样均分成两份，装入洁净的盛样容器内，密封并标明标记。将试样于−18℃冷冻保存。

2. 分析步骤

（1）提取。

称取20g试样（精确至0.01g）于80mL离心管中，加入40mL乙腈，用均质器在15 000r/min转速下匀浆提取1min，加入5g氯化钠，再匀浆提取1min，将离心管放入离心机，在3 000r/min转速下离心5min，取上清液20mL（相当于10g试样量），等待净化。

（2）净化。

将Envi-18柱放入固定架上，加样前先用10mL乙腈预洗柱，下接鸡心瓶，移入上述20mL提取液，并用15mL乙腈洗涤Envi-18柱，将收集的提取液和洗涤液在40℃水浴中旋转蒸发至约1mL，备用。

在Envi-Carb柱中加入约2cm高无水硫酸钠，将该柱连接在Sep-Pak氨丙基柱顶部，在串联柱下接鸡心瓶并放在固定架上。加样前先用4mL乙腈-甲苯溶液（3∶1）预洗柱，当液面到达硫酸钠的顶部时，迅速将样品浓缩液转移至净化柱中，再用2mL乙腈-甲苯溶液（3∶1）洗涤三次样液瓶，并将洗涤液移入柱中。在串联柱上加上50mL贮液器，用25mL乙腈-甲苯溶液（3∶1）洗涤串联柱，收集所有流出物于鸡心瓶中，并在40℃水浴中旋转蒸发至约0.5mL。每次加入5mL正己烷后在40℃水浴中旋转蒸发，进行溶剂交换两次，最后使样液体积约为1mL，加入40μL内标溶液，混匀，用于气相色谱-质谱测定。

（四）莠去津、乙氧氟草醚、二甲戊灵、丁硫克百威等在食品中的残留检测方法

参考标准：GB 23200.33—2016《食品安全国家标准　食品中解草嗪、莎稗磷、二丙

烯草胺等110种农药残留量的测定　气相色谱-质谱法》

本标准适用于大米、糙米、大麦、小麦、玉米中110种农药残留量的测定，其他食品可参照执行。

1. 试样制备与保存

（1）试样制备。

取样部位按GB 2763附录A执行，取代表性试样500g，用粉碎机粉碎样品并使其全部通过830μm的筛，混合均匀，装入洁净的容器内，密封并标明标记。

（2）试样保存。

试样于0～4℃避光保存。取样、制样及保存过程中应防止试样受到污染或者残留农药含量发生变化。

2. 分析步骤

（1）提取。

称取试样20g（精确至0.01g）置于锥形瓶中，加入20mL水放置30min。加入80mL丙酮，置于振荡器上振荡提取30min。向抽滤装置内加入适量助滤剂，将试样及提取液转移至抽滤装置中，减压抽滤，再用3×5mL丙酮洗涤锥形瓶及试样残渣，合并提取液和洗涤液，于40℃水浴中旋转蒸发至约20mL。将上述溶液转移至分液漏斗中，依次向分液漏斗中加入50mL 15%（质量浓度）氯化钠水溶液，50mL二氯甲烷，振荡5min，静置后收集二氯甲烷层并过无水硫酸钠脱水。再加入50mL二氯甲烷重复上述操作。合并经无水硫酸钠脱水的二氯甲烷，于40℃水浴旋转蒸发至近干，再用氮气吹干。用环己烷-乙酸乙酯定容至4.0mL，等待净化。

（2）净化。

①凝胶渗透色谱净化。将上述步骤（1）中待净化的溶液置于凝胶色谱仪上，进样体积为2.0mL（相当于称样量的1/2），以环己烷-乙酸乙酯作为流动相，流速为3.0mL/min，弃去第0～20mL淋洗液，收集第21～70mL淋洗液，于40℃水浴旋转蒸发至近干，再用氮气吹干。用2mL乙腈-甲苯溶液溶解残渣。

②固相萃取净化。将Envi-Carb/LC-NH2固相萃取柱置于固相萃取装置上。用10mL乙腈-甲苯溶液预淋洗。将经上述步骤①净化的溶液移入固相萃取柱的同时即开始收集淋洗液，用3×1mL乙腈-甲苯溶液洗涤容器并移入固相萃取柱，并调节装置使淋洗液流速约为2mL/min。再用20mL乙腈-甲苯溶液洗涤固相萃取柱，合并淋洗液。于40℃水浴旋转蒸发至近干，再用氮气吹干。用丙酮定容至1.0mL，供气相色谱-质谱测定。

（五）噻虫嗪在食品中的残留检测方法

参考标准：GB 23200.39—2016《食品安全国家标准　食品中噻虫嗪及其代谢物噻虫胺残留量的测定　液相色谱-质谱/质谱法》。

本标准适用于大米、大豆、板栗、菠菜、油麦菜、洋葱、茄子、马铃薯、柑橘、食用菌、茶叶等植物源性产品和鸡肝、猪肉、牛奶等动物源性产品中噻虫嗪、噻虫胺残留量的检测和确证，其他食品可参照执行。

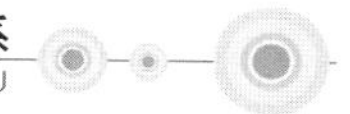

1. 试样制备

大米、大豆、板栗、茶叶：取代表性样品 500g，用粉碎机粉碎，混匀，均分成两份作为试样，分装并密封，于 0～4℃保存。

菠菜、油麦菜、洋葱、茄子、马铃薯、柑橘、食用菌：取代表性样品1 000g，将其（不可用水洗涤）切碎后，依次用捣碎机将样品加工成浆状。混匀，均分成两份作为试样，分装并密封，于 0～4℃保存。

2. 提取与净化

称取 5g（精确至 0.01g）试样于 50mL 离心管中，如果为干燥样品则加 5～8mL 水，视具体样品而定，浸泡 0.5h。加入乙酸-乙腈溶液使乙腈和水总体积为 20mL，均质 0.5min，摇匀，在 40℃以下超声提取 30min，4 000r/min 离心 10min。取上清液 1.0mL，加适量基质分散固相萃取剂净化，剧烈振摇 1min，4 000r/min 离心 10min，取上清液用 0.2μm 滤膜过滤，用液相色谱-串联质谱仪测定。

基质分散固相萃取剂：

①针对大米、茄子、洋葱、马铃薯、柑橘样品：50mg 乙二胺-N-丙基硅烷（PSA）、150mg 硫酸镁。

②针对菠菜、油麦菜样品：50mg PSA、150mg 硫酸镁、10mg 炭黑（GCB）。

③针对板栗、食用菌、牛奶样品：50mg PSA、150mg 硫酸镁、50mg C18。

④针对茶叶、大豆样品：50mg PSA、150mg 硫酸镁、50mg C18、10mg GCB。

（六）百菌清在食品中的残留检测方法

谷物中的残留检测方法：SN/T 2320—2009《进出口食品中百菌清、苯氟磺胺、甲抑菌灵、克菌丹、灭菌丹、敌菌丹和四溴菊酯残留量检测方法　气相色谱-质谱法》

本标准适用于大米、糙米、大麦、小麦、玉米及白菜中百菌清、苯氟磺胺、甲抑菌灵、克菌丹、灭菌丹、敌菌丹和四溴菊酯残留量的检测和确证。

1. 试样制备

大麦、小麦、大米、玉米、糙米：取代表性样品约 200g，粉碎，过筛（孔径为 2.0mm），装入洁净的容器内，密封，标明标记。

白菜：取可食部分（不可水洗）约 200g，捣碎，装入洁净容器内，密封，标明标记。

2. 试样保存

粮谷类试样于 0～4℃保存；蔬菜试样于－18℃以下冷冻保存。在抽样及制样的操作过程中，应防止样品受到污染或残留物含量发生变化。

3. 提取

大麦、小麦、大米、玉米、糙米样品：称取约 5g 样品（精确至 0.01g），于 50mL 离心管中，加入 15.0mL 去离子水，浸泡 20min。在离心管中加入 15.0mL 乙腈，用均质器于20 000r/min下均质 2min。将离心管在3 000r/min条件下离心 10min。取上清液于另一 50mL 离心管中。样品再用 10.0mL 乙腈，同上操作。合并上清液。在提取液中加入 3.5g 氯化钠。

白菜：称取约 10g 样品（精确至 0.01g），于 50mL 离心管中。然后按上段操作。

4. 盐析、液液萃取净化

在离心管中加入 2.0mL 磷酸缓冲溶液。用往复式振荡器振摇 5min 后，在3 000r/min 条件下离心 5min。分取上层乙腈并合并，经无水硫酸钠柱脱水，收集于 100mL 梨形烧瓶中；无水硫酸钠柱用少许乙腈洗涤。将合并的溶液在旋转蒸发仪中于 40℃下蒸发至近干。用 2.0mL 乙腈-甲苯混合溶液溶解残渣。

5. SPE 净化

在活性炭小柱上加 0.5cm 无水硫酸钠，下端串联 LC-NH2 氨基柱。用 10mL 乙腈-甲苯混合溶液活化。将上述的溶解液转移至小柱中。用 10mL 乙腈-甲苯混合溶液洗脱（在整个活化、上样和洗脱过程中应避免 SPE 柱干涸）。收集洗脱液于 15mL 试管中并于氮吹仪上吹至近干，定量加入 0.5mL GPC 流动相，供凝胶色谱串联气相色谱-质谱检测。

（七）甲磺隆、苯磺隆在初级农产品中残留的检测方法

参考标准：SN/T 2325—2009《进出口食品中四唑嘧磺隆、甲基苯苏呋安、醚磺隆等 45 种农药残留量的检测方法　高效液相色谱-质谱/质谱法》。

本标准适用于糙米、大米、玉米、大麦和小麦中甲磺隆、苯磺隆等 45 种农药残留量的检测。

1. 试样的制备和保存

取代表性样品约 1kg，用磨碎机全部磨碎并通过 830μm 筛，混匀，均分成两份作为试样，分装入洁净的盛样瓶内，密封，标明标记。将试样于 0～4℃避光保存。

在制样的操作过程中，应防止样品受到污染及残留物含量发生变化。

2. 测定步骤

（1）提取。

称取试样 5g（精确到 0.01g）于 150mL 具塞锥形瓶中，加入 0.5g 硅藻土和 15mL 去离子水，浸泡 20min 后加入 50mL 丙酮，在振荡器上振荡提取 30min，抽滤至浓缩瓶中。在 40℃水浴中将提取液蒸发浓缩至约 20mL，转移至分液漏斗中，再用 30mL 二氯甲烷分三次洗涤浓缩瓶，洗涤液合并至同一分液漏斗中，然后加入 15mL 氯化钠溶液，振摇萃取 2min，静置分层。将二氯甲烷层经 5g 无水硫酸钠过滤至浓缩瓶中。用 20mL 二氯甲烷重复萃取一次，合并二氯甲烷于同一浓缩瓶中。将合并的二氯甲烷萃取液在45℃下旋转蒸发至近干，用 10mL 乙酸乙酯-环己烷溶解残渣准备净化。

（2）净化。

①凝胶色谱条件。

a）净化柱：S-X3 Bio-Beads 填料，粒度 38～75μm，300nm×25nm（内径），或相当者。

b）流动相：乙酸乙酯-环己烷，流速 5.0mL/min。

c）进样量：5mL。

d）净化程序：0～19min 弃去淋洗液，19～30min 收集淋洗液。

②净化过程。5mL 乙酸乙酯-环己烷溶解液进凝胶色谱系统，按照上述步骤①的条

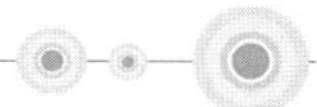

件净化。将收集的洗脱液45℃水浴中蒸发浓缩至约2mL，然后用氮气吹干。准确加入1.0mL甲醇+水溶解残渣，经0.22μm有机滤膜过滤备液相色谱-串联质谱测定。

四、土壤中农药残留成分检测方法

土壤样品的采集、初步处理及其贮存。原位土壤按照五点式采集方法进行采集，采集土壤样品深度为0～20cm，采集土壤样品前，人工去除土壤采集点表面的可见石子、石块、残枝、残叶、动物粪便等非土壤杂物。利用专业土壤采集工具（土壤铲、土壤采样器等）进行采集，并利用土壤采集布袋或者干净的自封塑料袋进行分装。采集的土壤样品带回实验室后，自然风干，二次除去砂石、草根和其他碎屑，充分混匀，将土壤样品碾碎后过1mm（830～1 000μm）筛，四分法取一定量（具体量将根据具体检测目标化合物需要而定）装入自封袋，贴好标签，阴凉处（或于－20℃冷冻）保存备用。

（一）毒死蜱和三唑磷在土壤中的残留检测方法

方法1：准确称取10g土壤样品于50mL离心管中，加入10mL乙腈作为提取液，振荡10min后加入4g无水硫酸镁、2g氯化钠，迅速振荡5min，4 000r/min离心5min，取上清液1.5mL放入装有150mg无水硫酸镁和50mg PSA的2mL离心管中，涡旋30s，5 000r/min离心5min，取上清液过0.22μm的有机膜，取1mL过滤液于小瓶中用氮气吹干后用丙酮溶解，用气相色谱-氮磷检测器（GC-NPD）检测。

方法2：准确称取5.0g土壤样品，冷冻干燥后依次加入甲醇、乙腈、二氯甲烷各25mL，依次摇床2h，超声30min，8 000r/min下离心10min，收集上清液，合并提取液；提取液40℃旋转蒸发，定容至25mL，然后用氮气吹干，并重悬于1mL甲醇中，使用0.45μm滤膜去除杂质后，采用高效液相色谱（HPLC）进行分析。高效液相色谱条件：色谱柱，C18反相柱；流动相为乙腈/水（体积比90∶10），其中水中含有2%冰乙酸，流速为1mL/min；紫外检测器，波长290nm。此外，其他方法经验证效果优于或等效时也可使用。

（二）丁硫克百威在小麦和土壤中的残留检测方法

称取5g均质后的土壤样品置于50mL具塞离心管中，加入10mL体积分数为1%的氨水乙腈，振荡提取10min，再加入1g氯化钠和4g无水硫酸钠，迅速振荡5min，再以5 000r/min的转速离心5min后，移取1.5mL上清液（乙腈层）至装有净化剂的2mL离心管中，选用50mg C18+150mg无水硫酸镁作为净化剂，涡旋3min，离心5min，取上清液过有机滤膜（0.22μm）到棕色进样小瓶中，待超高效液相色谱-串联质谱检测。

其他方法经验证效果优于或等效时也可使用。

（三）高效氯氰菊酯在土壤中的残留检测方法[3]

准确称取5.0g土壤样品于50mL聚四氟乙烯离心管中，加入2mL超纯水，涡旋混匀，浸润15min，加入2g无水硫酸镁，涡旋2min，以6 000r/min的转速离心4min，取上清液待净化。称取 150mg PSA、150mg C18 和 300mg 无水硫酸镁于 10mL 离心管中，加入 4mL 上述待净化的提取液，涡旋 2min，以 9 000r/min 的转速离心 5min。转移 2mL 上清液，60℃ 水浴下用氮气吹至近干，定量加入 1mL 正己烷溶解残渣，混匀，过 0.22μm 有机滤膜，待气相色谱-电子捕获检测器（GC/ECD）测定。

其他方法经验证效果优于或等效时也可使用。

（四）吡虫啉在土壤中的残留检测方法[4]

准确称取土壤样品 10.00g 于离心管中，加入 5mL 水混匀后再加入 10mL 乙腈，涡旋振荡 1min 后，加入 1.0g 氯化钠和 2.0g 无水硫酸镁，涡旋 1min，3 800r/min离心 5min。取 1mL 上层清液过 0.22μm 滤膜到自动进样瓶中，待液相色谱-串联质谱检测。

其他方法经验证效果优于或等效时也可使用。

（五）啶虫脒在土壤中的残留检测方法

准确称取 5.0g 土壤置于 50mL 离心管中，加入 5.0mL 含有 0.1%甲酸的超纯水和 10.0mL 的乙腈，并加入 1.0g 氯化钠于离心管中，涡旋 1.0min 后在4 000r/min转速下离心 5.0min，取上层 3.0mL 乙腈转移并将其浓缩至 1.5mL，后转至有 80.0mg PSA 和 20.0mg C18 的混合分散净化剂、200.0mg 无水硫酸镁的 2.0mL 离心管中，涡旋 2.0min，其后以 10 000r/min 离心 5.0min，取 1.00mL 上清液过 0.22μm 尼龙微孔滤膜至液相小瓶中，供超高效液相色谱-串联质谱分析。其他方法经验证效果优于或等效时也可使用。

（六）烯啶虫胺在土壤中的残留检测方法[5]

准确称取 10g 土壤样品于 50mL 具塞离心管中，加 3mL 去离子水后再加 20mL 乙腈溶液，涡旋振荡 4min，加 4g 无水硫酸镁和 1g 氯化钠，剧烈振荡 1min，以5 000r/min离心 5min。取上清液 1mL 加入装有 0.025g PSA 粉末和 0.125g 无水硫酸镁的微型离心管中，涡旋 1min 后，以 3 000r/min 的转速离心 5min，取上清液过 0.22μm 的有机滤膜后装入自动进样瓶中，待超高效液相色谱-串联质谱检测。

其他方法经验证效果优于或等效时也可使用。

（七）噻虫嗪在土壤中的残留检测方法

准确称取 10g 土壤样品于 50mL 离心管中，加入 5mL 超纯水，再加入 10mL 乙腈，然后振荡 10min，加入 4g 氯化钠，振荡 5min，在 4 000r/min 的转速下离心 5min，取上清液 1.5mL 加入称有 150mg 无水硫酸镁、50mg PSA 的 2mL 离心管中，涡旋 1min，在 5 000r/min 的转速下离心 5min，取上清液，过膜，待超高效液相色谱-串联质谱检测。

其他方法经验证效果优于或等效时也可使用。

（八）苯醚甲环唑在土壤中的残留检测方法

称取土壤样品 10.0g，加入 10mL 乙腈，振荡器振荡 10min，加 1g 氯化钠和 4g 无水

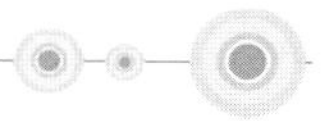

硫酸镁，振荡5min，4 000r/min离心5min。取上清液1.5mL至装有净化剂50mg PSA和150mg无水硫酸镁的2mL离心管中，涡旋1min，在5 000r/min的转速下离心5min，抽取上清液经0.22μm微膜过滤，待超高效液相色谱-串联质谱检测。

其他方法经验证效果优于或等效时也可使用。

（九）戊唑醇在土壤中的残留检测[6]

称取（20.00±1.00）g样品于200mL具塞锥形瓶中，加入40.0mL乙腈，往复振荡2h，滤纸过滤，收集滤液于装有10mL过饱和氯化钠溶液的100mL具塞量筒中，收集滤液约40mL，盖塞，剧烈振荡2min，室温静置30min，待乙腈相和水相分层，准确吸取上清液10.00mL于100mL圆底烧瓶中减压浓缩（40℃）至干，加5.0mL丙酮-二氯甲烷（95∶5）混合液，待净化。NH_2固相萃取小柱用5.0mL丙酮-二氯甲烷（95∶5）预淋洗，当溶剂液面到达柱吸附层表面时，立即倒入上述待净化溶液，用100mL圆底烧瓶收集，以5.0mL丙酮-二氯甲烷（95∶5）冲洗圆底烧瓶残留物，淋洗NH_2固相萃取小柱，重复3次，收集液减压浓缩（40℃）至干，用2.50mL乙腈定容，过0.22μm有机滤膜，待高效液相色谱检测。

其他方法经验证效果优于或等效时也可使用。

（十）丙环唑在土壤中的残留检测方法

称取10g土壤样品于50mL离心管中，加入10mL乙腈，振荡器振荡10min，加1g氯化钠和4g无水硫酸镁，振荡5min，在4 000r/min转速下离心5min。取上清液1.5mL至装有净化剂50mg PSA和150mg无水硫酸镁的2mL离心管中，涡旋1min，在5 000 r/min转速下离心5min，抽取上清液经0.22μm微膜过滤，待超高效液相色谱-串联质谱检测。

其他方法经验证效果优于或等效时也可使用。

（十一）嘧菌酯在土壤中的残留检测

称取10g土壤样品于50mL离心管中，加入5mL超纯水，涡旋振荡30s，加入1%乙酸乙腈10mL，振荡提取20min，静置15min，加3g氯化钠和4g无水硫酸镁，涡旋1min，以5 000r/min的转速离心5min。取上清液1.5mL至装有50mg PSA和150mg无水硫酸镁的2mL离心管中，涡旋1min，在5 000r/min的转速下离心5min，抽取上清液经0.22μm微膜过滤，待超高效液相色谱-串联质谱检测。

其他方法经验证效果优于或等效时也可使用。

（十二）多菌灵在土壤中的残留检测方法

准确称取10g土壤样品于50mL离心管中，加入2mL超纯水，再加入10mL的乙腈，然后振荡10min，加入4g无水硫酸镁，1g氯化钠，涡旋振荡3min，在4 000 r/min条件下离心5min，取上清液待净化。取1.5mL上清液，加入称有150mg无水硫酸镁、50mg PSA的2mL离心管中，涡旋1 min，在5 000r/min条件下离心5min，取上清液，经滤膜过滤，待超高效液相色谱-串联质谱检测。

其他方法经验证效果优于或等效时也可使用。

（十三）百菌清在土壤中的残留检测方法

称取土壤样品 10.0g 于 50mL 离心管中，加入 5mL 超纯水，再加入 10mL 乙酸乙酯，CK2000 振荡器振荡 10min，加 1g 氯化钠和 4g 无水硫酸镁，振荡 5min，4 000 r/min条件下离心 5min。取上清液 1.5mL 至装有净化剂 50mg PSA 和 150mg 无水硫酸镁的 2mL 离心管中，涡旋 1min，5 000r/min 条件下离心 5min，抽取上清液经 0.22μm 滤膜过滤，待气相色谱-电子捕获检测器检测。

（十四）甲草胺在土壤中的残留检测方法[7]

准确称取土壤样品 10g（精确至 0.01g）于 50mL 离心管中，加入 10mL 乙酸乙酯，振荡 10min。然后在 4 000r/min 下离心 5min，取 1.0mL 上清液，氮气吹干，加 1mL 丙酮定容，0.22μm 微膜过滤，待气相色谱-电子捕获检测器检测。

其他方法经验证效果优于或等效时也可使用。

（十五）莠去津和乙草胺在土壤中的残留检测方法

准确称取 10.0g 土壤样品于 50mL 塑料具塞离心管中，加入 2mL Milli-Q 系统制得的超纯水，再加入 10mL 乙腈提取，振荡 10min 左右，静置 20min，然后加入 2g 氯化钠和 4g 无水硫酸镁使提取剂中的水相和有机相分层，再次涡旋振荡 3min，振荡结束后将离心管在 4 000r/min 转速下离心 5min，然后取 1.5mL 上清液注入 2mL 离心管中（内含 50mg PSA 和 150mg 无水硫酸镁），涡旋 2min，将 2mL 离心管在 5 000r/min 转速下离心 5min，取上清液过 0.22μm 滤膜，装入进样小瓶中，待高效液相色谱-串联质谱检测。

其他方法经验证效果优于或等效时也可使用。

（十六）丁草胺和乙氧氟草醚在土壤中的残留检测方法[8]

称取 10.0g 土壤样品于 50mL 离心管中，加入 10.0mL 乙腈，涡旋 3min，用离心机以 4500r/min 的速度离心 5min，用移液枪吸取上清液 2.0mL，用 0.22μm 有机膜过滤，待测。

（十七）异丙甲草胺在土壤中的残留检测方法[9]

称取土壤样品 20.0g 于 250mL 磨口三角瓶中，加入 100mL 丙酮，浸泡 30min 后用回旋式振荡提取器振荡提取 1h，滤纸过滤。取 50mL 滤液转入 250mL 分液漏斗中，加 20mL 饱和氯化钠溶液，50mL 水，分别用 30mL、30mL、20mL 正己烷萃取 3 次，萃取液过无水硫酸钠除水后收集于平底烧瓶中，在旋转蒸发仪上减压浓缩至近干，用 5mL 色谱甲醇定容后过 0.45μm 滤膜，待测定。

其他方法经验证效果优于或等效时也可使用。

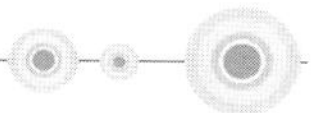

（十八）甲磺隆和苯磺隆在土壤中的残留检测方法[10]

称取10.00g土壤样品于50mL具塞离心管中，加入提取液［pH7.8，0.2mol/L磷酸盐缓冲液-甲醇（体积比8：2）］10mL，涡旋3min，超声波振荡5min，离心10min（4 000r/min），重复提取3次，合并上清液。85%磷酸调节上清液pH至2.5。上清液过事先用甲醇和提取液（85%磷酸调节pH至2.5）处理过的固相萃取柱，流速控制在1mL/min，弃去流出液。样品过完后，抽真空10min，最后用3mL乙腈与pH 7.8的磷酸盐缓冲液体积比为9：1的液体洗脱，收集洗脱液，吹氮气浓缩至1mL进行测定。

其他方法经验证效果优于或等效时也可使用。

（十九）氟磺胺草醚在土壤中的残留检测方法[11]

准确称取10g土壤样品于50mL离心管中，加入5mL 1%甲酸水溶液和10mL分析纯乙腈（pH为2.75），涡旋提取3min，加入6g氯化钠，涡旋1min，以3 500r/min的转速离心5min，取上清液待净化。取2mL上清液于盛有150mg无水硫酸镁、50mg PSA的2mL离心管中，涡旋1min，以5 000r/min的转速离心5min，取上清液，过0.22μm有机膜，待超高效液相色谱-串联质谱监测。

其他方法经验证效果优于或等效时也可使用。

（二十）二甲戊灵在土壤中的残留检测方法[12]

提取方法：土壤样品过1mm筛后，准确称取10.0g（精确到0.01g）至50mL离心管中，加入10mL乙腈，超声10min后，加入4g氯化钠，涡旋1min，然后在4 000r/min转速下离心5min，待净化。

净化方法：取上述离心后的上清液1.5mL，加入到有150mg无水硫酸镁，50mg PSA的50mL离心管中，在涡旋振荡仪上涡旋1min后静置，然后取1mL上清液过0.22μm的膜后，转入试管中，在40℃下氮吹仪上吹干，用1mL正己烷定容，超声溶解1～2min后，转入进样小瓶中待气相色谱质谱检测。

（二十一）有机氯农药在土壤中的残留检测方法[13]

1. 试样的制备

（1）提取。

土壤样品的萃取可采用超声法萃取，萃取剂为丙酮/石油醚（体积比为1：1），取土壤样品5倍体积的萃取剂与土壤样品混合，超声萃取30min，离心收集上清液，将沉淀的土壤样品用萃取剂再次萃取，将2次萃取液混合，进行后续的浓缩，净化等步骤，也可采取微波萃取、索氏提取或加压流体萃取，其他方法经验证效果优于或等效时也可使用。

（2）浓缩。

样品提取液的浓缩可采用氮吹浓缩或旋转蒸发浓缩。其他方法经验证效果优于或等效时也可使用。

(3) 净化。

样品提取液的净化可采用硅酸镁层析柱净化法、硅酸镁净化小柱或凝胶色谱净化。其他方法经验证效果优于或等效时也可使用。

净化后的试液再次进行浓缩，加入适量内标中间液，并定容至 1.0mL，混匀后转移至 2mL 样品瓶中，待测。

2. 空白试样的制备

用石英砂代替实际样品，按照制备试样的步骤制备空白试样。

3. 仪器

土壤有机氯农药残留检测所需仪器参考《土壤和沉积物　有机氯农药的测定　气相色谱法》（HJ 921—2017）和《土壤和沉积物　有机氯农药的测定　气相色谱法-质谱法》（HJ 835—2017）中所列出的仪器。

气相色谱仪：具有电子捕获检测器（ECD），具分流/不分流进样口，可程序升温。

气相色谱/质谱仪：具有电子轰击（EI）电离源。

色谱柱：

色谱柱 1：石英毛细管柱，柱长 30m，内径 0.32mm，膜厚 0.25μm，固定相为 5%二苯基聚硅氧烷和 95%二甲基聚硅氧烷，或其他等效的色谱柱。

色谱柱 2：石英毛细管柱，柱长 30m，内径 0.32mm，膜厚 0.25μm，固定相为 14%苯基氰丙基聚硅氧烷和 86%二甲基聚硅氧烷，或其他等效的色谱柱。

色谱柱 3：石英毛细管柱，柱长 30m，内径 0.25mm，膜厚 0.25μm，固定相为 5%苯基甲基聚硅氧烷，或其他等效的色谱柱。

提取装置：微波萃取装置、索氏提取装置、加压流体萃取装置或具有相当功能的设备，所有接口处严禁使用油脂润滑剂。

凝胶渗透色谱仪（GPC）：具有 254nm 固定波长紫外检测器，填充凝胶填料的净化柱。

浓缩装置：氮吹仪、旋转蒸发仪、K-D 浓缩仪或具有相当功能的设备。

真空冷冻干燥仪：空载真空度在 13Pa 以下。

固相萃取装置。

采样瓶：棕色广口玻璃瓶或聚四氟乙烯衬垫螺口玻璃瓶。

一般实验室常用的仪器和设备。

4. 方法

土壤有机氯农药残留的检测方法主要采用《土壤和沉积物　有机氯农药的测定　气相色谱法》（HJ 921—2017）和《土壤和沉积物　有机氯农药的测定　气相色谱法-质谱法》（HJ 835—2017）。此外，其他方法经验证效果优于或等效时也可使用。

(1) 气相色谱法。

气相色谱仪参考条件：

进样口温度：220℃。

进样方式：不分流进样至 0.75min 后打开分流，分流出口流量为 60mL/min。

载气：高纯氮气，流速为 2.0mL/min，恒流。

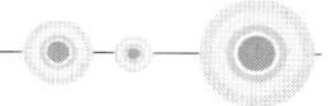

尾吹气：高纯氮气，流速为20mL/min。

柱温升温程序：初始温度100℃，以15℃/min的升温速度至220℃，保持5min，再以15℃/min的升温速度至260℃，保持20min。

检测器温度：280℃。

进样量：1.0μL。

（2）气相色谱法-质谱法。

气相色谱仪参考条件：

进样口温度：250℃，不分流。

载气：流速1.0mL/min，恒流。

柱温升温程序：初始温度120℃保持2min，以12℃/min的升温速度至180℃，保持5min，再以7℃/min的升温速度至240℃，保持1min；再以1℃/min的升温速度至250℃，保持2min；后升温至280℃保持2min。

进样量：1.0μL。

质谱参考条件：

电子轰击源：EI。

离子源温度：230℃。

离子化能量：70eV。

接口温度：280℃。

四级杆温度：150℃。

质量扫描范围：45～450u。

溶剂延迟时间：5min。

扫描模式：全扫描（Scan）或选择离子模式（SIM）。

（二十二）土壤监测方案

土壤有机氯农药污染监测方案按照《土壤环境监测技术规范》（HJ/T 166—2004），由具有野外调查经验且掌握土壤采样技术规程的专业技术人员组成采样组，采样前组织学习有关技术文件，了解监测技术规范。

监测频次每3年1次，采样时间为夏收或秋收之后。具体频次可按当地实际情况适当降低，但不可低于5年1次。

根据《土壤环境监测技术规范》中的相关规定，布点规则为网格布点法（2.5km×2.5km，5km×5km，10km×10km，20km×20km，40km×40km），采样点距离铁路、公路300m以上，农田土壤环境监测采样深度为0～20cm。样品采集方法：梅花点法（五点式），即在每个采样位置采集5份土壤，均匀混合后，自然风干研磨后过2mm筛，低温保存。

土壤样品按照《土壤环境监测技术规范》的相关要求进行采集和保存。样品保存在预先清洗洁净的采样瓶中，尽快运回实验室分析，运输过程中应密封避光。如暂不能分析，应在4℃以下冷藏保存，保存时间为14d。样品提取液4℃以下避光冷藏保存，保存时间为40d。土壤样品干物质含量的测定按照《土壤 干物质和水分的测定重量法》（HJ

613—2011）执行。

（二十三）邻苯二甲酸酯在土壤中的残留检测方法

参照土壤中邻苯二甲酸酯测定 气相色谱-质谱法（国家标准正在制定中，尚未发布）。

该方法适用于邻苯二甲酸二甲酯、邻苯二甲酸二乙酯、邻苯二甲酸二正丁酯、邻苯二甲酸丁基苄基酯、邻苯二甲酸二（2-乙基）己酯、邻苯二甲酸二正辛酯。

检出限为0.02～0.07mg/kg，测定下限为0.08～0.28mg/kg。

1. **提取方法**

称取5.0g（精确至0.01g）土壤试样置于玻璃离心管中，加入30mL正己烷-丙酮混合溶剂，涡旋混匀后静置12h，其后在水温25℃、100kHz功率下超声提取30min，3 000r/min转速下离心3min，上清液用中速定性滤纸过滤于茄形瓶中。再向离心管中加入15mL正己烷-丙酮混合溶剂超声15min，重复提取2次，合并2次上清液（约70mL）于茄形瓶中。旋转蒸发浓缩仪，设置水浴温度40℃，真空度35 000Pa，转速80r/min，浓缩至约1mL，加入5mL正己烷混匀，再旋转蒸发浓缩至约1mL（条件不变），浓缩液待层析柱净化。

2. **净化方法**

在玻璃层析柱的底部加入玻璃棉，先加入5g硅胶，再加入1g无水硫酸钠，在添加过程中用洗耳球轻敲层析柱，使料填实。依次用15mL正己烷和15mL正己烷-丙酮预淋洗层析柱，淋洗速度控制在2mL/min，弃去淋洗液，柱面留少量液体。将浓缩液完全转移至已淋洗过的层析柱中，用正己烷洗涤浓缩器皿3次，每次2mL，洗液全部转入层析柱，用40mL正己烷-丙酮混合溶剂分多次洗脱，洗脱液收集于尾形瓶中，于旋转蒸发仪中浓缩至近干，加入3mL正己烷并浓缩至1mL以下，用正己烷准确定容至1mL，待气相色谱检测。

第二节 农田有毒有害化学/生物污染物环境残留评价方法与指标体系

建立科学合理的评价指标体系，是确保评价结果真实可靠的重要保障。充分借鉴国内外的研究成果，对选择科学合理的评价方法和体系具有重要的现实意义。

一、国内外农药环境残留评价方法

有机氯农药环境污染治理工作主要集中于土壤和水体的修复。污染土壤修复标准是经过土壤修复或清洁技术，土壤环境中有机氯农药的浓度降低到不对人体健康、生态环境系统构成威胁的程度水平。但其标准制定主要受到三方面因素影响：①土壤背景值。土壤背景值指在无人类活动影响下土壤的基本状态，背景值会随土壤类型有明显的差别，是一个相对的背景值。制定土壤修复标准时应充分考虑各区域的不同背景值及特殊情况，尽可能提高污染土壤修复标准的适用范围的针对性、有效性。②仪器检测水平。要开发适宜的分析技术、研制标准的分析方法，要根据仪器研发检测水平的发展，适当地进行目标调整，

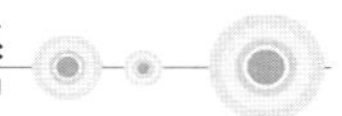

以达到准确鉴别典型污染物，准确测定低污染水平污染物的水平。③修复技术水平。应随技术水平的发展，并基于现有污染土壤修复技术水平，适时地提高标准要求。

目前，国内外进行土壤污染程度评价的方法众多，如单因子指数法、内梅罗污染指数法、目标危害系数法、食品安全指数法、危害物风险系数法、潜在生态危害指数法、污染负荷指数法、地积累指数法、沉积物富集系数法等。这些评价方法各具特点，适用范围不一。

在实际评价工作中，运用较多的有单因子指数法、内梅罗污染指数法等。这些方法各有其优缺点，如单因子指数法评价具有操作简单、评价结果直观的特点，各元素间具有等价性，便于对比，但其只能显示单项污染物对土壤的污染状况，无法全面综合反映采样点或整体研究区域的环境质量状况，对产生污染的污染物超标的程度不能很好地表示出来；内梅罗指数法基于单因子指数法的结果进行综合评价，可以反映土壤中每种污染物的综合污染状况，虽然突出了高浓度污染物对综合污染指数的贡献，但却忽略了次高值的影响，因此当环境中污染物均未超标时，突出最高值也无实际意义。

（一）单因子指数法

单因子污染指数表示某项单一因子对土壤环境质量影响的程度。该方法只用一个参数作为评价指标，可直接了解土壤质量状况与评价标准之间的关系，它是综合污染指数评价的基础。其表达式如下：

$$P_i = C_i / S_i$$

式中：P_i ——环境中污染物 i 的污染指数；

C_i ——环境中污染物 i 的实测浓度，单位为 mg/kg；

S_i ——污染物 i 的评价标准，即最大残留限量，单位为 mg/kg。

若 $P_i \leqslant 1$，则表示未受污染物 i 的污染；若 $P_i > 1$，则表示已遭受污染物 i 的污染；P_i 越大，表示受污染程度越重。

根据单因子指数法将土壤污染程度分为五级。单因子指数分级标准见表 2-1。

表 2-1 单因子污染指数评价标准

等级	P_i 值大小	污染评价
Ⅰ	$P_i \leqslant 1$	无污染
Ⅱ	$1 < P_i \leqslant 2$	轻微污染
Ⅲ	$2 < P_i \leqslant 3$	轻度污染
Ⅳ	$3 < P_i \leqslant 5$	中度污染
Ⅴ	$P_i > 5$	重度污染

（二）内梅罗综合污染指数法

内梅罗污染指数表示多项污染物对环境产生综合影响的程度。它以单因子指数为基础，通过各种数学关系综合获得。它兼顾了单因子污染指数的平均值和最高值，能较全面地反映环境质量，而且可以突出污染较重的污染物的作用。其表达式如下：

$$P_{综}=\sqrt{\frac{[(C_i/S_i)_{ave}]^2+[(C_i/S_i)_{max}]^2}{2}}$$

式中，$P_{综}$ 为污染物综合污染指数；$(C_i/S_i)_{ave}$ 为土壤中各污染指数的平均值；$(C_i/S_i)_{max}$ 为土壤中各污染物各污染指数的最大值。

根据内梅罗污染指数将土壤污染程度分为五级。内梅罗污染指数分级标准见表 2-2。

表 2-2　土壤内梅罗污染指数评价标准

等级	综合污染指数（$P_{综}$）	污染等级
Ⅰ	$P_{综}\leqslant 0.7$	清洁（安全）
Ⅱ	$0.7< P_{综}\leqslant 1$	尚清洁（警戒限）
Ⅲ	$1< P_{综}\leqslant 2$	轻度污染
Ⅳ	$2< P_{综}\leqslant 3$	中度污染
Ⅴ	$P_{综}>3$	重度污染

（三）目标危害系数法

目标危害系数法由美国国家环境保护局于 2000 年发布，优点在于可同时评价单一污染物的安全性及多种污染物复合的安全性，在食品中被广泛地应用。其表达式如下：

单一污染物健康风险指数（THQ）计算公式：

$$THQ=\frac{E_F\times E_D\times F_{IR}\times C}{R_{FD}\times W_{AB}\times T_A}\times 10^{-3}$$

式中：E_F ——暴露频率，365d/a；

E_D ——暴露时间，d；

F_{IR} ——食品摄入率；

C ——食品中污染物质量分数（mg/kg）；

R_{FD} ——参考计量（mg/（kg・d））；

W_{AB} ——平均体质量，kg；

T_A ——平均暴露时间，d。

该方法假定污染物吸收剂量与摄入剂量相等，当 $THQ\leqslant 1$，表明该污染物不会引起人体的健康风险，是安全的；$THQ>1$，表明该污染物会引起人体的健康风险，是不安全的；THQ 值越大表明该污染物对人体健康风险性越大，也就越不安全。

多种污染物复合健康风险指数（$TTHQ$）计算公式：

$$TTHQ=\sum_{i=1}^{n}THQ_i$$

$TTHQ$ 评价标准同 THQ。

（四）危害物风险系数法

危害物风险系数是衡量一个危害物风险程度大小最直观的参数，综合考虑了危害物的超标率或阳性检出率、施检频率和其本身的敏感性的影响，并能直观而全面地反映出危害

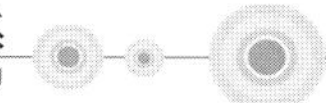

物在一段时间内的风险程度。其表达式如下：

$$R = a \times P + \frac{b}{F} + S$$

式中：P——该农药残留的超标率；

F——该种农药残留的施检频率；

S——该种农药残留的敏感因子；

a、b——分别为响应的权重系数。

P、F 均为指定时间内的计算值，敏感因子 S 可根据当前该危害物在国内外食品安全上关注的敏感度和重要性进行适度调整；同时，式中 P、F 和 S 可根据具体情况采用长期风险系数、中期风险系数和短期风险系数。

若 $R<1.5$，该危害物低度风险；$1.5 \leqslant R \leqslant 2.5$，该危害物中度风险；$R>2.5$，该危害物高度风险。

（五）潜在生态危害指数法

潜在生态危害指数法是根据污染物性质及环境行为特点，从沉积学角度提出来的，对土壤或沉积物中污染状况进行评价的方法。该方法不仅考虑土壤污染物含量，而且将污染物的生态效应、环境效应与毒理学联系在一起，采取具有可比性、等价属性的指数分级法进行评价。其表达式如下：

$$C_f^i = C_s^i / C_n^i ，E_r^i = T_r^i \times C_f^i，RI = \sum_{i=1}^{n} E_r^i = \sum_{i=1}^{n} T_r^i \times C_f^i = \sum_{i=1}^{n} T_r^i \times C_s^i / C_n^i$$

式中：C_f^i——环境中第 i 种污染物的污染系数；

C_s^i——环境中第 i 种污染物质量浓度的实测值，单位为 mg/kg；

C_n^i——环境中第 i 种污染物的评价参比值，单位为 mg/kg；

E_r^i——环境中第 i 种污染物的潜在生态风险系数；

T_r^i——环境中第 i 种污染物的毒性响应系数，主要反映污染物毒性水平和环境对污染物的敏感程度；

RI——多种污染物潜在生态风险指数。

潜在生态危害指数不仅反映了某一特定环境中各种污染物对环境的影响，及多种污染物的综合效应，而且用定量的方法划分出了潜在生态风险的程度，因而该方法是沉积物质量评价中应用最广泛的方法之一。潜在生态危害指数法评价生态危害系数分级标准如表2-3所示。

表 2-3　潜在生态风险等级划分标准

E_r	单项潜在生态风险程度	RI	综合潜在生态风险程度
<40	轻微生态危害	<150	轻微生态危害
40～79	中等生态危害	150～299	中等生态危害
80～159	较强生态危害	300～599	较强生态危害
160～320	很强生态危害	>600	很强生态危害

（续）

E_r	单项潜在生态风险程度	RI	综合潜在生态风险程度
＞320	极强生态危害		极强生态危害

（六）地积累指数法

地积累指数又称 Muller 指数，是 20 世纪 60 年代晚期在欧洲发展起来的广泛用于研究沉积物及其他物质中污染物污染程度的定量指标，其表达式如下：

$$I_{geo}=\log_2\left[C_n/(k\times B_n)\right]$$

式中，C_n是元素n在沉积物中的含量；B_n是沉积物中该元素的地球化学背景值；k为考虑各地岩石差异可能会引起背景值的变动而取的系数（一般取值为 1.5），用来表征沉积特征、岩石地质及其他影响。评价重金属的污染，除必须考虑到人为污染因素、环境地球化学背景值外，还应考虑到由于自然成岩作用可能会引起背景值变动的因素。

地积累指数评价共分为 7 级，0～6 级，表示污染程度由无至极强。最高一级（6 级）的元素含量可能是背景值的几百倍（表 2-4）。

表 2-4　地积累指数分级

分级	$I_{geo}=0$	$0<I_{geo}\leqslant1$	$1<I_{geo}\leqslant2$	$2<I_{geo}\leqslant3$	$3<I_{geo}\leqslant4$	$4<I_{geo}\leqslant5$	$5<I_{geo}\leqslant10$
	0	1	2	3	4	5	6
污染程度	无污染	轻-中等污染	中等污染	中-强污染	强污染	强-极严重污染	极严重污染

二、土壤污染修复评价标准和指标

（一）中国参考标准

土壤有机氯农药污染评价标准采用《土壤环境质量　农用地土壤污染风险管控标准（试行）》（GB 15618—2018）中的二级标准。对于该标准中没有的项目评价标准执行《全国土壤污染状况评价技术规定》（环发〔2008〕39 号）。土壤污染等级的划分标准参见《土壤环境监测技术规范》（HJ/T 166—2004），见表 2-2、表 2-5：

表 2-5　农用地土壤污染风险筛选值

单位：mg/kg

序号	污染物项目	风险筛选值
1	六六六总量	0.10
2	滴滴涕总量	0.10
3	苯并［a］芘	0.55

（二）美国环境保护署规定饮用水中农药污染限值

另外，美国环境保护署（EPA）早已将邻苯二甲酸二甲酯（DMP）、邻苯二甲酸二乙酯（DEP）、邻苯二甲酸二正丁酯（DBP）、邻苯二甲酸二辛酯（DOP）、邻苯二甲酸二（2-乙基

己基）酯（DEHP）和邻苯二甲酸丁基苄酯（BBP）列为优先控制污染物。2005年，美国环境保护署G/TBT/N/USA/122通报将邻苯二甲酸二异壬酯列入有害化学品清单，进一步禁止生产6种优先控制污染物。在美国，相关农药饮用水中农药污染限值见表2-6所示。

表2-6 美国环境保护署规定饮用水中农药污染限值

污染物	最大污染目标值（MCLG，mg/L）	最大污染限值（MCL，mg/L）	污染物	最大污染目标值（MCLG，mg/L）	最大污染限值（MCL，mg/L）
莠去津（atrazine）	0.003	0.003	七氯（heptachlor）	0	0.000 4
克百威（carbofuran）	0.04	0.04	环氧七氯（heptachlor epoxide）	0	0.000 2
氯丹（chlordane）	0	0.002	六氯苯（hexachlorobenzene）	0	0.001
2，4-滴	0.07	0.07	林丹（lindane）	0.0002	0.0002
茅草枯（dalapon）	0.2	0.2	甲氧滴滴涕（methoxychlor）	0.04	0.04
地乐酚（dinoseb）	0.007	0.007	五氯酚（pentachlorophenol）	0	0.001
敌草快（diquat）	0.02	0.02	氨氯吡啶酸（picloram）	0.5	0.5
茵多酸（endothal）	0.1	0.1	西玛津（simazine）	0.004	0.004
异狄氏剂（endrin）	0.002	0.002	毒杀芬（camphechlor）	0	0.003
草甘膦（glyphosate）	0.7	0.7	三氯苯氧丙酸（2,4，5-TP，Silvex）	0.05	0.05

土壤中邻苯二甲酸酯研究工作多参照美国土壤中邻苯二甲酸酯相关标准，即土壤中DMP、DEP、DBP、BBP、DEHP和DOP含量的控制标准分别为0.020mg/kg、0.071mg/kg、0.081mg/kg、1.215mg/kg、4.35mg/kg和1.200mg/kg，污染治理标准为2.0mg/kg、7.1mg/kg、8.1mg/kg、50.0mg/kg、50.0mg/kg、50.0mg/kg。

（三）荷兰2013年土壤修复通告（Soil Remediation Circular 2013）

荷兰地下水，土壤农药残留标准见表2-7、表2-8。

表2-7 地下水目标值和土壤及地下水干预值

污染物	目标值 地下水（μg/L）	干预值	
		土壤（mg/kg）	地下水（μg/L）
氯丹（chlordane）	0.02	4	0.2
滴滴涕（DDT）	—	1.7	—
DDE	—	2.3	—
DDD	—	34	—

（续）

污染物	目标值 地下水（μg/L）	干预值	
		土壤（mg/kg）	地下水（μg/L）
DDT/DDE/DDT	0.004	—	0.01
艾氏剂（aldrin）	0.009	0.32	—
狄氏剂（dieldrin）	0.1	—	—
异狄氏剂（endrin）	0.04	—	—
α-硫丹（α-endosulfan）	0.2	4	5
α-六六六（α-HCH）	33	17	—
β-六六六（β-HCH）	8	1.6	—
γ-六六六（γ-HCH）	9	1.2	—
HCH compounds	0.05	—	1
七氯（heptachlor）	0.005	4	0.3
七氯环氧物（heptachloroepoxide）	0.005	4	3
有机锡化合物（organotin compounds）	0.05	2.5	0.7
2 甲 4 氯（MCPA）	0.02	4	50
莠去津（atrazine）	29	0.71	150
甲萘威（carbaryl）	2	0.45	50
克百威（carbofuran）	9	0.017	100

表 2-8　地下水目标值标准及地下水和土壤严重污染的指示值

污染物	地下水目标值（μg/L）	严重污染指示值	
		土壤（mg/kg）	地下水（μg/L）
保棉磷（azinphosmethyl）	0.1	2	2
代森锰（maneb）	0.05	22	0.1

（四）日本环境质量标准

日本环境质量标准（土壤、地表水、地下水）见表 2-9 至表 2-11。

表 2-9　土壤污染环境质量标准中农药的限量值

农药名称	通过浸出和含量试验检测土壤质量目标限值（mg/L）
有机磷农药（organic phosphorus）	0
西玛津（simazine）	≤0.003
禾草丹（thiobencarb）	≤0.02

表 2-10　地下水污染环境质量标准

农药名称	标准值（mg/L）
福美双（thiram）	≤0.006

（续）

农药名称	标准值（mg/L）
西玛津（simazine）	≤0.003
禾草丹（thiobencarb）	≤0.02

表 2-11　检测农药和指导值

农药名称	指导值（mg/L）
稻瘟灵（isoprothiolane）	≤0.04
二嗪磷（diazinon）	≤0.005
杀螟硫磷（fenitrothion，MEP）	≤0.003
百菌清（chlorothalonil）	≤0.05
炔苯酰草胺（propyzamide）	≤0.008
苯硫磷（EPN）	≤0.006
敌敌畏（dichlorvos，DDVP）	≤0.008
仲丁威（fenobucarb，BPMC）	≤0.03
异稻瘟净（iprobenfos，IBP）	≤0.008
草枯醚（chlornitrofen，CNP）	—

（五）澳大利亚参考标准

澳大利亚参考标准，污染场地管理系列（Contaminated Sites Management Series）：2010 年土壤、沉积物和水的评估水平（Assessment levels for Soil，Sediment and Water 2010），见表 2-12、表 2-13。

表 2-12　水评估限值

农药名称	淡水（μg/L）	海水（μg/L）	饮用水指导值（GV）（mg/L）	饮用水健康值（HV）（mg/L）	非饮用地下水（mg/L）
艾氏剂+狄氏剂（aldrin plus dieldrin）	—	—	0.000 01	0.000 3	0.003
莠去津（atrazine）	13	—	0.000 1	0.04	0.000 1
克百威（carbofuran）	0.06	—	0.005	0.01	0.005
氯丹（chlordane）	0.03	—	0.000 01	0.001	0.01
毒死蜱（chlorpyrifos）	0.01	0.009	—	0.01	0.01
2，4-滴（2，4-D）	280	—	0.000 1	0.03	0.000 1
滴滴涕（DDT）	0.006	—	0.000 06	0.02	0.2
二嗪磷（diazinon）	0.01	—	0.001	0.003	0.001
乐果（dimethoate）	0.15	—	—	0.05	0.05
敌草隆（diuron）	—	—	—	0.03	0.03
敌草快（diquat）	1.4	—	0.000 5	0.005	0.000 5
硫丹（endosulfan）	0.03	0.005	0.000 05	0.03	0.03

（续）

农药名称	淡水（μg/L）	海水（μg/L）	饮用水指导值（GV）（mg/L）	饮用水健康值（HV）（mg/L）	非饮用地下水（mg/L）
异狄氏剂（endrin）	0.01	0.004	—	—	—
杀螟硫磷（fenitrothion）	0.2	—	—	0.01	0.01
草甘膦（glyphosate）	370	—	0.01	1	0.01
七氯（heptachlor）	0.01	—	—	—	—
七氯（含氧化物）	—	—	0.000 05	0.000 3	0.003
林丹（lindane）	0.2	—	0.000 05	0.02	0.2
马拉硫磷（malathion）	0.05	—	—	—	—
灭多威（methomyl）	3.5	—	0.005	0.03	0.005
禾草敌（molinate）	3.4	—	0.000 5	0.005	0.000 5
对硫磷（parathion）	0.004	—	—	0.01	0.01
甲基对硫磷（parathionmethyl）	—	—	0.000 3	0.1	0.000 3
苄氯菊酯（permethrin）	—	—	0.001	0.1	0.001
西玛津（simazine）	3.2	—	0.000 5	0.02	0.000 5
2，4，5-涕（2，4，5-T）	36	—	0.000 05	0.1	0.000 05
丁噻隆（tebuthiuron）	2.2	—	—	—	—
禾草丹（thiobencarb）	2.8	—	—	0.03	0.03
福美双（thiram）	0.01	—	—	0.003	0.003
毒杀芬（camphechlor）	0.1	—	—	—	—
氟乐灵（trifluralin）	2.6	—	0.000 1	0.05	0.000 1

表 2-13 土壤评估限值

农药名称	生态调查水平（mg/kg）
单个有机氯农药（individual organochloride pesticides）	0.5
有机氯农药总量（total organochloride pesticides）	1
非氯化农药总量（total non-chlorinated pesticides）	2
单个非氯化农药（individual non-chlorinated pesticides）	1
狄氏剂（dieldrin）	0.2
氯丹（chlordane）	0.5
DDT+DDD+DDE	0.1
七氯（含氧化物）	0.5

第三章　农业有机废弃物资源化处理技术与利用技术评价指标体系研究

我国是农业大国，但不是农业强国。长期以来，受农业生产方式、生产习惯、生产环境条件等因素影响，对农业废弃物的资源化高效利用不够重视。近年来，随着人们环保意识和理念的不断深入，农业废弃物资源化无害化高效综合利用进程加快。

“十三五”期间国家重点专项专门设置了农业废弃物资源化利用的相关内容，本研究围绕专项实施的农业废弃物资源化利用内容进行了调研，充分借鉴国内外研究的成果和评价技术、指标体系，以期为专项评估提供参考，为未来农业废弃物资源化高效利用工作评估提供支撑。

第一节　农业有机废弃物资源化处理与利用现状

农业废弃物是放错位置的资源，如果科学合理地加以利用，将产生巨大的社会经济效益和良好的生态环境效益。将农业废弃物制成有机肥料，一是为农作物生产提供足够的养分。有机废弃物中含有丰富的有机质及氮、磷、钾元素，还有丰富的微量元素、多种氨基酸，对农作物生长发育发挥着重要作用。据统计分析，畜禽粪便中氮、磷、钾含量分别为0.6%～2.7%、0.3%～1.8%、0.2%～ 0.8%，农业有机废弃物中氮、磷、钾含量分别为0.4%～0.7%、0.1%～0.3%、0.5%～1.6%。二是消除或者减轻了农业废弃物对生态环境的压力，也能产生积极的社会、生态效益。据环保部门统计畜禽废弃物中总氮年产量为1 597万t，总磷年产量为363万t，而且畜禽粪便进入水体流失率高达5%～30%。三是合理科学、安全高效地利用农业废弃物，将产生巨大的社会、经济效益。根据海关数据统计显示，2019年我国氮磷二元肥的进口量为23 317.55t，平均单价436.89美元/t，这是一笔不小的开支。据有关专家实验测算，我国商品化有机肥生产潜力为2.79亿t，而全国农作物种植所需有机肥总量为4.95亿t，生产潜力远不能满足需求量，但全国许多区域的有机肥利用率却不及60%，况且我国还存在大量的中低产田、生态脆弱区土壤等需要培植、提质改良，需要投入大量的有机肥，这将是一个巨大的经济市场。

如何将农业有机废弃物中丰富的氮、磷等养分元素进行有效回收、科学化综合化无害化综合高效利用是今后面临的巨大难题。进入新时代，农业绿色发展已经成为推动未来农业发展的重要动力，随着自然资源日趋短缺和废弃物数量剧增，农业废弃物资源化无害化高效安全利用更应该受到广泛重视。

第二节　我国农业有机废弃物资源化综合利用方法

一、农作物秸秆资源化处理

（一）秸秆肥料化利用

1. 秸秆直接还田

秸秆直接还田是我国粮食主产区秸秆肥料化利用的主要技术之一，也是世界上普遍认可的秸秆肥料化的重要途径之一。具有处理量大、成本低、生产效率高等特点，是大面积实现以地养地、提升耕地质量、改善农田生态环境等的有效途径。

（1）粉碎翻压还田。

在作物收获时，利用机械等工具（如联合收割机）将秸秆收割，适度粉碎为长 10cm 左右的小节并利用旋耕机将其翻压入 15～20cm 土层。此种秸秆还田方式在秋季作物收获时，应用较为普遍。

秸秆全量直接还田可以为土壤补充足够的营养，为下一季作物生长提供足够的营养物质来源，同时秸秆还田还可以改善耕作区土壤的生态环境质量，有效减少化学性肥料的投入，促进农业绿色发展。但是不可否认，在秸秆粉碎还田的实践中，也发现存在的一些问题，如土壤翻压后容易造成土壤棚架、土壤透气性增加，影响后季作物播种质量，进而影响出苗及其后期生长。翻压还田过程中，也容易将秸秆附带的一些病原微生物及作物害虫等带入土壤中，导致土壤病原微生物种类、数量增加，打破了土壤生态系统的原有平衡状态，同时也使附带的害虫成功潜伏，为后期害虫滋生提供了良好的土壤环境，最终有可能致使后茬作物甚至数年后作物病虫害发生严重，影响作物产量及质量。

（2）覆盖还田。

秸秆覆盖还田是保护性耕作的重要技术手段，目前包括留茬免耕、秸秆粉碎覆盖还田和秸秆整株覆盖还田。留茬免耕是在收割农作物时留茬，一般情况下，留茬小麦 10cm、谷子 15cm、玉米 20cm，不耕地，用农业有机废弃物覆盖地表。

研究和实践证明，一般免耕留茬和所覆盖的秸秆具有拦截降水和蓄水的功能，同时在空间上可以有效减少土壤水分的蒸发，使自然降水（雨）实现“就地拦蓄、就地入渗”。从改善和保护生态环境方面来看，一是在雨季有效减轻了降水对土壤的直接冲击，防止在土壤表面产生径流。二是增加降水土壤的垂直渗透能力，土壤表面覆盖秸秆，减少土壤水分的直接蒸发、挥发，从而减少土壤水分损失，提升土壤储蓄水分的能力，有效保持或增加了耕层的蓄水量。三是在自然环境和土壤环境的作用下，留茬和覆盖地表的秸秆经过物理、化学、生物过程腐熟后，向土壤释放有机质及氮、磷、钾等营养成分，增加了土壤有机质和氮、磷、钾等有效态养分含量以及微量元素的含量，增加了土壤腐殖质含量，进一

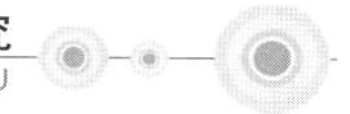

步提升了土壤肥力，改善了土壤微生态系统，为促进作物生长提供营养物质；同时也可抑制田间杂草的生长。该技术以保水为主要目的，一般情况下，以每亩农田均匀覆盖秸秆650～750kg为宜。秸秆直接还田腐熟化过程中，可以有效增加土壤养分含量，改善土壤微生态环境，但缺点是不利于播种和灌溉，在一定程度上影响作物生根、发芽，严重影响下茬作物机械化播种，同样在自然腐熟化的过程中，秸秆自身携带的大量病原微生物和害虫（包括一些虫卵）不容易被消灭，所以秸秆直接还田还容易造成作物病虫害加剧，特别是玉米虫害显著发生。

2. 秸秆间接还田

秸秆间接还田技术主要包括腐熟还田、生物堆反应、堆沤还田以及堆肥。

（1）腐熟还田。

秸秆腐熟还田就是利用外加腐熟菌剂、调节碳氮比，实现秸秆还田利用。要求作物秸秆均匀平铺于农田，均匀撒施腐熟菌剂，加快秸秆腐熟速度。秸秆腐熟还田技术主要有两大类：一类是水稻免耕抛秧时覆盖秸秆的快腐处理；另一类是小麦、油菜等作物免耕撒播时覆盖秸秆的快腐处理。该技术适用于降水量较丰富、积温较高的地区，特别是种植制度为早稻—晚稻、小麦—水稻、油菜—水稻的农作地区。该技术关键是选择适宜的腐熟菌剂。选择快速腐熟菌剂，使用方便、腐熟快、成本低，秸秆腐熟充分，成肥有机质可以达到60%，可以减少化肥的使用，且含有的微量元素易被植物吸收。可以杀死秸秆中大部分的虫卵、病原体、草籽，减轻作物病虫草害。

（2）秸秆生物反应堆。

反应堆技术就是通过向秸秆加入好氧微生物菌种，促使秸秆在好养状态下，通过微生物菌的作用被分解为二氧化碳、有机质、矿物质等，在此过程中产生一定的热量。秸秆有机质被分解产生的二氧化碳，可以为光合作用提供碳源，被分解产生的有机质和矿物质，可以为下一季农作物生产提供所需的营养物质。同时在微生物菌种作用过程中产生的热量，有利于提高土壤温度，并可以杀死一些病原菌、虫害。目前秸秆生物反应堆技术按照利用方式可分为内置式和外置式两种，内置式主要是按照一定方式和需要，利用垄沟将秸秆或秸秆粉碎物等在添加一定剂量的好氧微生物菌种后，将秸秆埋入土壤中，此技术比较适用于大棚种植和露地种植；外置式主要是把反应堆建于地表，等秸秆腐熟后施到土壤中，该方法适用于大棚种植。适用于该技术的农作物秸秆主要有玉米秸、麦秸、稻秆、豆秸、蔬菜藤蔓等。

（3）堆沤还田。

秸秆堆沤还田是将秸秆与人畜粪尿等有机物质经过堆沤腐熟，产生腐殖质和有效态氮、磷、钾等。该技术的关键是调节好碳氮比、含水率、温度、pH，控制好发酵条件。该技术适用于所有农作物秸秆，但有重金属超标的农田秸秆除外。此方法优点在于操作比较简单，通过堆沤可以杀死秸秆携带的病原菌、虫害及杂草。缺点是时间长，费时费工，容易出现堆沤体发酵不均匀、不彻底的现象等。

（4）秸秆堆肥。

秸秆堆肥就是利用一系列微生物对作物秸秆等有机物进行矿质化和腐殖化作用的过程。堆制初期以矿质化过程为主，主要利用一些微生物菌将秸秆分解为纤维素、半纤维素等，后期则以腐殖化过程占优势，此阶段碳氮比减小，腐殖质含量增加，但同时要做好保肥工作，否则容易造成氨的大量挥发。

堆肥的腐熟过程，既是有机物的分解和再合成的过程，又是一个无害化处理的过程，一般经发热、保温、降温、保肥四个阶段。微生物好氧分解是秸秆堆肥腐熟的重要因素。秸秆堆肥质量的高低、效果好坏，主要受堆肥材料的组成、微生物及水分、温度、pH、空气等环境条件的影响。

（二）秸秆饲料化利用

秸秆中存有大量有机物质、无机物质等，本身就具有很高的营养价值，因此在我国广大农村地区，就有用玉米、小麦等作物秸秆饲养牛、羊、猪等家畜的习惯。

通过相关加工技术可以提高秸秆的饲料化质量。据有关专家统计分析，我国适宜加工饲料的秸秆总量巨大，这是一个潜在的饲料资源，但目前仅约有15%的秸秆经过科学加工处理，成为牲畜的饲料来源。提高秸秆资源化、饲料化的前提就是要去除秸秆中大量的木质素或者通过科学的手段使木质素转化成可利用的营养成分。从大量的文献分析和具体的生产实践来看，目前为了有效提升农作物秸秆饲料营养水平、营养价值和利用率，促进秸秆的资源化效能提高，普遍采用物理、化学或微生物发酵等方法。

1. 生物方法——秸秆青（黄）贮

秸秆青（黄）贮技术又称自然发酵法，就是把秸秆整个或者切割成小段放到密闭的设施中（如青贮窖、青贮塔或塑料包裹等），喷洒一定量的微生物有益菌，经过微生物发酵作用，使作物秸秆变成青绿多汁、营养丰富的饲料，且有利于保存的一种处理技术。该技术的关键因素主要包括密闭设施的建设、微生物发酵条件的控制以及发酵菌种的选择。该技术处理具有选择性强、秸秆处理效果好、环境污染小、投入成本低、营养成分损失少、饲料转化率高等优点，可以有效提高牲畜的适口性等。该技术的主要难点在于微生物菌种的选择、组合和发酵影响因素的控制，容易受到有害菌的影响而导致青贮饲料腐败。在我国适于该技术的秸秆主要有玉米秸秆、高粱秸秆等。

2. 化学方法——秸秆碱化/氨化

秸秆碱化/氨化技术是指在秸秆饲料化的过程中，外源加入一定量的碱性物质，迫使秸秆内部纤维改变，碱性物质可以使纤维内部的氢键结合变弱，酯键或醚键破坏，纤维素分子膨胀，溶解半纤维素和一部分木质素，使植物细胞间的镶嵌物质与细胞壁分散，容易被纤维酶和各种消化液渗透，比如使反刍动物瘤胃液易于渗入，瘤胃微生物发挥作用，从而改善秸秆饲料适口性，提高秸秆饲料采食量和消化率。

秸秆氨化处理应用的碱性物质主要是氧化钙、氧化钠等，氨性物质主要是液氨、碳酸氢铵或尿素等，广泛采用的秸秆碱化/氨化方法主要有堆垛法、窖池法、氨化炉法和氨化袋法。适用于该技术的秸秆主要有麦秸、稻秸等。该技术是目前常用的秸秆化学处理方法。

3. 物理方法

物理处理法就是通过改变秸秆的物理性状以提高秸秆的适口性和采食量，达到饲料化、资源化利用。目前主要的物理处理方法有压块饲料加工技术、揉搓丝化加工技术、

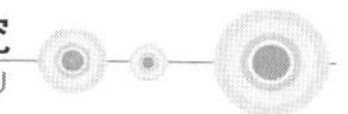

蒸煮膨化和热处理喷涂等。总体来看，秸秆饲料化的物理处理方法或者技术，不能从根本上改变秸秆内部结构，只是改变了秸秆的物理表现形态，无法提高或者增加秸秆的营养价值。对于秸秆的资源化、饲料化利用来说，营养价值的利用和开发不够，不能有效提高牲畜对秸秆的利用率。而目前的热喷、辐射或蒸煮等处理技术成本高，推广应用有限。因此在实际应用中，一般只能将物理处理方法作为综合处理的预处理来应用。

(1) 秸秆压块饲料加工。

秸秆压块饲料加工是利用机械力作用将秸秆机械切割或揉搓粉碎，加配一定量的牲畜饲养所需的其他营养物质，经过高温、高压轧制而形成高密度的块状饲料或颗粒饲料的过程。简单来说，就是利用机械加工使秸秆变成块状或者颗粒状，在保持秸秆物理性质不变的前提下，外源合理增添一定量的牲畜饲养所需的营养物质。压块饲料或者颗粒饲料具有以下优点：①体积小、比重大，方便运输；②经过高温处理，不容易霉变变质，保存期长；③块状或颗粒状饲料因添加有营养物质，适口性好，牲畜采食率较高；④因为物理形状改变，便于饲养饲喂，同时也因秸秆来源广，加工较为简单，具有经济实惠等优点。该技术的关键是轧块机械的选择以及轧压过程产生高压、高温促使秸秆物料熟化。在我国，适用于该技术的秸秆种类比较广泛，目前主要有玉米秸秆、小麦秸秆、水稻秸秆以及豆类秸秆、薯类藤蔓、向日葵秸秆（盘）等。

(2) 秸秆揉搓丝化加工。

就是利用机械对秸秆物质进行揉搓加工，使之成为柔软的丝状物，有利于反刍动物采食和消化。揉搓丝化加工过程基本上分离了秸秆的纤维素、半纤维素与木质素，能够延长其在牲畜胃内的停留时间，同时形成的丝状物也增加了反刍动物消化液的浸透面积，提高了消化液的作用能力，有利于牲畜对饲料的消化吸收、转化。据实验和实践统计分析，秸秆揉丝加工饲料的利用效率一般为秸秆粉碎的1.2～1.5倍。一般经过机械揉搓丝化加工而成的秸秆饲料可以作为喂饲、高质量粗饲料。适用于该技术的秸秆主要有玉米秸、豆秸、向日葵秸等。

（三）秸秆原料化利用

秸秆原料化利用就是利用多种加工技术或者方法使秸秆成为工业或者加工品的原材料，促使实现农作物秸秆的一种或者多种用途，提高秸秆资源化使用水平，拓展秸秆利用的使用和应用空间。目前较为成熟、常用的秸秆原料化利用途径，包括造纸、包装材料、人造板、工业原料、工艺编制品等。

1. 秸秆人造板材生产

秸秆经预处理后，在热压条件下形成密实而有一定刚度的板芯，进而在板芯的两面覆以涂有树脂胶的特殊强韧纸板，再经热压而成为轻质的秸秆人造板材。这种材料被广泛地应用于建筑行业，具有广泛的应用前景。秸秆人造板材可部分替代木质板材，用于家具制造和建筑装饰、装修，具有节材代木、保护林木资源的作用。我国南方已形成利用甘蔗渣制造硬质纤维板、刨花板的生产体系。适用于该技术的秸秆主要有水稻秸秆、小麦秸秆、玉米秸秆、棉花秸秆等。

秸秆人造板材生产过程可以分为三个工段：原料处理工段、成型工段和后处理工段。

2. 秸秆复合材料生产

秸秆复合材料就是以粉碎后的农作物秸秆为原料，配加一定比例的竹、塑料等其他生物质或非生物质材料，经特殊的加工工艺处理，成为广泛应用、环保、纤维塑性产品等生产所需的高品质、高功能性的复合材料或者原材料。目前被广泛应用的复合材料生产加工工艺主要有高品质秸秆纤维粉体加工、秸秆生物活化功能材料制备、秸秆改性碳基功能材料制备、超临界秸秆纤维塑性材料制备、秸秆/树脂强化型复合型材料制备、秸秆纤维轻质复合型材料制备、生物质秸秆塑料制备。

秸秆复合材料具有节材代木、保护林木资源、保护生态环境，缓解资源与环境压力的作用。我国大部分秸秆都可以用于复合材料生产。

3. 秸秆清洁制浆

秸秆清洁制浆是针对传统秸秆制浆效率低、水耗能耗高，污染治理成本高等问题，采用新式备料、高硬度置换蒸煮＋机械疏解＋氧脱木素＋封闭筛选等组合工艺，降低制浆蒸汽用量和黑液黏度，提高制浆得率和黑液提取率的制浆工艺。制浆废液通过浓缩造粒技术生产腐殖酸、有机肥，使秸秆制浆过程中不可利用的有机物和氮、磷、钾、微量元素等营养物质转化为有机肥料，或通过碱回收转化为生物能源，实现无害化处理和资源化利用。适用于该技术的秸秆主要有小麦秸秆、水稻秸秆、棉花秸秆、玉米秸秆等。

4. 秸秆木糖醇生产

秸秆木糖醇生产就是利用秸秆含有多缩戊糖的植物纤维，通过化学法或生物法制取木糖醇的技术。目前，多采用化学催化加氢的传统工艺，富含戊聚糖的植物纤维原料，经酸水解及分离纯化得到木糖，再经过氢化得到木糖醇。化学法生产木糖醇有中和脱酸和离子交换脱酸两条基本工艺。适用于该技术的秸秆主要有玉米芯、棉籽壳等。

（四）秸秆燃料化利用

1. 秸秆固化成型

在一定条件下，将已经晒干或者烘干的秸秆，经过粉碎处理后，再添加一定的水进行调试，利用木质素充当黏合剂，利用辊模挤压式、螺旋挤压式、活塞冲压式等压缩成型机械将秸秆压缩成为质地致密、形状规则的棒状、块状或颗粒状燃料。秸秆固化成型燃料可分为颗粒燃料、块状燃料和机制棒等产品。秸秆固化成型燃料可为农村居民提供炊事、取暖用能，也可以作为农产品加工业（如粮食烘干、烟草烘干、脱水蔬菜生产等）、设施农业（温室大棚）、养殖业等产业的供热燃料，还可作为工业锅炉、居民小区取暖锅炉和电厂的燃料。适用于该技术的秸秆主要有玉米秸秆、水稻秸秆、小麦秸秆、棉花秸秆、油菜秸秆、烟草秸秆、稻壳等。

2. 秸秆炭化

将秸秆经晒干或烘干、粉碎后，在制炭设备中，在隔氧或少量通氧的条件下，经过干燥、干馏（热解）、炭化、冷却等工序，将秸秆分解生成炭、木焦油、木醋液和燃气等产品。当前较为实用的秸秆炭化技术主要有机制炭技术和生物炭技术两种。

机制炭技术又称为隔氧高温干馏技术，是指秸秆粉碎后，利用螺旋挤压机或活塞冲压

机固化成型，再经过700℃以上的高温，在干馏釜中隔氧热解炭化得到固型炭制品。生物炭技术又称为亚高温缺氧热解炭化技术，是指秸秆原料经过晾晒或烘干，以及粉碎处理后，装入炭化设备，使用料层或阀门控制氧气供应，在500～700℃条件下热解成炭。秸秆机制炭具有杂质少、易燃烧、热值高等特点，碳元素含量一般在80%以上，热值可达到23～28MJ/kg，可作为高品质的清洁燃料，也可进一步加工生产活性炭。

生物炭呈碱性，很好地保留了细胞分室结构，官能团丰富，吸附表面积较大，可制备为土壤改良剂或炭基肥料，在酸性土壤和黏重土壤改良、提高化学肥料利用效率、扩充农田碳库等方面效果良好。但利用重金属污染的农作物秸秆制作的生物炭除外。适用于该技术的秸秆主要有玉米秸秆、棉花秸秆、油菜秸秆、烟草秸秆、稻壳等。

3. 秸秆沼气生产

在严格的厌氧环境和一定的温度、水分、酸碱度等条件下，秸秆经过厌氧发酵生产沼气的技术。按照使用的规模和形式分为户用秸秆沼气和规模化秸秆沼气工程两大类。秸秆沼气是高品质的清洁能源，甲烷含量较高，可用于居民供气，也可为工业锅炉和居民小区锅炉提供燃气。秸秆沼气生产的副产品沼液、沼渣等在经过无害化处理加工后，可以为农作物生长提供一定的营养并有利于改善土壤环境。适用于该技术的秸秆主要有玉米秸秆、小麦秸秆、豆类秸秆、花生秸秆、薯类藤蔓、蔬菜藤蔓和尾菜等。

4. 秸秆纤维素乙醇生产

以秸秆等纤维素为原料，经过原料预处理、酸水解或酶水解、微生物发酵、乙醇提浓等工艺，最终生成燃料乙醇的过程。适用于该技术的秸秆主要有玉米秸秆、小麦秸秆、水稻秸秆、高粱秸秆等。

5. 秸秆气化

利用气化装置，以氧气（空气、富氧或纯氧）、水蒸气或氢气等作为气化剂，在高温条件下，通过热化学反应，将秸秆部分转化为可燃气的过程。秸秆热解气化的基本原理是秸秆原料进入气化炉后被干燥，随温度升高析出挥发物，在高温下气化；气化后产生的气体在气化炉的氧化区与气化介质发生氧化反应并燃烧，使较高分子量的有机碳氢化合物的分子链断裂，最终生成了较小分子量的 N_2、CO、H_2、CO_2、CH_4、C_nH_m 等物质的混合气体，其中CO、H_2、CH_4为主要的可燃气体。按照运行方式不同，秸秆气化炉可分为固定床气化炉和流化床气化炉。适用于该技术的秸秆主要有玉米秸秆、小麦秸秆、水稻秸秆、稻壳、棉花秸秆、油菜秸秆等。

6. 秸秆直燃发电

就是把秸秆直接作为燃料原料，直接送入蒸汽发电机组带动发电机发电。秸秆直燃发电技术的关键包括秸秆预处理技术、蒸汽锅炉的多种原料适用性技术、蒸汽锅炉的高效燃烧技术、蒸汽锅炉的防腐蚀技术等。秸秆发电的动力机械系统可分为汽轮机发电技术、蒸汽机发电技术和斯特林发动机发电技术等。适用于该技术的秸秆主要有玉米秸秆、小麦秸秆、水稻秸秆、稻壳、棉花秸秆、油菜秸秆等。

（五）秸秆基料化利用

秸秆基料化利用就是利用秸秆中的营养成分为其他生物生长提供营养基质的过程。目前将秸秆粉碎处理后作为生产食用菌的栽培基质较为广泛。利用农作物秸秆作为食用菌栽培基质的技术成熟，资源效益和经济效益较高，基质制作简便，来源比较广。适用基料化的秸秆主要有水稻秸秆、小麦秸秆、玉米秸秆、玉米芯、豆类秸秆、棉籽壳、棉花秸秆、油菜秸秆、麻秆、花生秸秆、花生壳、向日葵秸秆等。

二、畜禽养殖废弃物资源化

随着我国生活水平的不断提高，对畜禽产品的需求不断增加，加之对环境保护的认识不断深化，以及我国畜禽养殖业的集约化和规模化快速发展，农牧业与农业之间的关联严重脱节，同时畜禽养殖业产生的大量粪便也给环境带来极大的压力。据有关资料统计，我国每年产生约 38 亿 t 畜禽粪污，这些粪污成为农业面源污染的主要来源。畜禽粪污是“放错了地方的资源”，充分无害化高效利用这些畜禽粪污资源，对于改善广大农村的生产生活环境、改善土壤生产能力、治理农业面源污染具有非常重要的实际意义。目前畜禽养殖废弃物资源化主要有如下途径。

（一）畜禽废弃物肥料化

1. 好氧堆肥

好氧堆肥是在有氧条件下，利用好氧细菌对畜禽粪便等废弃物有机质进行物质吸收转化、氧化分解的过程，最终通过好氧细菌的作用使废弃物成为为农作物提供营养成分的物质的过程。在此过程，微生物通过自身的生命活动，把从有机废弃物中吸收的有机物，一部分变成无机物质，同时释放出可供微生物生长活动所需的能量，另一部分则被好氧细菌合成新的细胞物质，促使好氧细菌不断繁殖生长。由于在有机物生化降解的同时伴有热量产生，这些热量又不能全部散发到环境中，使得堆肥体内部温度不断升高，在这样的环境中，一方面杀灭了一些不耐高温的微生物以及害虫、杂草种子等，另一方面也促使耐高温的细菌快速繁殖生长，加快生命活动，对有机物质进行有效分解、转化，最终使畜禽粪便等废弃物变成可利用的有机肥，提高了畜禽粪便等养殖废弃物的资源化利用效能。

据研究分析，此好氧堆肥过程应伴随着两次升温，分成三个阶段：起始阶段、高温阶段和熟化阶段。起始阶段，堆层温度 15～45℃，嗜温菌比较活跃，可溶性糖类、淀粉等消耗迅速，温度不断升高。高温阶段，堆肥温度上升到 45℃以上。堆层温度升至 45℃以上后，一般再经过一周就可以达 65～70℃，随后又逐渐降低。温度上升到 60℃时，真菌几乎完全停止活动，温度上升到 70℃以上时，对于大多数嗜热性微生物已不适宜，微生物大量死亡或进入休眠状态，除一些孢子外，所有的病原微生物都会在几小时内死亡，害虫（包括虫卵）被杀死，杂草种子也被破坏。熟化阶段，中温微生物又开始活跃起来，重新成为优势菌，对大量残余的较难分解的有机物进一步分解腐化、转化，腐殖质不断增多，且不断趋于稳定。当温度下降并稳定在 40℃左右时，堆肥基本达到稳定。

堆肥一般在农耕春秋两季使用，因此必须要在夏冬两季制作积存。在实际生产中，一般的堆肥厂都有 6 个月及以上产量的储存储备设施或场地，以保证正常生产和产品供应。

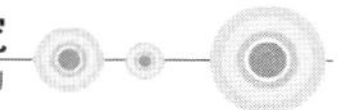

2. 好氧堆肥工艺

现代化堆肥处理工艺中，一般都采用好氧堆肥。目前，生产中常用的堆肥技术主要包括条垛式堆肥、槽式堆肥、反应器堆肥等。

（1）条垛式堆肥。

条垛式堆肥工艺一般是用铲车将经过预处理的畜禽粪便及辅料进行混合，然后在发酵区堆制成长条形的堆或垛，采用铲车或条垛翻堆机进行翻堆搅拌曝气，完成好氧发酵过程。翻堆频率为每周3～5次，经过25～30d的一次发酵后，堆体体积减小；通过铲车将条垛整合，进行二次发酵，待温度逐渐降低并稳定后，产品即完全腐熟，总堆肥周期为30～60d。条垛式堆肥主要工艺过程包括一次发酵和陈化两个阶段，具体控制参数如表3-1所示。

表3-1 条垛堆肥工艺过程控制参数

一次发酵	
发酵周期	25～30d
翻堆频率	每周3～5次
发酵温度/持续时间	55℃以上；≥15d
产品	含水率≤50%，温度≤40℃，无蝇、无虫卵
陈化	
陈化周期	30～35d
翻堆频率	每周3～5次
成品	含水率≤45%，温度≤35℃，无臭味

相比较其他工艺而言，条垛式堆肥工艺的主要优点：工艺比较简单，易于操作，投入成本少。主要缺点是无法精确控制堆体的温度和氧气含量，发酵时间较长，工作效率不高，而且占地面积大，臭气不易控制，产品质量不稳定。

（2）槽式堆肥。

槽式堆肥是将畜禽粪便等废弃物堆料充分混合后放置在长槽式的固定结构中进行发酵的堆肥方法。槽式堆肥依靠机械搅拌过程来提供足够的氧气，在堆体搅拌过程中，搅拌机沿着槽的纵轴进行移动，在移动过程中对堆料进行搅拌、翻搅，而槽的底部铺设有曝气管道可对堆料进行有效的通风曝气。槽式堆肥工艺实际上是一种将强制通风系统与堆料定期搅拌相结合的堆肥系统。

槽式堆肥的槽体大小可以根据畜禽粪便处理量和翻堆机设备选型，可选择单槽或多槽。发酵槽底部安装有通风管道系统，通过强制通风来保证发酵过程所需的氧气。翻抛机搅拌可以有效控制堆体堆肥过程中的温度、水分以及实现混合增氧过程，满足槽内堆料好氧过程对氧气的需求，从而促进和实现畜禽粪便等废弃物无害化高效发酵。研究统计表明，进入槽式发酵的物料一般在入槽后1～2d内堆体的温度就可以达45℃左右，发酵周期一般为15～30d。

相比较其他工艺而言，槽式堆肥工艺的主要优点：处理量大，发酵周期较短，机械化程度高，工作效率较高，温度和氧气含量易于控制，臭气可收集，易处理，对生产环境污染较轻，不受气候影响，产品质量稳定。主要缺点：投入较大，设备较多，操作比较复杂，建设和管理运行成本较高，而且对工艺操作人员技能要求也比较高。研究表明，槽式堆肥过程主要包括一次发酵和陈化两个阶段，具体控制参数可参考表3-2。

表3-2 槽式堆肥工艺过程控制参数

一次发酵阶段			
发酵周期	10～20d	发酵温度	55℃以上高温期≥7d
翻堆	1～2次/d	供氧	氧气浓度≥5%
发酵后含水率	≤50%	发酵后温度	≤40℃
卫生要求	无蝇虫卵	臭气浓度	恶臭污染物排放标准
陈化阶段			
陈化周期	15～30d	陈化温度	≤50℃
翻堆	3次/周	供氧	根据发酵情况调整
陈化后含水率	≤45%	陈化后温度	≤35℃
卫生要求	无臭味	臭气浓度	恶臭污染物排放标准

影响槽式堆肥过程控制和堆肥质量的主要因素有温度、发酵时间、翻堆控制、氧气供应、臭气控制等。

(3) 反应器堆肥。

该技术需借助堆肥反应器。堆肥反应器是一种利用相对封闭的堆肥系统或者设施设备，在其内部进行畜禽养殖有机固体废弃物好氧发酵处理而形成的一种工艺或者装备，同时也是一种堆肥微生物与堆肥物料进行生化反应的装置。在其内部通过机械翻堆、搅拌、混合、曝气、协助通风等设施或操作来有效控制堆体的温度和湿度（即含水率），通过这些操作来进一步改善和创造促进微生物新陈代谢的良好环境，充分实现有机固体废物肥料化无害化处理，提高废弃物的资源化效率。密闭式反应器主要用于中小规模养殖场的有机固体废弃物就地处理。该工艺的主要优点：发酵周期短，占地面积小，无须辅料，保温节能效果好，自动化程度高，密闭系统臭气易控制。常见的堆肥反应器有以下几种：反应器堆肥工艺控制参数具体可参考表3-3。

表3-3 反应器堆肥工艺参数

项目	参数	项目	参数
发酵周期	7～12d	发酵温度	60℃以上高温期≥5d
翻堆	1～2次/d	供氧	氧气浓度≥5%
发酵后含水率	≤40%	发酵后温度	≤40℃
卫生要求	无蝇虫卵		

①反应器堆肥过程控制。

a）原料控制。反应器堆肥原料可以单独用畜禽粪便，或用畜禽粪便和秸秆类辅料的混合物。原料控制包括原料成分控制和原料水分控制。

原料成分应为可降解的有机固体废弃物，不应含有石块、玻璃、铁质类等杂质和有毒有害物质。

原料水分控制原则如下：原料水分含量为50%～80%时，可直接进料；原料水分含

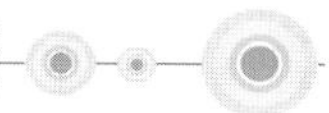

量大于80%时，应适当脱水或加入部分腐熟返料后进料；原料水分含量小于50%时，加入部分水，将水分含量调至55%以上后进料。

b）温度控制。反应器堆肥过程中，堆体温度应达到60℃以上，保持5d。堆体温度大于75℃时，应增加曝气。

c）曝气与搅拌控制。曝气是维持堆体处于好氧状态的重要措施，堆体内部氧气含量应大于5%。反应器堆肥过程中一般采取间歇曝气方式，如风机开30min/停30min、开60min/停30min、开90min/停30min、开120min/停30min，实际运行中可根据堆体内部含氧量和堆体温度调整曝气量。

搅拌是调节物料结构，促进堆体均匀发酵的必要环节。反应器堆肥过程中一般采取间歇搅拌方式，如开30min/停30min、开60min/停60min、开120min/停120min，实际运行中可根据堆体温度和出料情况调整搅拌频率。

d）水分控制。反应器堆肥过程中，水分去除是一项重要指标，一般要求出料含水率低于35%，如出料含水率高于40%，可通过增加搅拌频率和曝气时间来促进水分去除。

②常见的堆肥反应器。

a）筒仓式堆肥反应器。该反应器具有一种从顶部进料底部卸出堆肥的筒仓，每天都由一台旋转桨或轴在筒仓的上部混合堆肥原料、从底部取出堆肥。通风系统使空气从筒仓的底部通过堆料，在筒仓的上部收集并送到除臭系统处理废气。物料进入筒体后发酵周期为7～10d。

b）滚筒式堆肥反应器。该反应器是使用水平滚筒来混合、通风以及输出物料的堆肥系统，并通过一个机械传动装置来翻动滚筒。由滚筒的出料端通气，原料在滚筒中翻动时与空气混合在一起。在滚筒的入口处，添加新的堆料，气流温度升高到一定温度，堆肥过程开始。

三种常见堆肥工艺条垛式堆肥、槽式堆肥、反应器堆肥的特点见表3-4。

表3-4 三种常见堆肥工艺的特点

工艺	条垛式	槽式	反应器
特点	1. 设备少 2. 运行简便 3. 需要添加辅料 4. 堆体温度和氧含量不易控制 5. 易受气候和周边环境影响 6. 臭气不易控制 7. 发酵周期长 8. 占地面积大 9. 投资少	1. 设备较多，操作较复杂 2. 机械化程度高 3. 需要添加辅料 4. 可以控制温度和氧含量 5. 不受气候影响 6. 臭气易收集控制 7. 发酵周期较短 8. 占地面积较大 9. 土建投资高	1. 设备一体化，单体处理量小 2. 自动化程度高 3. 无须添加辅料 4. 可以精确控制温度、氧气浓度 5. 保温节能，不受气候影响 6. 密闭系统臭气易控制 7. 发酵周期短 8. 占地面积小 9. 土建投资少

3. 堆肥腐熟程度的检查标准

堆肥方式及其他影响因素直接影响堆肥的腐熟程度。而堆肥腐熟程度是鉴别堆肥质量的一个综合指标。在生产实践中，一般从堆肥最终产物的颜色及气味、堆肥硬度、堆肥浸出液、堆肥的体积变化、碳氮比以及腐质化系数、堆肥浸出液发芽指数等方面来判断堆肥的腐熟程度。

①从颜色来看，腐熟后的堆肥材料已经变成褐色或者黑褐色，一般有黑色汁液，较堆肥前的材料颜色有较大变化。

②从气味来看，腐熟堆肥的物料具有臭味、刺鼻性气味产生，一般可以用铵试剂速测，可以发现堆肥产物的铵态氮含量显著增加。

③从硬度来看，一般用手握堆肥物料，湿时柔软而有弹性；干时很脆，易破碎。

④从堆肥浸出液来看，取腐熟堆肥，加清水搅拌后［肥水比例1：（5～10）］，放置3～5min，其浸出液呈淡黄色。

⑤从堆肥体积来看，由于堆体经过熟化过程，内部物质发生了生化反应，最终熟化后的堆体比刚开始的堆体缩小1/2～2/3。

⑥从碳氮比来看，堆肥熟化后的物料碳氮比一般为（20～30）：1（以25：1最佳）。

⑦从腐质化系数来看，一般来说堆肥熟化后的物料中含有的腐殖质大约为30%。

⑧从堆肥浸出液发芽指数来看，一般情况下，发芽指数大于50%可认为堆肥对种子基本无毒性。发芽指数是种子的活力指标。在发芽试验期间，每天记载发芽粒数，然后计算发芽指数。发芽指数高，证明活力就高。目前种子发芽试验被认为是最敏感、最可靠的堆肥腐熟程度评价指标。

（二）畜禽粪便能源化

1. 厌氧发酵

厌氧发酵是利用人畜粪便、秸秆、污水等各种有机物在密闭的沼气池内，在厌氧（没有氧气）条件下，被种类繁多的沼气发酵微生物分解、转化，最终产生沼气的过程。在这个过程中，微生物是最活跃的因素，它们把各种固体或是溶解状态的复杂有机物，按照各自的营养需要，进行分解转化，最终生成沼气。这种方式可以生产出较为清洁的燃料，供生活和生产燃料等所需，可以在提高废弃物利用率的同时减少对环境的威胁。这种处理方式具有耗能低，设备简单、容易实现的特点，更重要的是可实现废弃物的综合利用，变废为宝、化害为利。沼液是可用于生产绿色食品的优质农田有机肥；沼渣经处理后可制成商品化的有机肥料，部分还可作为饲料用于养鱼等（图3-1）。

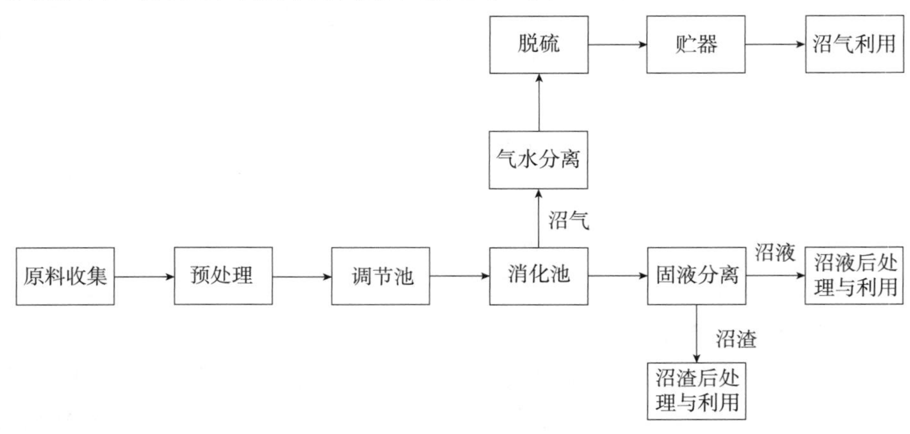

图3-1　厌氧发酵工艺

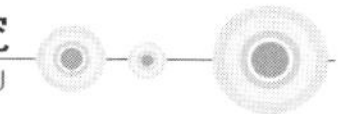

从具体的实践来看，从经济效益角度分析，一般来讲，畜禽粪便本身有机物含量比较高，为沼气生产提供了物质来源，在经过厌氧生物化学过程处理后，可以生产大量的沼气。畜禽粪便废弃物有机物质在此过程中转化为甲烷，实现了废弃物利用的高值化和减量化，提高了畜禽粪便利用的高附加值。沼气是一种宝贵的清洁能源。一般情况下，经统计表明，1t 粪便可产生 100～150m^3沼气，形成 0.58t 有机质残渣。同时，厌氧消化过程相对于好氧堆肥而言，不需要氧气，动力消耗少，投入和使用成本较低。

从环境保护的角度来看，厌氧发酵都处于一种封闭式系统中，发酵过程避免了堆肥体臭气和大量二氧化碳气体溢出，具有生态环保的优点。发酵产生的沼渣、沼液均可以作为有机肥施用，其有机质含量高，土壤施用该肥料后，提高了土壤肥力，丰富了土壤微生态系统，不但有明显的增产效果，还具有减少病虫害，改善土壤结构，改良作物品质等特点。

（1）湿法厌氧发酵。

湿法厌氧发酵工艺就是利用含水率较高的物料，通过厌氧生化反应产生沼气的过程。一般来说，湿法发酵的物料呈流体浆液状态，必须进行预处理，剔除物料中的杂物，减少重物在厌氧消化过程的沉淀累积以及漂浮物在表面的集聚凝结，可以减少对工艺的影响。

目前常用的厌氧处理系统主要有上流式厌氧污泥床反应器（UASB）和复合式厌氧流化床反应器（UBF），其设备优点是适应性广，不受地理位置限制，占地少，可达标排放。缺点是投资大，能耗高，运行费高，机械设备多，维护管理量大，需要专门的技术人员运行管理。

厌氧堆肥的工艺参数根据实际设备和畜禽粪便的情况设计，参考值，发酵温度 30～40℃，发酵 TS 浓度 4%～10%，水力停留时间（HRT）29d 左右。

（2）干法/半干法厌氧发酵。

干法与半干法中物料处于不可流动的干泥状态，其对物料的要求较低，对重物和塑料敏感度较小，不需严格分选，通常只需破碎并通过 60mm 的筛即可。干法与半干法发酵后，残渣可以脱水挤压到含固率 40%左右。可以直接进行好氧稳定化或干化处理。干法只需处理工艺过程中发酵所产生的游离水，对于半干法加入的水量也少，畜禽粪便与粪水混合后基本达到了所需的含固率，沼液处理量不多。干法工艺中的物料流动性较差，泵输送进入发酵罐困难，一般用于多批次发酵中，而且由于含固率较高，比较难搅拌，同时启动反应的条件苛刻。干法与半干法技术是以后畜禽粪便厌氧发酵技术的发展方向。

2. 畜禽粪便直接燃烧

将畜禽粪便干化后直接作为燃料使用获取热能的方法。从古至今，草原上的牧民，仍有将牛粪晒干后作为燃料煮饭、冬季取暖的习惯。而畜禽粪便直接燃烧的现代化利用方法是将畜禽粪便干化物质与其他可用于燃料的生物质或煤混合作为燃料，通过特有的设备设施产生蒸汽用于发电和供热，为满足人民生活所需作为再生能源的补充。

3. 畜禽粪便热化学气化产燃气

畜禽粪便气化就是在不完全燃烧状态下将有机化合物转化为气体燃料的热化学过程，即将畜禽粪便加热，高分子量的有机碳氢化合物裂解，变成较低分子量的 CO、H_2、CH_4

等可燃气体。反应过程基本包括原料干燥、热分解反应、还原反应和氧化反应等过程。气化过程是碳、氢、氧3种元素及其化合物之间的反应，反应越充分，可燃气体含量越高，气化效果越好，气化温度通常大于700℃。气化产品主要是合成气和碳，前者可以直接用作生活燃料、内燃机燃料，或者用于生产甲醇或氢等的原料。

4. 畜禽粪便热化学液化产燃油

热化学液化又称裂解，是在隔绝空气或通入少量空气的条件下，利用热能切断生物质大分子中的化学键，使之转变为低分子液体燃料的过程。热化学法液化又分为快速热解技术和高压液化（直接液化）技术。

快速热解液化适用于低含水生物质，高压液化适用于高含水生物质。

（三）畜禽粪便饲料化

畜禽粪便本身含有大量的有机质，是生产优质有机肥的原料，而且还有大量可替代饲料的营养成分，如多种氨基酸、粗纤维、磷、钙、铁、镁、钠、铜、锌以及微量元素等，并且畜禽粪便中的粗蛋白含量比较丰富。经研究和统计分析，耕牛粪便中粗蛋白含量为5%～8%，奶牛粪便中粗蛋白含量为10%～14%，鸡粪为18%～23%。畜禽粪便中的粗蛋白含量与畜禽饲料中的粗蛋白含量相当或者高于饲料，是一种潜在的饲料替代产品。畜禽粪便饲料化的方式主要有：

1. 鲜粪便直接作为饲料

如用新鲜鸡粪代替部分饲料直接饲喂猪牛等家畜。但在鸡粪使用前需进行杀菌处理，以确保安全使用。

2. 青贮法

将新鲜粪便与其他饲料、糠麸等混合，调节至合适的含水率，装入密闭的装置中进行贮藏，经过20～40d即可使用。该方法有助于杀灭粪便中的病原微生物、寄生虫等，有效改善饲料的适口性。

3. 干燥法

利用高温使粪便中水分迅速挥发。该方法投资少、处理效果高。

4. 发酵法

主要利用畜禽粪便中的有益微生物或外源添加的有益微生物在合适条件下进行适度堆置发酵，消灭病菌和寄生虫等，提高饲料的适口性。

5. 生物法

利用畜禽粪便饲养蝇、蛆、蚯蚓、蜗牛等动物，再将这些动物粉碎加工成饲料喂养畜禽。

第三节　我国农业废弃物资源化设备及装置

随着国家对农业有机废弃物综合利用的高度重视，有关科研机构、高校和农业机械行业等高度重视农业废弃物综合利用装备、设备的研发创制和推广应用，极大地促进了农业废弃物资源化利用工作的开展，一方面提高了废弃物资源化无害化安全利用效能，另一方

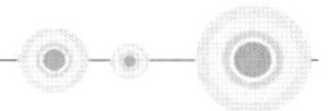

面有效减轻了生态环境压力，改善了生态环境，为农业农村的可持续绿色发展提供了重要途径。

一、农作物秸秆资源化相关设备及装置

农作物秸秆资源化相关设备及装置正在向智能化集成化发展，如中国农业科学院与山东省农业科学院启动的重大协同创新任务“蔬菜秸秆肥料化利用智能装备关键技术研究”，以实现蔬菜秸秆高效、智能机械化的肥料化利用为主要目标，按照“高效化、无害化、资源化”原则要求，开展“蔬菜秸秆自动集箱填充压实控制技术”“蔬菜秸秆减量化粉碎的高速多级切削、揉搓劈裂、轴承温升在线检测智能控制技术”“蔬菜秸秆清塑除杂高速离心静电吸附分离和智能化控制技术”“基于 FPGA 控制的多元固体有机肥精准撒施技术”等装备研发和创新性研究，本调研主要围绕秸秆还田和秸秆饲料化、肥料化方面的装备、设备等研发情况以及目前市场上已经大量使用的比较成熟的秸秆资源化利用装备、设备进行了技术参数调研，通过查询资料收集整理了目前我国在农作物秸秆资源化利用的部分设备及装置。

（一）秸秆肥料化还田方面

1. 秸秆还田机

由轮式拖拉机驱动，三点悬挂牵引，作业幅宽一般为 150～200cm，配套动力 37.5～60kW。通常为单轴卧式，主要由齿轮箱、传动轴、皮带传动组件、刀轴组件、机罩、定刀及限位辊等组成。刀轴组件上装有切削刀具，切削刀具通常有三种，锤爪、弯刀和直刀，每种刀轴上配有相同的切削刀具，通常为对称排列，在同一刀轴上的切削刀具形式不能互换。在粉碎室罩壳上装有 2～3 排定刀，与切削刀具组合成粉碎室。工作时，刀轴以 1 800～2 000r/min 的转速旋转。为防止切削刀具入土，一般留茬高度为 4～5cm。

2. 双轴灭茬机又称双轴灭茬旋耕机

由轮式拖拉机驱动，三点悬挂牵引，双轴形式，作业幅宽一般为 140～250cm。主要结构有齿轮箱、传动轴、侧传动箱、前后刀轴、机架、机罩盖等组成。前刀轴为灭茬轴，在每个刀盘上装有 4 把或 6 把 L 形灭茬刀，螺旋排列，刀轴转速 410～500r/min，灭茬深度 5～8cm，耕深可达 16cm，在幅宽 210cm 以下通常为侧面齿轮传动，在幅宽 210cm 以上通常为中间齿轮传动。后刀轴为旋耕轴，装有普通旋耕刀，螺旋排列，刀轴转速 220～240r/min，通常为中间齿轮传动，双轴共用 1 个机盖罩。

3. 秸秆和根茬粉碎还田机

秸秆和根茬粉碎（破碎）还田机也称秸秆粉碎灭茬还田机，是在单轴式秸秆还田机的基础上增加根茬旋耕切碎刀轴，为双轴式。配套动力 45～63.75kW，作业幅宽 140～180cm，粉碎刀具数量为锤爪 10～15 个、弯刀 35～45 把。灭茬刀具数量 48～64 把，灭茬深度 5～8cm。主要由齿轮箱、传动轴、侧传动箱、前后刀轴、机架、工作箱罩和限位辊等组成。前轴为粉碎轴，进行地面秸秆粉碎，采用秸秆还田机的形式，切削刀具为高速旋转的锤爪或弯刀，对称排列。后轴为灭茬轴，进行根茬切碎及旋耕，采用双轴灭茬旋耕机的灭茬刀轴形式和 L 形灭茬刀，螺旋排列，刀轴转速 400～450r/min。双轴共用 1 个工

作箱罩。工作时可将秸秆及根茬全量粉碎或切碎后旋耕还田。

4. 秸秆切碎还田机

主要由机架、动力传动机构、秸秆削断（喂入）机构、秸秆输送机构、秸秆切碎机构、灭茬机构和灭茬深度调整机构组成。配套动力 37.5kW，作业幅宽 110cm，灭茬深度 2～5cm。切碎机构装有动刀 14 片，定刀 2 片，秸秆切碎长度<9cm。工作时，被拖拉机推倒的秸秆经过旋转刀削断，秸秆在 5 个喂入辊的共同作用下，输送到秸秆切碎机构，在切碎旋转刀和定刀的共同作用下，完成秸秆的切碎过程，完成灭茬覆土保墒作业。

5. 水旱两用埋茬耕整机

在原有旋耕机结构的基础上改进后出现的一种新型机具。为了适应水耕埋茬，将旋耕机一节挡泥板改进为两节弹性平土板，以增加平田功能。在旋耕机刀轴上加装了横向压草板，加强了埋草功能，提高了埋草率。旋耕刀片为 S195 普通旋耕刀，也有的为厂方自行设计改进的小型刀，刀片数量比旋耕机增加 20%～40%，刀库的排列有的为全螺旋排列，有的为两两螺旋排列。该机作业幅宽 160～230cm，配套动力 33～47.8kW，水耕深度达 16cm，旱耕深度达 12cm，植被覆盖率≥80%，水耕后的田块符合插秧的要求。适用于小麦秸秆水田埋茬耕整，水稻秸秆旱田灭茬还田（水稻秸秆需切碎）。

（二）秸秆饲料化

1. 4QZ-8 型自走式青贮饲料收获机

该机主要用于玉米、高粱、牧草等饲料的青、黄贮秸秆收获。经切割粉碎后的秸秆、牧草完全符合指标要求，是畜牧养殖业理想的饲料原料。配套动力为 70kW 拖拉机，有两套驾驶操作机构，能实现双向前进，作业机动性能好。作业幅宽 180cm，揉切长度可调为 15～120mm，收获效率 5～18 亩/h。

2. THB3060 型方捆机

配套动力为 25.7～58.8kW 拖拉机，捡拾宽度为 180cm，草捆截面尺寸 36cm×48cm，草捆长度 30～120cm（可调），作业效率 3～5 亩/h。该机配套动力为 14.7kW 柴油机，压捆密度为 100～150kg/m^3，压捆外形尺寸：1 100mm×500mm×400mm，生产率为 2.5～5t/h，适用于没有动力电的场院作业。

3. YK-5552 全自动打捆包膜青贮打包机

打捆机功率 5.5kW（三相 6 级），包膜机功率 1.1kW（三相 4 级），生产效率 40～60 包/h，包膜尺寸 550mm×520mm，草捆重量 60～90kg，机器重量 600kg，机组尺寸长×宽×高=3 200mm×1 350mm×1 300mm。

4. HKJ350 秸秆颗粒饲料压制机

生产能力 5t/h，主机功率 55kW，调质器功率 4.0kW，喂料器功率 0.75kW，颗粒直径 1～5mm，外形尺寸 2 100mm×1 000mm×1 300mm，重量 1 500kg。该机可将各种秸秆、豆粕、草粉、麸皮等粉状饲料制成不同粒径的颗粒饲料，是目前我国饲料加工中理想的制粒设备。适用于各中、小型饲料厂配套使用。

5. 多功能饲料颗粒机

以圆周运动为原理，模板、压辊采用合金钢，经特殊处理，主轴及平模在摩擦力作

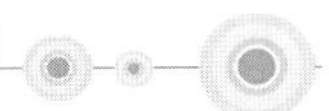

用下，带动压辊自转，物料在压辊与模板之间高温糊化，蛋白质凝固变性，在压辊挤压下从模孔中排出，制成的颗粒经甩料盘送出机外，通过切口可调颗粒长短，是养殖场、饲养专业户为降低养殖成本，提高经济效益的机型。饲料颗粒机性能特点：①结构简单，适应性广，占地面积小，噪音低；②粉状饲料、草粉不需要或少许添加液体即可进行制粒，故颗粒饲料的含水率基本为制粒前物料的含水率，更利于储存；③干料加工生产的饲料颗粒硬度高、表面光滑、内部熟化，可促进营养的消化吸收；④颗粒形成过程能使谷物、豆类中的抵制因子发生变性作用，减少对消化的不良影响，减少各种虫卵和其他病原微生物。

6. 2019 新型饲料颗粒机

饲料颗粒机就是将农业有机废弃物通过粉碎、发酵、造粒等技术措施形成颗粒饲料的机械。该生产过程使木质素被软化，粗蛋白、粗纤维、粗脂肪等降解成畜禽易于消化吸收的物质；同时发酵时还产生大量的菌体蛋白，发酵后变得软熟，香甜，造粒更增加了饲料的适口性；粗蛋白、氨基酸平均水平会分别提高 40.6%和 95.8%，精氨酸、胱氨酸、组氨酸水平也有大幅度提高，糖、脂肪含量增加，并产生维生素 B、维生素 D、维生素 E 等及生长因子；农业有机废弃物与其他原料混合经颗粒饲料机压制成营养丰富的全价饲料颗粒，使畜禽采食量大增，生长加快。既减少粮食投入（每吨秸秆饲料相当于 270kg 粮食饲料的营养价值），节省了饲料成本，又增加了养殖户的收入。

7. JYKJS-80 秸秆粉碎机

主要用于作物秸秆、树枝直径 5cm 以下等植物秸秆的切碎加工，也可用于各种农业有机废弃物及牧草的切碎加工。该机整套设备主要用于棉花秸秆、树皮、树枝、玉米秸秆、小麦秸秆、水稻秸秆等生物质的切碎加工，加工的成品可用于发电、造纸、人造板、提炼己醇等。秸秆粉碎机主要适用于粉碎生长期为一年内的多种植物，如可粉碎棉花秸秆、玉米秸秆、茄子秸秆、辣椒秧等，粉碎长度可根据客户要求确定。粉碎后的植物碎屑可用于制造有机肥、燃料、刨花板、纸张等各种生产行业的原料。该设备将原难以消纳的大量绿色垃圾加工为可用材料，变废为宝，发挥出新的经济价值，同时也保护了环境、改良了土壤，创造出良好的社会效益。技术参数如下：外形尺寸 2 300mm×2 900mm×1 850mm，电源电压 380V，功率 37kW，产量 1～20t/h，计量精度Ⅰ级。

（三）秸秆制作肥料

1. 秸秆有机肥生产设备

由有机肥发酵翻抛机、肥料粉碎机、搅拌机、有机肥造粒机、有机肥烘干机、冷却机、筛分机、储料仓、自动包装机、皮带输送机等设备组成。把畜禽粪便、秸秆稻壳、沼渣污泥、餐厨垃圾、城市废弃物等含有机质物料加工成有机肥，既能减轻环境污染又能变废为宝。

2. 秸秆生物反应堆

秸秆生物反应堆是将秸秆埋置于农作物行间、垄下（内置式）或堆置于温室一端（外置式），秸秆在微生物、催化剂、净化剂等作用下，定向转化为成植物生长的二氧化碳、热量、有机和无机养料等，同时通过接种植物疫苗，提高作物抗病虫能力，减轻或减缓病虫害的一项全新概念的增产、增质、增效的农业技术，可用于日光温室、大棚等设施农业栽培，具有资源丰富、成本低、周期短、易操作、收益高、综合技术效应大、环保效应显著等特点。

二、畜禽粪便资源化相关设备及装置

目前国外在堆肥发酵工艺、技术和设备方面已日趋完善，基本上达到了规模化和产业化水平。如日本畜禽粪便堆肥已实现工厂化，研制的卧式转筒式和立式多层式快速堆肥装置，发酵时间约 2 周，具有占地少、发酵快、质地优等特点。俄罗斯研制的有机发酵装置每天可生产 1 000t 有机肥，每吨成品肥约含氮、磷、钾 45kg。美国 BIOTEC2120 高温堆肥系统，由 10 个大型旋转生物反应器组成，通过微生物发酵在 72h 内可处理 1 300t 畜禽粪便或垃圾，使之成为优质有机肥料，这种方法对于高湿物料具有特殊的作用。韩国采用的槽式发酵和螺旋式搅拌发酵在国际上属于较先进的粪便发酵技术。在有机固体废物干法厌氧消化处理工艺方面，目前欧洲主要采用 4 种已经实现商业化运作的连续沼气干法发酵工艺，即 Kompogas 卧式推流发酵工艺、Dranco 竖式推流发酵工艺、Lingle-KCA 卧式推流发酵工艺和 Valorga 竖式气搅拌工艺。美国 CT718 型条剁式翻抛机是充分融合农业固体废弃物好氧堆肥微生物发酵工艺的研究成果。该翻抛机实现了机械、电子、液压一体化，在对好氧堆肥原料翻抛的过程中，通过连枷和滚筒进行通风加氧，可极大程度上缩短堆肥周期、提高产出；翻抛时还可实时检测翻抛物料温度、湿度并根据需要及时调节，使好氧堆肥原料稳定、快速腐熟，处理量高达 3 000m^3/h，较好地满足了规模化、工厂化利用农业固体废弃物生产有机肥的需要。奥地利 Topturnx 系列堆肥翻抛机可用于处理多种固体废弃物，包括城市生活垃圾、绿色废弃物、畜禽粪便等。德国 TBU 自走式堆肥翻抛机可处理梯形料堆，比三角形条剁式可节省空间，料堆高度可达 3m，处理量大。但是欧美发达国家这些先进的堆肥设施由于运行成本太高，在我国还没有普遍应用（图 3-2，表 3-5、表 3-6）。

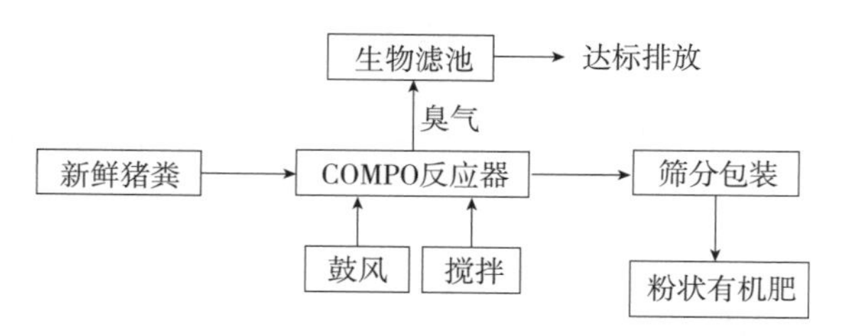

图 3-2　COMPO 堆肥工艺流程

表 3-5　猪粪密闭式发酵堆肥品质与有机肥料标准的比较

参数	数值范围	平均	农业部有机肥行业标准（NY 525—2012）
水分（%）	20.2～37.2	32.5	＜30
pH	7.1～8.8	8.1	5.5～8.5
有机质（%）	50.8～72.8	62.4	＞45
全氮（%）	2.3～4.0	2.9	—

（续）

参数	数值范围	平均	农业部有机肥行业标准（NY 525—2012）
全磷（P_2O_5）（%）	3.9～5.3	4.0	—
全钾（K_2O）（%）	1.5～3.1	2.9	—
总养分（$N+P_2O_5+K_2O$）（%）	9.1～11.3	9.8	>5.0
Cd（mg/kg）	0.17～2.81	0.65	<3
Cr（mg/kg）	0.057～18.6	7.92	<150
铅（mg/kg）	0.28～3.48	1.74	<50
砷（mg/kg）	0.15～7.63	1.17	<15
汞（mg/kg）	0.00～1.06	0.22	<2

表 3-6　COMPO S-90ET 密闭式堆肥反应器基础参数

基础参数	万头猪场猪粪产量 8t/d，含水率 75%（若含水率能控制在 60%，处理量能达到 12t/d，可年产有机肥 1 600t、销售收入达 192 万元）
Compo S-90ET 处理能力	每台处理 8t/d/台
有机肥产量	2t/d，含水率<30%
Compo S-90ET 价格	每台 280 万元
有机肥销售价格	1 200 元/t（客户反馈的实际销售价格为 1 200～1 800 元/t）
电费	0.8 元/（kW·h）
设备折旧	5 年

（一）目前主要的堆肥发酵装置

目前世界上采用的堆肥方法主要是高温好氧堆肥，基本上可分三种类型：静态强制通风法、间歇翻堆强制通风法、连续动态强制通风法。各种方法都以使垃圾达到无害化为指标，经充分腐熟，作肥料使用。各种方法的选择由废弃物的组成和投资能力而决定。

1. 静态强制通风的发酵装置

该装置拥有密闭的发酵池。池形有方形、圆形、矩形、倒锥形等。发酵池的形状由进出料的方式所决定。高度一般为 3～4m。发酵池的密封有利于发酵条件的控制和无害化指标的实现。发酵池底设有通风、排水管道，两者可共用。池顶设有排风口，将废气排出并除臭。通风亦可由底部抽风，造成池力负压来实现。这种方法有利于对臭气的控制。风机一般选用离心式风机，风压 53.32～66.65kPa，每立方米堆层风量为 0.1～0.2m^3/s。静态强制性的通风发酵由于是好氧发酵，其发酵周期比厌氧发酵短。但是，垃圾一直处于静止状态，导致物料的不均匀性及微生物生长的不均匀性。因此，完成堆肥仍然需要较长的发酵周期，尤其对有机质含量高于 50% 的垃圾，静态强制通气较困难，易造成厌氧状态，发酵周期延长，这是它的局限性。

2. 间歇翻堆强制通风发酵装置

该装置在利用堆肥法处理高有机质含量的垃圾的过程中，在强制通风的同时用翻堆机械为垃圾间歇翻堆，一方面防止堆肥物料结块以保持物料疏松而有利于通风，另一方面促使堆肥物料的均匀混合，从而加快发酵过程，缩短发酵周期。翻堆机械装置有应用于露天条堆的轮胎式翻堆机和履带式链耙机，用于槽形发酵池的板式输送翻堆机，用于圆形多层发酵塔的翻堆桨和圆柱刮板旋转桨，也有用于圆柱形密闭发酵池的桥架立式螺旋搅拌钻等。

3. 连续动态强制通风发酵装置

连续动态强制通风发酵装置是目前高速堆肥系统中用得最多的一种方法，发酵采用达诺式发酵滚筒。该装置适合于以纸张为主（占35%～40%），碳氮比高达70的垃圾，通过加入污泥、粪便进行混合发酵。一般情况下，筒体以3r/min的转速不断翻滚，并通入空气，由另一端抽出气体，然后除臭。达诺氏发酵滚筒的直径3～5m，长为20～70m，功率为55～100kW。达诺氏发酵滚筒能在28～48h内完成第一次发酵，并由一端连续进料，另一端连续出料。

（二）国内部分畜禽粪便资源化利用设备及装置

我国高度重视畜禽粪便的资源化无害化综合利用技术和相关设备及装置的研发，近年来国内众多的高校、科研机构和企业，如浙江大学、南京农业大学、中国农业大学、西北农林科技大学、上海交通大学、中国农业机械研究院、武汉理工大学、中节能绿碳（宝泉岭农垦）环保有限公司、中节能绿碳生物科技有限公司等，在国家重点和重大科技项目的支撑下，投入了大量的人力物力，开展了畜禽粪便资源化利用装备智能化、系统化的研制工作，为今后我国畜禽粪便资源化利用设备及装置广泛推广应用奠定了良好基础。本调研主要立足市场，通过查询资料收集了目前我国在畜禽粪便资源化利用的部分设备及装置。

1. 螺旋挤压式固液分离机：YZ-200

主机功率5.5kW；吸泵功率3kW；网筒长60cm；重量250kg；尺寸210cm×140cm×60cm；硬管尺寸8m；软管尺寸5m；产量10m^3/s；处理后粪便含水率<50%。

2. 无重力双轴桨叶混料机

无重力双轴桨叶混料机型号及参数见表3-7。

表3-7 无重力双轴桨叶混料机型号及参数

参数	WZ-0.5	WZ-1	WZ-2	WZ-4	WZ-6	WZ-8	WZ-10	WZ-15	WZ-20
电机功率（kW）	7.5	11	18.5	22	45	55	55	90	132
转速（r/min）	60	43	43	43	35	35	29	29	22
一次混合（kg/m^3）	小于300	小于600	小于1 200	小于2 400	小于3 600	小于4 800	小于6 000	小于9 000	小于12 000

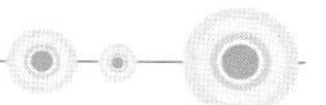

（续）

参数	WZ-0.5	WZ-1	WZ-2	WZ-4	WZ-6	WZ-8	WZ-10	WZ-15	WZ-20
长×宽×高（mm）	1 530× 1 440× 1 200	1 760× 1 500× 1 600	2 120× 1 950× 1 870	2 860× 2 710× 2 300	3 200× 2 820× 2 400	3 560× 3 230× 2 450	4 320× 3 420× 2 530	5 120× 3 800× 2 580	5 900× 3 800× 2 650
设备重量（kg）	1 000	2 200	3 100	5 200	7 200	8 500	9 500	12 000	15 500

3. 条垛式翻堆机：FD300 翻堆机

堆积物允许最大宽度 3.1m；堆积物允许最大高度 1.6m；堆积物在 45°角时横截面积 2.5m^2；履带规格 2m×0.3m；堆积物最小间距 0.6m；允许堆积物颗粒最大直径 250mm；工作纵向翻抛距离 2～3m；最大处理能力 1 000～1 200m^3；转弯半径 2 000mm；前进速度 0～10m/min；后退速度 0～10m/min。

设备规格：工作条件下滚轮直径 830mm；地面允许高度差 20～250mm；翻堆机内门宽度 2 700mm；翻堆机内门高度 1 600mm；翻堆机长度 3 420mm；翻堆机宽度4 000mm；翻堆机高度 3 400mm；履带轨距 2 900mm；翻堆机重量约 6 000kg。

4. 链板槽式翻抛机：FL41-2000 型链板式翻抛机

翻抛链板宽度 2.0m；每次抛料距离 4m；发酵槽宽度 2.0～20.0m；发酵槽高度 2.0m；物料层最大高度 1.8m；处理能力 14.4～144.0m^3/d；配套动力 29.95kW；前进速度 120m/h；后退速度 240m/h。

5. 拨齿槽式翻抛机：FDJ-2500 自行走式翻堆机

翻堆宽度 2.5m；翻堆高度 0.7～0.8m；堆积物行间距 0.8～1m；动力 15kW；行走速度 5～8m/min；处理能力 450～600m^3/h；整机尺寸（不带驾驶室）长×宽×高为 2.2m×3.2m×2.4m；整机尺寸（带驾驶室）长×宽×高为 2.2m×3.2m×3m。该机可 360°转弯、翻滚，粉料铲配有液压升降机，可调节离地面的距离。

6. 塔体发酵设备

总长 6 000mm；总宽 2 100mm；总高 2 100mm；空气泵功率 0.37kW；搅拌电机功率 0.385kW；单个容积 100L；搅拌轴转速 7.2r/min；空气泵流量 60L/min；配套总功率 3.985kW。

7. 对辊挤压制粒机

对辊挤压制粒机型号及参数见表 3-8。

表 3-8 对辊挤压制粒机型号及参数

项目	GFZL-1	GFZL-2	GFZL-3	GFZL-4	GFZL-5
轧辊直径（mm）	240	240	300	360	480
轧辊有效使用宽度（mm）	80	160	250	360	480

（续）

项目	GFZL-1	GFZL-2	GFZL-3	GFZL-4	GFZL-5
轧辊转速（r/min）	8～20	8～20	8～20	8～20	8～20
轧辊最大厚度（mm）	4	5	6	8	8
轧片产量（kg/h）	250～500	500～900	700～2 000	1 000～1 400	2 000～7 400
成品粒度（mm）	0.2～5	0.2～5	0.2～8	0.2～8	0.2～8
成品产量（kg/h）	80～150	150～300	300～600	600～1 000	1 000～2 000
主机功率（kW）	7.5	11	15	22	30
总功率（kW）	13	21	30	46	60
外形尺寸 长×宽×高（mm）	1 500×2 000×3 800	1 700×2 000×4 000	2 000×2 500×4 200	2 500×2 500×5 200	2 800×2 600×6 000
重量（t）	7	8	10	14	20

8. 滚筒干燥机

滚筒干燥机型号及参数见表 3-9。

表 3-9　滚筒干燥机型号及参数

参数	Φ2×4.5m	Φ2.2×5m	Φ2.5×6m	Φ2.7×6.5m	Φ3.0×6.5m	Φ3.2×7m	Φ3.6×8m	Φ4.2×8m
外筒直径（m）	2	2.2	2.5	2.7	3	3.2	3.6	4.2
外筒长度（m）	4.5	5	6	6.5	6.5	7	8	8
筒体容积（m^3）	14.13	18.99	29.43	37.19	45.92	56.27	81.39	110.78
筒体转速（r/min）	4～10	4～10	4～10	4～10	4～10	4～10	4～10	4～10
最高进气温度（℃）	700～750	700～750	700～750	700～750	700～750	700～750	700～750	700～750
生产能力（t/h）	13～18	15～23	20～28	24～33	35～40	40～60	55～75	70～120
功率（kW）	5.5×2	7.5×2	5.5×4	7.5×4	11×4	15×4	18.5×4	22×4

9. UASB 厌氧反应器

有效容积 110m^3；进料固体含量 1.4（1.2～1.8）%；进料 COD 16 000（11 000～

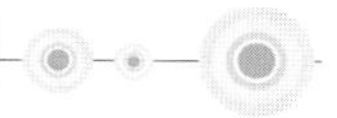

18 000) mg/L；进料 pH 5.8 (5.6～5.9)；进料量 12 (10～15) m^3/d；水力滞留期 9.1 (7.3～11) d；发酵温度 25 (21～29)℃；出料 pH 7.2 (7.0～7.4)；出料 COD 1 800 (1 600～2 100) mg/L；COD 去除率 88 (86～92)%；产气率 1.35 (1.17～1.70) $m^3/(m^3 \cdot d)$。

10. 卧式堆肥发酵滚筒又称达诺式发酵滚筒

主体设备是一个长 20～35m，直径为 2～3.5m 的卧式滚筒。在该发酵装置中废物靠与筒体内表面的摩擦沿旋转方向提升，同时借助自重落下。通过如此反复升落，废物被均匀地翻动，且与供入的空气接触，并借微生物的作用进行发酵。此外，由于筒体斜置，当沿旋转方向提升的废物靠自重下落时，逐渐向筒体出口一端移动，这样回转窑可自动稳定地供应、传送和排出堆肥物。该装置的处理条件概括如下：通风空气温度原则上为常温，对于 24h 连续操作的装置，通风量为 0.1$m^3/(m^3 \cdot d)$ 的，筒内搅拌的旋转速度应以 0.2～3.0r/min 为标准。如果发酵全过程都在此装置中完成，停留时间应为 2～5d。发酵过程中堆肥物的平均温度为 50～60℃，最高温度可达 70～80℃；当以该装置作一次发酵时，则平均温度为 35～45℃，最高温度可为 60℃左右。

11. 矩形固定式犁形翻倒发酵装置

这种箱式堆肥发酵池设置犁形翻倒搅拌装置，该装置起机械犁掘物料的作用，可定期搅动兼移动物料数次，它能保持池内通气，使物料均匀发散，并兼有运输功能，可将物料从进料端移至出料端，物料在池内停留 5～10d。空气通过池底布气板进行强制通风。发酵池采用输送式搅拌装置，能提高物料的堆积高度。

12. 扇斗翻倒式发酵装置

这种发酵池呈水平固定，池内翻倒机对物料进行搅拌使物料湿度均匀并与空气接触，从而促进堆肥物迅速分解，阻止臭气产生。停留时间为 7～10d，翻倒物料频率以 1 次/d 为标准，也可视物料性状改变翻倒次数。该发酵装置在运行中具有几个特点：发酵池装有一台搅拌机及一架安置于车式输送机上的翻倒车，翻倒物料时，翻倒车在发酵池上运行，当完成翻倒操作后，翻倒车返回到活动车上；根据处理量，有时可以不安装具有行吊结构的车式输送机；当池内物料被翻倒完毕，搅拌机由绳索牵引或机械活塞式倾斜装置提升，再次翻倒时，可放下搅拌机开始搅拌；为使翻倒车从一个发酵池移至另一个发酵池，可采用轨道传送式活动车和吊车刮板输送机、皮带输送机或摆动输送机，堆肥经搅拌机搅拌，被位于发酵池末端的车式输送机传送，最后由安置在活动车上的刮出输送机刮出池外；发酵过程的几个特定阶段由一台压缩机控制，所需空气从发酵池底部吹入。

13. 吊车翻倒式发酵装置

这种发酵池一般作二次发酵用。经过预处理设备破碎分选的堆肥物料或已通过一次发酵的可堆肥物料由输送设备送至发酵池中，送入的可堆肥物料由穿梭式输送设备堆积在指定的箱式发酵池中。堆积期间，空气从吸槽供给，带挖斗吊车翻倒物料并兼做接种操作。

14. 卧式桨叶发酵装置

搅拌桨叶依附于移动装置而随之移动。由于搅拌装置能横向和纵向移动，因此操作时搅拌装置纵向反复移动搅拌物料并同时横向传送物料。因为搅拌可遍及整个发酵池，故可将发酵池设计得很宽，这样发酵池就具有较大的处理能力。

15. 卧式刮板发酵装置

这种发酵装置主要部件是一个呈片状的刮板，由齿轮齿条驱动，刮板从左向右摆动搅拌物料，从右向左空载返回，然后再从左向右摆动推入一定量的物料。由刮板推入的物料量可调节。例如，当1d搅拌1次时，可调节推入量为1d所需量。如果处理能力较大，可将发酵池设计成多级结构。池体为密封负压式构造，因此臭气不外逸。发酵池有许多通风孔以保持好氧状态。另外，还装配有洒水及排水设施以调节湿度。

第四节　农业废弃物资源化利用评价与规范

目前我国农业废弃物资源量大，涉及面广，综合利用较广。农业废弃物作为一种宝贵的生物质资源，在其资源化高效安全利用的过程中，各种工艺组合的模式多，综合利用的产品种类多，对产品的检测项目、工艺要求以及质量、产地环境等各方面要求较多，因此为有效保障农业有机废弃物资源化高效利用与研究，促进农业有机废弃物综合利用产品的可靠性、安全性以及过程的可控性等，本节内容收集整理了现行的涉及农业有机废弃物综合利用国家和行业标准、规范，并按照使用用途暂行分为产品评价标准与规范、设施设备产品评价标准规范、产地环境质量控制评价标准与规范，以及质量检测限量评价标准与规范名称整理如下：

一、农业废弃物资源化产品评价标准与规范（国标、行标）

1. 农业废弃物综合利用　通用要求（GB/T 34805）
2. 农作物秸秆综合利用技术通则（NY/T 3020）
3. 农作物秸秆物理特性技术通则（NB/T 34030）
4. 玉米秸秆颗粒（GB/T 35835）
5. 生物有机肥（NY 884）
6. 绿化植物废弃物处置与应用技术规程（GB/T 31755）
7. 蔬菜废弃物高温堆肥无害化处理技术规程（NY/T 3441）
8. 畜禽粪便无害化处理技术规范（GB/T 36195）
9. 畜禽粪便堆肥技术规范（NY/T 3442）
10. 沼肥（NY/T 2596）
11. 有机-无机复混肥料（GB/T 18877）
12. 肥料合理使用准则　有机肥（NY/T 1868）
13. 有机肥料（NY 525）
14. 生物有机肥（NY 884）
15. 生物炭基肥料（NY/T 3041）
16. 腐殖酸生物有机肥（HG/T 5332）
17. 黄腐酸钾（HG/T 5334）

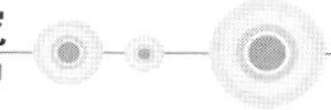

18. 农业用腐殖酸和黄腐酸原料制品分类（GB/T 35112）
19. 沼肥施用技术规范（NY/T 2065）
20. 制取沼气秸秆预处理复合菌剂（GB/T 30393）
21. 生物质成型燃料原料技术条件（NY/T 3021）
22. 沼气工程沼液沼渣后处理技术规范（NY/T 2374）
23. 饲草营养品质评定法（GB/T 23387）
24. 麦稻秸秆刨花板（GB/T 21723）
25. 浸渍胶膜纸饰面秸秆板（GB/T 23472）
26. 建筑用秸秆植物板材（GB/T 27796）
27. 浸渍纸层压秸秆复合地板（GB/T 23471）

二、设施设备产品评价标准规范（国标、规范）

1. 秸秆还田机质量评价技术规范（NY/T 1004—2006）
2. 秸秆化学处理机（JB/T 7136）
3. 农作物秸秆压缩成型机（JB/T 12826）
4. 秸秆颗粒饲料压制机质量评价技术规范（NY/T 1930）
5. 秸秆粉碎还田机　作业质量（NY/T 500）
6. 生物质燃料成型机　质量评价技术规范（NY/T 2705）
7. 秸秆气化装置和系统测试方法（NY/T 1017）
8. 农村秸秆青贮氨化设施建设标准（NY/T 2771）
9. 堆肥翻堆机（CJ/T 506）
10. 畜禽粪便干燥机质量评价技术规范（NY/T 1144）
11. 畜禽粪便贮存设施设计要求（ GB/T 27622）
12. 畜禽粪便固液分离机　质量评价技术规范（NY/T 3119）
13. 畜禽养殖粪便堆肥处理与利用设备（GB/T 28740）
14. 秸秆沼气工程质量验收规范（NY/T 2373）
15. 生物制气供气系统技术条件及验收规范（NY/T 443）
16. 沼气工程发酵装置（NY/T 2854）
17. 沼肥加工设备（NY/T 2139）

三、产地环境质量控制评价标准与规范

1. 农业固体废物污染控制技术导则（HJ 588）
2. 秸秆栽培食用菌霉菌污染综合防控技术规范（NY/T 2064）
3. 畜禽粪便监测技术规范（GB/T 25169）
4. 畜禽养殖废弃物管理术语（GB/T 25171）
5. 畜禽粪便还田技术规范（GB/T 25246）
6. 畜禽粪便农田利用环境影响评价准则（GB/T 26622）
7. 畜禽养殖污水采样技术规范（GB/T 27522）

8. 畜禽场环境质量及卫生控制规范（NY/T 1167）

9. 畜禽养殖产地环境评价规范（HJ 568）

10. 畜禽养殖场环境污染控制技术规范（NY/T 1169）

11. 畜禽粪便安全使用准则（NY/T 1334）

12. 畜禽养殖场质量管理体系建设通则（NY/T 1569）

13. 标准化养殖场　生猪（NY/T 2661）

14. 标准化养殖场　奶牛（NY/T 2662）

15. 《环境空气质量标准》第 1 号修改单（GB 3095—2012/XG 1—2018）

16. 恶臭污染物排放标准（GB 14554）

17. 环境空气质量标准（GB 3095）

18. 受控堆肥条件下二氧化碳测定方法（GB/T 19277.2）

19. 环境空气质量手工监测技术规范（HJ 194）

20. 食用农产品产地环境质量评价标准（HJ 332）

21. 温室蔬菜产地环境质量评价标准（HJ 333）

22. 畜禽养殖产地环境评价规范（HJ 568）

23. 环境空气质量评价技术规范（试行）（HJ 663）

24. 环境空气质量监测点位布设技术规范（试行）（HJ 664）

25. 农区环境空气质量监测技术规范（NY/T 397）

四、质量检测限量评价标准与规范

1. 肥料中粪大肠菌群的测定（GB/T 19524.1）

2. 受控堆肥条件下材料最终需氧生物分解能力的测定　采用测定释放的二氧化碳的方法　第 1 部分：通用方法（GB/T 19277.1）

3. 畜禽粪便中铅、镉、铬、汞的测定　电感耦合等离子体质谱法（GB/T 24875）

4. 环境空气和废气 氨的测定 纳氏试剂分光光度法（HJ 533）

5. 有机肥料中砷、镉、铬、铅、汞、铜、锰、镍、锌、锶、钴的测定（NY/T 3161）

6. 秸秆腐熟菌剂腐解效果评价技术规程（NY/T 2722）

7. 肥料和土壤调理剂　水分含量、粒度、细度的测定（NY/T 3036）

8. 肥料和土壤调理剂　有机质分级测定（NY/T 2876）

9. 肥料和土壤调理剂　氟含量的测定（NY/T 3422）

10. 土壤调理剂　铝、镍含量的测定（NY/T 3035）

11. 有机肥料速效磷的测定（NY/T 300）

12. 有机肥料　速效钾的测定（NY/T 301）

13. 有机肥料水分的测定（NY/T 302）

14. 有机肥料　粗灰分的测定（NY/T 303）

15. 有机肥料　有机物总量的测定（NY/T 304）

16. 有机肥料　铜的测定方法（NY/T 305.1）

17. 有机肥料　锌的测定方法（NY/T 305.2）

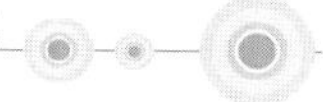

18. 有机肥料　铁的测定方法（NY/T 305.3）
19. 有机肥料　锰的测定方法（NY/T 305.4）
20. 生物质燃料发热量测试方法（NY/T 12）
21. 有机-无机复混肥料的测定方法　第1部分：总氮含量（GB/T 17767.1）
22. 有机-无机复混肥料的测定方法　第1部分：总磷含量（GB/T 17767.2）
23. 有机-无机复混肥料的测定方法　第3部分：总钾含量（GB/T 17767.3）

第五节　农业有机废弃物资源化处理技术与利用技术评价指标体系研究

由于农业废弃物是一种潜在巨大的生物资源，世界各国都高度重视农业有机废弃物的综合利用，在减少农业废弃物对环境污染和生态压力的同时，大规模的综合利用农业废弃物资源，产生了明显的社会、经济、生态和环境效益。我国有关专家开展了农业有机废弃物资源化利用评价方法、指标体系的研制和实践，为各地区更好地利用农业有机废弃物资源打下良好的基础。

一、农业有机废弃物资源化利用评价指标体系研究

（一）评价指标的选取

农业有机废弃物资源种类多、产生分散，且产生时间集中且消散快，准确调查出产生量、利用量的难度较大，农业废弃物利用方式较多，就农作物秸秆的综合利用方式来说，大致就有肥料化、饲料化、能源化、原料化和基料化利用等。

综合利用受到农业组织经营模式、综合利用技术、配套政策等多方面的制约，所以农业废弃物资源化利用技术的综合评价指标体系是一个全面和综合的概念，涉及使用区域的经济、社会和环境等方面，本身又涉及技术性指标；利用技术的综合评价指标体系是多层次的、多元素的，由不同侧面、不同层次的指标构成一个递阶结构。我国学者、科研工作者等通过不同方法对农业有机废弃物利用进行综合评价研究，孙新章等运用了替代成本法对我国每年产生的畜禽粪便量进行了测算，指出如果将这些畜禽粪便经过一定的技术处理作为有机肥料还田，对田地将会有很大好处。金建君等运用支付意愿法对澳门居民采用生活废弃物管理方案的支付意愿情况进行了深入研究，研究结果表明有80%的居民是有支付意愿的。李明德等采用了投入产出法对稻草以及利用进行了研究，表明稻草的合理利用具有良好的经济效益和社会效益。王丽等利用占相同损失率的方法对2004年我国的农作物秸秆由于焚烧造成的损失量进行了测算，表明由于农作物秸秆焚烧对环境污染造成的损失就已经达到196.5亿元。

我国有关专家根据农业废弃物资源化利用技术综合效益评价内容要求，在综合调研的基础上，按照集中度将综合评价指标体系划分为4个层次，分别为目标层、约束层、准则层和指标层，分别对应着相应的4级指标（表3-10），最后构建一个4层次的分析结构模型。

表 3-10　农业废弃物资源化利用技术综合评价指标体系框架

<table>
<tr><th>目标层（A）</th><th colspan="2">约束层（B）</th><th>准则层（C）</th><th>指标层（D）</th></tr>
<tr><td rowspan="12">农业废弃物资源化</td><td colspan="2" rowspan="4">技术指标（B_1）</td><td>原料投入（C_1）</td><td>原料收储运难易程度（D_1）
原料生产季节性差异（D_2）
原料预处理复杂程度（D_3）</td></tr>
<tr><td>物质、能源和人力消耗（C_2）</td><td>水耗（D_4）
辅料消耗（D_5）
废弃物处理量（D_6）
耗电（D_7）
耗煤（D_8）
耗油（D_9）
维护人工需要量（D_{10}）</td></tr>
<tr><td>产品生产能力（C_3）</td><td>产能（D_{11}）</td></tr>
<tr><td>技术示范潜力（C_4）</td><td>技术适应范围（D_{12}）
运行稳定性（D_{13}）
技术成熟度（D_{14}）
废弃物转化效率（D_{15}）
农民接受程度（D_{16}）
废弃物回收利用率（D_{17}）</td></tr>
<tr><td rowspan="8">利用技术综合评价指标体系</td><td rowspan="3">经济指标（B_2）</td><td>投资-收益情况（C_5）</td><td>工程总投资（D_{18}）
原材料投资（D_{19}）
基建投资（D_{20}）
设备投资（D_{21}）
年均总收益（D_{22}）
投资回收期（D_{23}）</td></tr>
<tr><td>市场占有率（C_6）</td><td>市场占有率（D_{24}）</td></tr>
<tr><td>增收节支效果（C_7）</td><td>增收节支效果（D_{25}）</td></tr>
<tr><td rowspan="3">社会指标（B_3）</td><td>培训就业效果（C_8）</td><td>培训人次（D_{26}）
增加环保岗位数（D_{27}）</td></tr>
<tr><td>环保意识提高程度（C_9）</td><td>居民环保意识提高程度（D_{28}）</td></tr>
<tr><td>环境事故减少量（C_{10}）</td><td>减少环境污染事故量（D_{29}）</td></tr>
<tr><td rowspan="2">环境指标（B_4）</td><td>生活/生产环境改善程度（C_{11}）</td><td>地表水质量改善程度（D_{30}）
大气质量改善程度（D_{31}）
废弃物散弃程度（D_{32}）
土地侵占减少程度（D_{33}）</td></tr>
<tr><td>减排效果（C_{12}）</td><td>废弃物减量程度（D_{34}）
二次废弃物排放量（D_{35}）
温室气体排放量（D_{36}）
有毒有害气体排放量（D_{37}）</td></tr>
</table>

农业废弃物资源化利用技术综合评价既具有一般性综合评价的共性，也具有其自身的评价特性。关于具体研究指标的筛选应该从以下三方面考虑：

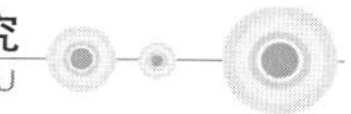

①广泛收集可持续农业、循环农业、生态农业、现代农业等相关研究的评价指标，从中选择近年来应用频率较高的指标，建立分层次的指标库，作为资源化利用技术综合评价指标体系的参考样本。

②综合国内外对资源化利用技术经济评价和复合生态系统的研究成果，从上述指标库中筛选出与资源化利用技术综合评价目标关系密切的指标，结合研究实际，构成资源化利用技术综合评价指标体系的初步方案。

③以上述方案为基础，征求农业有机废弃物资源化利用领域和综合评价领域的专家意见，并进行实地调研，尽量考虑指标间的独立性，同时兼顾指标的量化方法、数据采集的难易程度和可靠性，从而对指标进行调整，最终建立一套全面、系统、简洁、易行的综合评价指标体系。

（二）评价指标权重的确定

指标权重是指在相同目标约束下，各指标的重要性。它表征指标在评价过程中的重要性，是一个定量化指标，在多指标综合评价中，权重系数具有举足轻重的作用，它会使综合评价结果更客观和更符合实际。

权重计算就是确定各评价指标在综合评价中的重要程度，在指标体系确定后，就需要对各指标赋予不同的权重系数。权重确定的方法归纳起来有经验加权（定性加权）和数学加权（定量加权）两种，前者主要是由专家直接评估，主要包括专家评分法、成对比较法等，后者借助数学原理，具有较强的科学性，主要包括主成分分析法、层次分析法、模糊定权法、秩和比法、熵值法、相关系数法等。

在各个指标的相互比较中，定量指标以数值形式表达，可直接采用；而定性指标具有表述性特征，不易量化，这就导致数据之间缺乏可比性。为了消除指标类型带来的这种影响，须对原始数据进行数量化转换处理，通常需要建立相应的分级标准，采用分级赋值和哑变量方式获取定性指标的量化值。再对原始数据进行标准化处理，即将不同量纲、量级和单位的指标数据归一为［0，1］之间的无量纲数据。为了保证指标具有可比性，不论是定量指标还是赋值后的定性指标，也不论定量指标原始数值是否在［0，1］之间，均须进行标准化处理。

二、农业有机废弃物资源化利用评价方法

现代综合评价的方法很多。按照综合评价与所使用信息特征的关系，可分为4类：基于数据的评价、基于专家知识的评价、基于模型的评价和混合评价法。基于数据的评价主要包括层次分析法、数据包络分析法和模糊综合评价法，而基于专家知识的评价主要以专家打分综合法为主导，基于模型的评价主要有人工神经网络评价法和灰色综合评价法，混合评价法则是基于数据、模型、专家知识，如模糊层次分析法和模糊神经网络评价法等。实践证明，现在能用的、能有效地处理开放的复杂巨系统的评价方法是定性和定量相结合的综合集成方法。目前国内主要应用的评价方法为层次分析法和模糊综合评价法。

（一）模糊综合评价法

模糊综合评价法是借助模糊数学的一些概念，对实际的综合评价问题提供一些评价的方法。具地说，模糊综合评价就是以模糊数学为基础，应用模糊关系合成的原理，将一些边界不清、不易定量的因素定量化，从多个因素对被评价事物隶属等级状况进行综合性评价的一种方法。

模糊综合评价法步骤如下：

①确定评价项目集 $F=(f_1, f_2, f_3, f_4, \cdots f_n)$，以及各评价项目的评语集 E，一般有 $E=(e_1, e_2, e_3, e_4, \cdots e_n)$。

②作出项目 f_i 符合 e_j 评语的隶属度评价并得隶属度矩阵。

③ 确定权重向量 $(w_1, w_2, w_3, w_4, \cdots w_n)$；另外需确定评定集的数值化结果或权重百分数。

④计算方案的综合评定向量。

⑤计算方案优先度，根据数值的大小得方案优先顺序的排列。

（二）层次分析法

依据农业有机废弃物回收利用相关信息的属性、作用和使用方式，本节将秸秆回收利用方法综合评价递阶层次结构分为目标层、准则层和指标层三类。层次分析法（Analytic Hierarchy Process，AHP）是美国运筹学家 T. L. Saaty 教授于 20 世纪 70 年代提出的一种实用的多方案或多目标的决策方法，是一种定性与定量相结合的决策分析方法。

层次分析法大体上的计算步骤如下：

（1）构建递阶层次图。

根据研究对象的特点和要实现的目的，找出研究对象的全部影响因素并筛选分类，再根据指标之间的内在关系进行分层，构建出一个多层次的递阶层次图。

（2）构建判断矩阵。

这里对指标间进行比较时通常利用 1-9 标度法，通过专家打分法确定指标间的相对重要性数值。

（3）确定指标权重。

先对各个层次的指标进行权重计算，得出指标层相对于目标层的指标权重；然后再对原始数据进行无量纲化处理，进行指标权重的计算，可以得到准则层各个指标的权重。

（4）一致性检验。

在进行一致性检验时，一般情况下通过一致性指标 CI 和一致性比率 CR 进行判断。例如：当 $CI=0$ 时，说明判断矩阵是一致的，CI 越大，判断矩阵的一致性就越弱。当 $CR<0.1$ 时，说明判断矩阵的一致性是令人满意的，反之，判断矩阵是不能通过一致性检验的，需要对判断矩阵进行修改，直到判断矩阵的一致性令人满意为止。

层次分析法是一种定性与定量相结合的综合评价方法，它的最大优点就是将不能够直接通过定量化处理的评价指标实现定量化，从上述计算步骤可以看出该方法操作简单，精确性较高，能够准确地计算出评价指标的权重，反映出各个指标的重要程度。

第六节 农业有机废弃物无害化综合利用技术评价指标体系建立

农业有机废弃物资源化无害化综合利用技术的综合评价指标体系是一个全面和综合的概念，由不同侧面、不同层次的指标构成的一个递阶结构。而针对本专项的特点和内容，着眼于项目本身的绩效评价和废弃物资源化利用技术综合效益评价两方面，同时也考虑农业有机废弃物资源化无害化研究和技术应用的现状，研究内容和共性关键技术与产品研发、推广应用的复杂性，在调研的基础上选取广谱性的评价指标和简单的权重加分方法，同时从专项的整体性出发，突出各项目的特点，从科技的创新度、产业的关联度和产业发展的贡献度方面，针对不同的项目各有侧重点，设立评价维度、评价维度说明、评价主要指标、评价细分指标、评价赋分值、备注说明 6 个指标项，针对项目的代表性研究成果进行有效评价。在满足项目本身完成项目考核指标的基础上，每一类项目各有侧重，对项目的绩效进行选择性和差异化的评价。结合层次分析法和模糊综合评价法，构建评价指标和体系，采取简单平均加权的方法计算得分，对项目完成的质量、效益进行有效的优先序排列。

(1) 对基础研究类项目，从创新度和成果传播与影响力两个维度进行评价，注重创新度。

在创新度方面主要考察基础研究成果先进性、前瞻性及学术的前沿动态把控、洞察力，包括原始创新、吸收消化集成创新等。设置了论文、专著、发明专利、标准、方法及原理等 6 个评价主要指标以及 11 个细分评价指标，并根据重要性进行了赋分。在成果传播与影响力方面主要考察成果在行业领域的影响力与扩散度，以及对第二、第三类项目的关联度。设置了代表性论文累积被引用频次、代表性著作被应用程度、专利对衍生新技术的指导作用、方法或原理普及情况等 4 个评价主要指标以及 6 个细分评价指标，并根据重要性差异进行了赋分。

(2) 对共性关键技术与产品研发类项目，从创新度、经济性、成熟度三个维度进行评价，注重创新度和成熟度。

在创新度方面，主要考察关键技术和产品的创新维度、创新指数和前瞻性、创新性等以及产业发展的关联度。在经济性方面，主要考察关键技术或产品的经济成本和适用度以及产业发展的关联度等。在成熟度方面，主要考察关键技术或产品的本身技术成熟度、可靠性以成果转化、潜在的市场服务能力等，以及产业发展的关联度情况。每个评级维度都设置材料与产品、关键共性技术、工艺、装备或设施设备及装置等 4 个评价主要指标、22 个细分评级指标，并根据重要性差异进行了赋分。

(3) 对示范推广类项目，从技术或模式集成度、推广应用情况、应用效果等三个维度进行评价，注重应用效果。

在技术或模式集成度方面，主要考察项目成果对第一、第二类研究技术或者其他技术的集成度、技术或模式集成度等，体现三类项目之间的关联度。设置了技术集成度、创新模式集成度 2 个主要评价指标和 2 个细分指标；在推广应用情况方面，设置了技术推广、模式推广 2 个主要评价指标和 2 个细分指标。在应用效果方面，主要查考对社会发展的贡献度和应用效果，包括生态环境效果、经济收益效果等。设置了生态环境效益、经济收益 2 个主要评价指标和 8 个细分指标。每个指标根据重要性差异进行赋分。

评价指标和体系构架参见附录 6 和附录 7。

第四章　农田重金属污染治理与修复技术评价指标体系研究

第一节　农田土壤环境质量监测方法与重金属相关指标检测方法

一、农田土壤环境质量监测技术规范

规定了农田土壤环境质量监测的布点采样、分析方法、质控措施、数理统计、结果评价、成果表达与资料整编等技术内容。以下列述部分相关内容（附录8）。

（一）相关术语和定义

1. 农田土壤

用于种植各种粮食作物、蔬菜、水果、纤维和糖料作物、油料作物、花卉、药材、草料等作物的农业用土壤。

2. 区域土壤背景值

在调查区域内或附近，相对未受污染，而母质、土壤类型及农作历史与调查相似区域土壤的重金属平均值。

3. 农田土壤监测点

人类活动产生或地质来源的污染物进入农田土壤并累积到一定程度引起或怀疑引起土壤环境质量恶化的土壤样点。

4. 农田土壤剖面样品

按土壤发生学的主要特征把整个剖面划分成不同的层次，在各层中部多点取样，等量混匀后的A、B、C层或A、C等层的土壤样品。

5. 农田土壤混合样

在农田土壤监测点的周围采集若干点的耕层土壤，经均匀混合后的土壤样品，组成混合样的分点数要在5～20个。

（二）农田土壤环境质量监测布点原则与方法

1. 农田土壤环境质量监测

主要指土壤环境质量现状监测，如禁产区划分监测、污染事故调查监测、无公害农产品基地监测等。布点原则应坚持“哪里有污染就在哪里布点”，即将监测点位布设在已经证实受到污染的或怀疑受到了污染的地方。

2. 布点方法

根据污染类型特征，布点方法划分如下：

（1）大气污染型土壤监测点。

以大气污染源为中心，采用放射状布点法。布点密度由中心起向外由密渐稀，在同一密度圈内均匀布点。此外，在大气污染源主导风下风方向应适当延长监测距离和增加布点数量。

（2）灌溉水污染型土壤监测点。

在纳污灌溉水体两侧，按水流方向采用带状布点法。布点密度自灌溉水体纳污口起由密渐稀，各引灌段相对均匀。

（3）固体废物堆污染型土壤监测点。

地表固体废物堆污染区可结合地表径流和当地常年主导风向，采用放射布点法和带状布点法；地下填埋废物堆污染区根据填埋位置可采用多种形式的布点法。

（4）农用固体废弃物污染型土壤监测点。

在施用种类、施用量、施用时间等基本一致的情况下采用均匀布点法。

（5）农用化学物质污染型土壤监测点。

采用均匀布点法。

（6）综合污染型土壤监测点。

以主要污染物排放途径为主，综合采用放射布点法、带状布点法和均匀布点法。

3. 对照点的布设原则与方法

在污染事故调查等监测中，需要布设对照点以考察监测区域的污染程度。选择与监测区域土壤类型、耕作制度等相同而且相对未受污染的区域采集对照点；或在监测区域内采集不同深度的剖面样品作为对照点。

4. 布点数量

（1）基本原则。

土壤监测的布点数量要根据调查目的、调查精度和调查区域环境状况等因素确定。一般原则如下：

①每个监测单元最少应设 3 个点，且以最少点数达到目标要求。

②精度越高，布点数越多，反之越少。

③区域环境条件越复杂，布点越多，反之越少。

④污染越严重，布点越多，反之越少。

（2）布点代表面积。

根据不同的调查目的，每个点的代表面积可按以下情况掌握，如有特殊情况可做适当的调整：

①农田土壤背景值调查：每个点代表面积 200～1 000hm^2。

②农产品产地污染普查：污染区每个点代表面积 10～300 hm^2，一般农区每个点代表面积 200～1 000hm^2。

③农产品产地安全质量划分：污染区每个点代表面积 5～100hm^2，一般农区每个点代

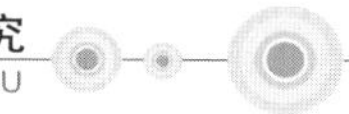

表面积 150～800hm^2。

④禁产区确认：每个点代表面积 10～100hm^2。

⑤污染事故调查监测：每个点代表面积 1～50hm^2。

（三）样品采集

1. 农田土壤剖面样品采集

①土壤剖面点不得选在土类和母质交错分布的边缘地带或土壤剖面受破坏的地方。

②土壤剖面规格为宽 1m，深 1～2m，视土壤情况而定。久耕地取样至 1m，新垦地取样至 2m，果林地取样至 1.5～2m；盐碱地地下水位较高，取样至地下水位层；山地土层薄，取样至母岩风化层。

③用剖面刀将观察面修整好，自上而下削去 5cm 厚、10cm 宽，呈新鲜剖面。准确划分土层，分层按梅花点法，自上而下逐层采集中部位置土壤。分层土壤混合均匀各取 1kg，分层装袋记卡。

④采样注意事项：挖掘土壤剖面要使观察面向阳，表土与底土分放土坑两侧，取样后按原层回填。

2. 农田土壤混合样品采集

（1）混合样采集方法。

①每个土壤单元至少由 3 个采样点组成，每个采样点的样品为农田土壤混合样。

②对角线法：适用于污水灌溉的农田土壤，由田块进水口向出水口引一对角线，至少五等分，以等分点为采样分点。土壤差异性大，可再等分，增加分点数。

③梅花点法：适用于面积较小、地势平坦、土壤物质和受污染程度均匀的地块，设分点 5 个左右。

④棋盘式法：适宜中等面积、地势平坦、土壤不够均匀的地块，设分点 10 个左右；但受污泥、垃圾等固体废弃物污染的土壤，分点应在 20 个以上。

⑤蛇形法：适宜面积较大、土壤不够均匀且地势不平坦的地块，设分点 15 个左右，多用于农业污染型土壤。

（2）必要时土壤与农产品同步采集。

3. 采样深度及采样量

种植一般农作物，每个分点处采 0～20cm 耕作层土壤；种植果林类农作物，每个分点处采 0～60cm 耕作层土壤。了解污染物在土壤中垂直分布时，按土壤发生层次采土壤剖面样。各分点混匀后取 1kg，多余部分用四分法弃去。

4. 采样时间及频率

①一般土壤样品在农作物成熟或收获后与农作物同步采集。

②污染事故监测时，应在收到事故报告后立即组织采样。

③科研性监测时，可在不同生育期采样或视研究目的而定。

④采样频率根据工作需要确定。

（四）农田土壤重金属污染监测分析方法

1. 分析方法选择原则

①优先选择国家标准、行业标准的分析方法。

②其次选择由权威部门规定或推荐的分析方法。

③根据各地实际情况，自选等效分析方法。但应做对比实验，其检出限、准确度、精密度不低于相应的通用方法要求水平或待测物准确定量的要求。

2. 农田土壤重金属指标监测分析方法（国标及行标方法）

表 4-1 中列出了常见的监测项目及监测方法，监测方法优先选择国家标准、行业标准或其他等同推荐方法。

表 4-1　农田土壤重金属指标监测项目及分析方法

序号	监测项目	监测方法	方法来源
1	总铅	石墨炉原子吸收分光光度法	GB/T 17141—1997
2	总铬	火焰原子吸收分光光度法	NY/T 1121.12—2006
3	总镉	石墨炉原子吸收分光光度法	GB/T 17141—1997
4	总汞	原子荧光法 冷原子吸收分光光度法	GB/T 22105.1—2008 NY/T 1121.10—2006
5	总砷	原子荧光法	GB/T 22105.2—2008
6	总铜	火焰原子吸收分光光度法	GB/T 17138
7	总锌	火焰原子吸收分光光度法	GB/T 17138
8	有效态铅	原子吸收法	GB/T 23739—2009
9	有效态镉	原子吸收法	GB/T 23739—2009
10	有效态铜	二乙三胺五乙酸（DTPA）浸提法	NY/T 890—2004
11	有效态锌	二乙三胺五乙酸（DTPA）浸提法	NY/T 890—2004

3. 几种有效态重金属推荐检测方法

其他方法经验证效果优于或等效时也可使用。

(1) 土壤有效态重金属（二价离子）提取：乙二胺四乙酸二钠 Na_2-EDTA 提取法[14,15]。

①试剂和材料。该方法所使用的试剂应为分析纯或更高纯度，试剂空白值应低于所测定元素的最低浓度。

a）实验用水。本方法建议使用超纯水。

b）0.05mol/L Na_2-EDTA 的配制。取 37.224g $C_{10}H_{14}N_2O_8Na_2 \cdot 2H_2O$（相对分子质量：372.24g/mol）溶解于 2L 的容量瓶中，定容。

②仪器与设备。

a）天平，精度为 0.01g。

b）具有螺纹瓶盖的锥形离心管，聚丙烯或其他合适材质，容量为 50mL，使用前检查离心管和瓶盖是否干净，是否可以密闭。

c）滤纸，中速定量滤纸，灰分 0.01%。

d）振荡仪：往复式振荡仪，转速为 200r/min，放置温度为（20±2）℃。

e）离心机：适用于螺纹锥形离心管的离心机，离心力在 2 000*g* 以上。

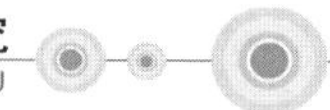

③分析步骤。

a）样品制备。取风干后的土壤样品，过 2mm 尼龙筛，备用。

b）提取实验。称取（5±0.01）g 土壤样品于 50mL 锥形离心管中，加入 0.05 mol/L Na_2-EDTA 溶液 25mL，摇匀后采用 NaOH 溶液调节 pH 到 7.0，盖紧离心管瓶盖，置于振荡仪上 200r/min 往复振荡 2h，取下离心管后，于离心机 2 000g 离心 20min，取上清液经中速滤纸过滤后，待测。

c）重金属元素测定。建议使用 ISO22036 标准中规定的电感耦合等离子体发射光谱法（ICP-AES）、ISO17294-2 标准中规定的电感耦合等离子体质谱法（ICP-MS），以及 ISO11047 或 ISO20280 标准中规定的原子吸收法进行测定。标准溶液及其他校正溶液应采用 0.05mol/L（Na_2-EDTA）溶液进行配制。

（2）土壤有效态铬提取：碱性 Na_2-EDTA 提取法[16]。

①试剂和材料。该方法所使用的试剂应为分析纯或更高纯度，试剂空白值应低于所测定元素的最低浓度。

a）实验用水。本方法建议使用超纯水。

b）碱性 0.05mol/L Na_2-EDTA 的配制。准确称取 18.612g Na_2-EDTA·$2H_2O$（相对分子质量 372.24g/mol）加到 2L 烧杯内，加入约 400mL 超纯水，磁力搅拌器常温搅拌，EDTA 完全溶解后溶液为无色透明状态，完全溶解后转移溶液至 1L 容量瓶内，并用超纯水清洗烧杯至少 3 次，清洗液全部转移至容量瓶内，定容摇匀。将定容后的溶液倒入 2L 烧杯内，边搅拌边调节 pH 至 10，用至少 10mol/L 的 NaOH 溶液调节 pH（约需要 15mL）。

②仪器与设备。

a）天平，精度为 0.01g。

b）具有螺纹瓶盖的锥形离心管，聚丙烯或其他合适材质，容量为 50mL，使用前检查离心管和瓶盖是否干净，是否可以密闭。

c）滤纸，中速定量滤纸，灰分 0.01%。

d）振荡仪：往复式振荡仪，放置温度为（20±2）℃。

e）离心机：适用于螺纹锥形离心管的离心机，离心力在 2 000g 以上。

③分析步骤。

a）样品制备。取风干后的土壤样品，过 2mm 尼龙筛，备用。

b）提取实验。准确称取新鲜土壤样品 1.00g 于 50mL 离心管中（注：形态分析建议用土壤鲜样，一般提取可用干土，鲜样还需测定土壤含水量换算成干土总量），加入 10.0mL 浸提液，40℃恒温摇床内 180r/min 振荡 12h，振荡结束后 13 500g（固定转子，11 000～12 000r/min）离心，取上清液用 0.45μm 滤膜过滤，滤液 4℃ 冰箱保存。称取新鲜土壤样品少许烘干测定其含水率。

c）重金属元素测定。测定方法对应的注意事项如下：

原子吸收光谱法（AAS）或 ICP-AES：由于提取液含有很高浓度的钠，建议用 2% HNO_3 稀释提取液至少 20 倍以上再上机测定。

ICP-MS 总量：由于加酸保存会导致部分高有机质的样品沉淀，并且会改变形态分析出峰时间和峰形，所以提取液不加酸保存（比较分析也发现，对于铬，样品加酸与不加酸对铬总量分析没什么影响，但是在用到 ICP-MS 分析总量时，样品与内标液一同进入到仪器内，而内标液为酸性，如果不在测样前去除高含量的有机质，在测样过程中可能会对仪器产生损伤），在 ICP-MS 总量测样之前用体积分数为 2%硝酸溶液稀释至少 50 倍，稀释后的样品 13 500g 离心 10 min，小心取出上清液用 ICP-MS 测定溶液中总铬，ICP-MS 内标为溶解在 2%硝酸中的 20μg/L 的铟（In 115），检测粒子为铬，ICP-MS 对铬检测限在 0.1～0.2μg/L。

HPLC-ICP-MS 形态分析：

HPLC：样品分析时，通过自动进样器定量抽取一定体积的样品溶液与以恒定流速通过柱子的流动相同时通过柱子，不同化学形态的物质其性质不同导致其在柱子中停留时间与洗脱时间不同，从而实现不同化学形态物质的同步分离，然后应用 ICP-MS 定量检测样品浓度，本方法选用的 C_8 柱子长 3cm，较短的柱子能使样品在短时间内分离，达到快速精确的样品定量及定性分析目的。

流动相：3mmol/L 四丁基氢氧化铵（TBAH）＋0.6mmol/LEDTA-Na_2，稀硝酸调节 pH 至 6.9。

测样：新鲜土壤提取液用流动相稀释至少 20 倍（EDTA 和提取液中的土壤有机质会对柱子产生不可逆的损伤），自动进样器定量进样。样品中加酸会导致铬形态发生变化，同时也影响出峰时间和峰的分离，所以形态测样时是直接用流动相稀释土壤提取液，不加酸。HPLC、ICP-MS 操作条件及参数设置见表 4-2 和表 4-3。

表 4-2　HPLC 基本操作说明及参数

参数	参数设置
流动相	3mmol/L TBAH＋0.6mmol/L EDTA-Na_2；pH 6.9
流速	1.2mL/min
运行时间	4min
柱子	3×3^{TM} CR C_8
柱子温度	环境温度
自动进样器冲洗溶剂	自动进样器冲洗溶剂
样品摄入容积	50uL
样品制备	用流动相稀释
检测	PerkinElmer SCIEX ELAN DRC II ICP-MS
总分析时间	4min

表 4-3　ICP-MS 操作条件及参数设置

参数	参数设定/类型
射频功率	1 600W
等离子体 Ar 流速	18L/min
喷雾器 Ar 流速	1.0L/min

（续）

参数	参数设定/类型
辅助设备 Ar 流速	1.2L/min
检测离子质荷比（m/z）	^{53}Cr
停留时间	500ms
总采集时间	240s
CeO^+/Ce^+	<2%
反应气	He
He 流速	4mL/min
低质量截取（RPq）	0.70

C_8柱子在使用前需要预处理，新柱子需要用100%甲醇以1mL/min的流速冲洗90min，然后用10%甲醇90%超纯水以1mL/min的流速冲洗30 min，最后留柱溶液为10%甲醇。测样之前先用超纯水以1mL/min的流速冲洗10min，然后更换为流动相相同流速冲洗30min，以保证柱子内充满流动相，并与柱子充分结合。测样完毕先用流动相以1mL/min的流速冲洗10min，洗去柱子中残留的铬；然后用超纯水以1mL/min的流速冲洗15min，洗去盐分；之后用10%甲醇90%超纯水以1mL/min的流速冲洗30min，洗去有机成分，留柱液为10%甲醇，同时甲醇还可以抑菌。

标线：用18.2MΩ超纯水（Milli-QElement，Bedford，MA，美国）配置1 000mg/L Cr^{3+}［PerkinElmer，Cr（NO_3）$_3$ · 9H_2O］和Cr（Ⅵ）［Spex Certiprep，（NH_4）$_2Cr_2O_7$］作为储藏母液（保质期30d），通过流动相稀释标液，待测。

随着样品测定，峰位置会前移，前移过多则需要在样品中添加少量单标来证明此峰代表哪种形态。

（3）土壤有效态砷提取：磷酸二氢铵（$NH_4H_2PO_4$）提取法。

①试剂和材料。该方法所使用的试剂应为分析纯或更高纯度，试剂空白值应低于所测定元素的最低浓度。

a）实验用水。本方法建议使用超纯水。

b）0.05mol/L $NH_4H_2PO_4$的配制。准确称取5.75g $NH_4H_2PO_4$（相对分子质量115.03 g/mol）于1L烧杯内，加入约400mL超纯水，完全溶解后转移溶液至1L容量瓶内，并用超纯水清洗烧杯至少3次，清洗液全部转移至容量瓶内，定容摇匀，待用。

②仪器与设备。

a）天平，精度为0.01g。

b）具有螺纹瓶盖的锥形离心管，聚丙烯或其他合适材质，容量为50mL，使用前检查离心管和瓶盖是否干净，是否可以密闭。

c）滤纸，中速定量滤纸，灰分0.01%。

d）振荡仪：往复式振荡仪，转速为200r/min，放置温度为（20±2）℃。

e）离心机：适用于螺纹锥形离心管的离心机，离心力在2 000g以上。

③分析步骤。

a）样品制备。取风干后的土壤样品，过 2mm 尼龙筛，备用。

b）提取实验。准确称取过 2 mm 筛的风干土样 1.00g 于 50mL 离心管中（注：鲜样还需测定土壤含水量换算成干土质量），加入 25.0mL 浸提液；20℃恒温摇床内 250r/min 振荡 16h；振荡结束后 2 200g 离心 15min，取上清液用 0.45μm 滤膜过滤，滤液 4℃冰箱保存；ICP-AES 或 ICP-MS 测定砷总量。

④重金属元素测定。建议使用 ISO22036 标准中规定的电感耦合等离子体发射光谱法（ICP-AES）、ISO17294-2 标准中规定的电感耦合等离子体质谱法（ICP-MS）进行测定，ICP-MS 内标为溶解在 2%硝酸中的 20μg/L 的铟（In 115），检测粒子为砷。

（五）农田土壤环境质量监测实验室分析质量控制与质量保证

平行双样测定结果的误差在允许误差范围之内者为合格。允许误差范围见表 4-4。对未列出容允误差的方法，当样品的均匀性和稳定性较好时，参考表 4-5 的规定。平行双样测定全部不合格者，重新进行平行双样的测定；平行双样测定合格率<95%时，除对不合格者重新测定外，再增加 10%～20%的测定率，如此累进，直至合格率≥95%。

表 4-4　土壤监测平行双样测定值的精密度和准确度允许误差

监测项目	样品含量范围（mg/kg）	精密度		准确度			适用的分析方法
		室内相对偏差（%）	室间相对偏差（%）	加标回收率（%）	室内相对误差（%）	室间相对误差（%）	
镉	<0.1	±30	±40	75～110	±30	±40	石墨炉原子吸收分光光度法、ICP-MS
	0.1～0.4	±20	±30	85～110	±20	±30	
	>0.4	±10	±20	90～105	±10	±20	
汞	<0.1	±20	±30	75～110	±20	±30	冷原子吸收分光光度法、氢化物发生-原子荧光光谱法、ICP-MS
	0.1～0.4	±15	±20	85～110	±15	±20	
	>0.4	±10	±15	90～105	±10	±15	
砷	<10	±15	±20	85～105	±15	±20	氢化物发生-原子荧光光谱法、ICP-MS
	10～20	±10	±15	90～105	±10	±15	
	20～100	±5	±10	90～105	±5	±10	
	>100	±5	±10				
铜	<20	±10	±15	85～105	±10	±15	火焰原子吸收分光光度法、ICP-MS、ICP-AES
	20～30	±10	±15	90～105	±10	±15	
	>30	±10	±15	90～105	±10	±15	
铅	<20	±20	±30	80～110	±20	±30	原子吸收分光光度法（火焰或石墨炉法）、ICP-MS、ICP-AES
	20～40	±10	±20	85～110	±10	±20	
	>40	±5	±15	90～105	±5	±15	
铬	<50	±15	±20	85～110	±15	±20	原子吸收分光光度法
	50～90	±10	±15	85～110	±10	±15	
	>90	±5	±10	90～105	±5	±10	
锌	<50	±10	±15	85～110	±10	±15	火焰原子吸收分光光度法、ICP-MS、ICP-AES
	50～90	±10	±15	85～110	±10	±15	
	>90	±5	±10	90～105	±5	±10	

（续）

监测项目	样品含量范围（mg/kg）	精密度		准确度			适用的分析方法
		室内相对偏差（%）	室间相对偏差（%）	加标回收率（%）	室内相对误差（%）	室间相对误差（%）	
镍	＜20	±15	±20	80～110	±15	±20	火焰原子吸收分光光度法、ICP-MS、ICP-AES
	20～40	±10	±15	85～110	±10	±15	
	＞40	±5	±10	90～105	±5	±10	

表 4-5　土壤监测平行双样最大允许相对偏差

元素含量范围（mg/kg）	最大允许相对偏差（%）	元素含量范围（mg/kg）	最大允许相对偏差（%）
＞100	±5	0.1～1.0	±25
10～100	±10	＜0.1	±30
1.0～10	±20	—	—

二、农用地土壤污染风险管控标准

规定了农用地土壤重金属污染中镉、铬、砷、汞、铅、铜、锌、镍的风险筛选值，及镉、铬、砷、汞、铅的风险管制值和检验方法。以下列述部分相关内容（附录 9）。

（一）术语和定义

1. 农用地

指标准《土地利用现状分类》（GB/T 21010—2017）中的 01 耕地（0101 水田、0102 水浇地、0103 旱地）、02 园地（0201 果园、0202 茶园）和 04 草地（0401 天然牧草地、0403 人工牧草地）。

2. 农用地土壤污染风险

指因土壤污染导致食用农产品质量安全、农作物生长或土壤生态环境受到不利影响。

3. 农用地土壤污染风险筛选值

指农用地土壤中污染物含量等于或者低于该值的，对农产品质量安全、农作物生长或土壤生态环境的风险低，一般情况下可以忽略；超过该值的，对农产品质量安全、农作物生长或土壤生态环境可能存在风险，应当加强土壤环境监测和农产品协同监测，原则上应当采取安全利用措施。

4. 农用地土壤污染风险管制值

指农用地土壤中污染物含量超过该值的，食用农产品不符合质量安全标准等农用地土壤污染风险高，原则上应当采取严格管控措施。

（二）农用地土壤污染风险筛选值

农用地土壤污染风险筛选值的基本项目为必测项目，包括镉、汞、砷、铅、铬、铜、镍、锌，风险筛选值见表 4-6。

表 4-6 农用地土壤污染风险筛选值

单位：mg/kg

序号	污染物项目[a,b]		风险筛选值			
			pH≤5.5	5.5<pH≤6.5	6.5<pH≤7.5	pH>7.5
1	镉	水田	0.3	0.4	0.6	0.8
		其他	0.3	0.3	0.3	0.6
2	汞	水田	0.5	0.5	0.6	1.0
		其他	1.3	1.8	2.4	3.4
3	砷	水田	30	30	25	20
		其他	40	40	30	25
4	铅	水田	80	100	140	240
		其他	70	90	120	170
5	铬	水田	250	250	300	350
		其他	150	150	200	250
6	铜	果园	150	150	200	200
		其他	50	50	100	100
7	镍		60	70	100	190
8	锌		200	200	250	300

注：a 表示重金属和类金属砷均按元素总量计；b 表示对于水旱轮作地，采用其中较严格的风险筛选值。

（三）农用地土壤污染风险管制值[17]

农用地土壤污染风险管制值项目包括镉、汞、砷、铅、铬，风险管制值，见表 4-7。

表 4-7 农用地土壤污染风险管制值

单位：mg/kg

序号	污染物项目	风险管制值			
		pH≤5.5	5.5<pH≤6.5	6.5<pH≤7.5	pH>7.5
1	镉	1.5	2.0	3.0	4.0
2	汞	2.0	2.5	4.0	6.0
3	砷	200	150	120	100
4	铅	400	500	700	1 000
5	铬	800	850	1 000	1 300

（四）农用地土壤污染风险筛选值和管制值的使用

①当土壤中污染物含量等于或者低于表 4-6 规定的风险筛选值时，农用地土壤污染风险低，一般情况下可以忽略；高于表 4-6 规定的风险筛选值时，可能存在农用地土壤污染风险，应加强土壤环境监测和农产品协同监测。

②当土壤中镉、汞、砷、铅、铬的含量高于表 4-6 规定的风险筛选值、等于或者低于表 4-7 规定的风险管控值时，可能存在食用农产品不符合质量安全标准等土壤污染风险，

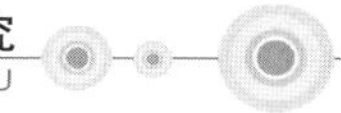

原则上应当采取农艺调控、替代种植等安全利用措施。

③当土壤中镉、汞、砷、铅、铬的含量高于表 4-7 规定的风险管控值时，食用农产品不符合质量安全标准等农用地土壤污染风险高，且难以通过安全利用措施降低食用农产品不符合质量安全标准等农用地土壤污染风险，原则上应当采取禁止种植食用农产品、退耕还林等严格管控措施。

④土壤环境质量类别划分应以本标准为基础，结合食用农产品协同监测结果，依据相关技术规定进行划定。

（五）土壤污染物分析方法

土壤污染物分析方法见表 4-8。

表 4-8 土壤污染物分析方法

序号	监测项目	监测方法	方法来源
1	镉	石墨炉原子吸收分光光度法	GB/T 17141—1997
		微波消解/原子荧光法	HJ 680—2013
2	汞	原子荧光法	GB/T 22105.1—2008
		冷原子吸收分光光度法	GB/T 17136—1997
		催化热解-冷原子吸收分光光度法	HJ 923—2017
3	砷	王水提取-电感耦合等离子体质谱法	HJ 803—2016
		微波消解/原子荧光法	HJ 680—2013
		原子荧光法	GB/T 22105.2—2008
4	铅	石墨炉原子吸收分光光度法	GB/T 17141—1997
		波长色散 X 射线荧光光谱法	HJ 780—2015
5	铬	火焰原子吸收分光光度法	HJ 491—2019
		波长色散 X 射线荧光光谱法	HJ 780—2015
6	铜	土壤质量 铜、锌的测定 火焰原子吸收分光光度法	GB/T 17138
		波长色散 X 射线荧光光谱法	HJ 780—2015
7	镍	土壤质量 镍的测定 火焰原子吸收分光光度法	GB/T 17139
		波长色散 X 射线荧光光谱法	HJ 780—2015
8	锌	土壤质量 铜、锌的测定 火焰原子吸收分光光度法	GB/T 17138
		波长色散 X 射线荧光光谱法	HJ 780—2015

注：其他方法经验证效果优于或等效时也可使用。

三、农产品污染检测与评价标准

参考标准《食品安全 国家标准 食品污染物限量》（GB 2762—2017）[18]

标准中规定了食品中镉、铬、砷、汞、铅、锡、镍的限量指标和检验方法。以下列述部分相关内容。

（一）术语和定义

1. 可食用部分

食品原料经过机械手段（如谷物碾磨、水果剥皮、坚果去壳等）去除非食用部分后，所得到的用于食用的部分。非食用部分的去除不可采用任何非机械手段，如粗制植物油精炼过程。用相同的食品原料生产不同产品时，可食用部分的量依生产工艺不同而异。如用麦类加工麦片和全麦粉时，可食用部分按100%计算；加工小麦粉时，可食用部分按出粉率折算。

2. 限量

污染物在食品原料和（或）食品成品可食用部分中允许的最大含量水平。

（二）应用原则

①无论是否制定污染物限量，食品生产和加工者均应采取控制措施，使食品中污染物的含量达到最低水平。

②本标准列出了可能对公众健康构成较大风险的污染物，制定限量值的食品是对消费者膳食暴露量产生较大影响的食品。

③食品类别（名称）说明用于界定污染物限量的适用范围，仅适用于本标准。当某种污染物限量应用于某一食品类别（名称）时，则该食品类别（名称）内的所有类别食品均适用，有特别规定的除外。

④食品中污染物限量以食品通常的可食用部分计算，有特别规定的除外。

⑤限量指标对制品有要求的情况下，其中干制品中污染物限量以相应新鲜食品中污染物限量结合其脱水率或浓缩率折算。脱水率或浓缩率可通过对食品的分析、生产者提供的信息以及其他可获得的数据信息等确定。有特别规定的除外。

（三）检测方法

食品中重金属污染物分析方法见表4-9。

表4-9　食品中重金属污染物分析方法

序号	检测项目	检测方法	方法来源
1	铅	石墨炉原子吸收分光光度法 电感耦合等离子体质谱法 火焰原子吸收分光光度法 二硫腙比色法	GB 5009.12—2017
2	镉	石墨炉原子吸收分光光度法	GB 5009.15—2014
3	汞	原子荧光光谱法 冷原子吸收分光光度法	GB 5009.17—2014
4	砷	电感耦合等离子体质谱法 氢化物发生-原子荧光光谱法 银盐法	GB 5009.11—2014
5	铬	石墨炉原子吸收分光光度法	GB 5009.123—2014

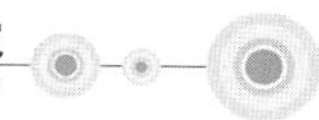

（续）

序号	检测项目	检测方法	方法来源
6	镍	石墨炉原子吸收分光光度法	GB 5009.138—2017
7	甲基汞	液相色谱-原子荧光光谱联用方法	GB 5009.17—2014
8	无机砷	液相色谱-原子荧光光谱法（LC-AFS） 液相色谱-电感耦合等离子体质谱法（LC-ICP/MS）	GB 5009.11—2014

注：其他方法经验证效果优于或等效时也可使用。

对应指标限量要求详见标准《食品安全国家标准 食品中污染物限量》（GB 2762—2017）（附录10）。

四、土壤调理剂检测与评价标准[19]

（一）土壤调理剂 通用要求

本标准规定了土壤调理剂通用要求、试验方法、检验规则、标识、包装、运输和储存。以下列述部分相关内容（附录11）。

1. 术语和定义

（1）土壤调理剂。

指加入障碍土壤中以改善土壤物理、化学和（或）生物性状的物料，适用于改良土壤结构、降低土壤盐碱危害、调节土壤酸碱度、改善土壤水分状况或修复污染土壤等。

（2）障碍土壤。

指由于受自然成土因素或人为因素的影响，而使植物生长产生明显障碍或影响农产品质量安全的土壤。障碍因素主要包括质地不良、结构差或存在妨碍植物根系生长的不良土层、肥力低下或营养元素失衡、酸化、盐碱、土壤水分过多或不足、有毒物质污染等。

（3）污染土壤。

指由于污水灌溉、大气沉降、固体废弃物排放、过量肥料与农药施用等人为因素的影响，导致其有害物质增加、肥力下降，从而影响农作物的生长、危及农产品质量安全的土壤。

（4）污染土壤修复。

指利用物理、化学、生物等方法，转移、吸收、降解、固化或转化土壤污染物，即通过改变土壤污染物的存在形态或与土壤的结合方式，降低其在土壤环境中的可迁移性或生物可利用性等的修复技术，以使土壤污染物可检浓度降低到无害化水平，或将污染物转化为无害物质的技术措施。（本定义中土壤修复不包括改造农田土壤结构的工程修复技术）

2. 要求

（1）分类及命名要求。

土壤调理剂分为矿物源土壤调理剂、有机源土壤调理剂、化学源土壤调理剂和农林保水剂4类，一般将其统称为土壤调理剂。

(2) 限量要求。

土壤调理剂汞、砷、镉、铅、铬元素限量应符合不同原料的产品限量要求。

(3) 毒性试验。

土壤调理剂毒性试验结果应符合《肥料和土壤调理剂 急性经口毒性试验及评价要求》(NY/T 1980)。

(4) 效果试验。

土壤调理剂效果试验应具有显著且持续改良土壤障碍特性的试验结果。

3. 测定方法

土壤调理剂重金属含量分析方法见表 4-10。

表 4-10 土壤调理剂重金属含量分析方法

序号	项目	分析方法	方法来源
1	镉	原子吸收分光光度法	GB/T 23349—2009
2	汞	氢化物发生-原子吸收分光光度法	GB/T 23349—2009
3	砷	而乙基二硫代氨基甲酸银分光光度法(仲裁法)	GB/T 23349—2009
4	铅	原子吸收分光光度法	GB/T 23349—2009
5	铬	原子吸收分光光度法	GB/T 23349—2009

(二) 土壤调理剂 效果试验和评价要求[20]

本标准规定了土壤调理剂效果试验相关术语、试验要求及内容、效果评价、报告撰写等要求。以下列述部分相关内容(附录 12)。

1. 效果试验内容

①基于土壤调理剂特性、施用量和施用方法,有针对性地选择适宜土壤(类型)或区域,对土壤障碍性状、试验作物的生物学性状进行试验效果分析评价。

②一般应采用小区试验和示范试验方式进行效果评价。必要时,以盆栽试验或条件培养试验方式进行补充评价,详见附录 12 的附录 A 和附录 B。

2. 试验周期

每个效果试验应至少进行连续 2 个生长季(6 个月)的试验。若需要评价土壤调理剂后效,应延长试验时间或增加生长季。

3. 试验处理

土壤调理剂按剂型分为固体和液体两类。固体类土壤调理剂主要用于拌土、撒施;液体类土壤调理剂主要用于地表喷洒、浇灌。

①试验应至少设 2 个处理,空白对照(液体类应施用与处理等量的清水对照)和供试土壤调理剂推荐施用量。

②必要时,可增设其他试验处理。供试土壤调理剂其他施用量(最佳施用量);供试土壤调理剂与常规肥料最佳配合施用量;针对土壤调理剂所含主要养分所设的对照处理,如仅含主要养分的对照处理,或仅不含主要养分的对照处理等。

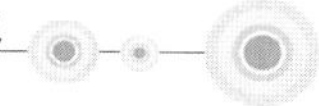

③除空白对照外，其他试验处理均应明确施用量和施用方法。

④小区试验各处理应采用随机区组排列方式，重复次数不少于3次。

4. 小区试验

（1）试验内容。

小区试验是在多个均匀且等面积田块上通过设置差异处理及试验重复而进行的效果试验，以确定最佳施用量和施用方式。

（2）小区设置要求。

①小区应设置保护行，小区划分尽可能降低试验误差。

②小区沟渠设置应单灌单排，避免串灌串排。

（3）小区面积要求。

小区面积应一致，宜为20～200m²。密植作物（如水稻、小麦、谷子等）小区面积宜为20～30m²；中耕作物（如玉米、高粱、棉花、烟草等）小区面积宜为40～50m²；果树小区面积宜为50～200m²。

需注意：处理较多，小区面积宜小些；处理较少，小区面积宜大些。在丘陵、山地、坡地，小区面积宜小些；而在平原、平畈田，小区面积宜大些。

（4）小区形状要求。

小区形状一般应为长方形。小区面积较大时，长宽比以（3～5）：1为宜；小区面积较小时，长宽比以（2～3）：1为宜。

5. 示范试验

（1）试验内容。

示范试验是在广泛代表性区域农田上进行的效果试验，以展示和验证小区试验效果的安全性、有效性和适用性，为推广应用提供依据。

（2）示范面积要求。

①经济作物应不小于3 000m²，对照应不小于500m²。

②大田作物应不小于10 000m²，对照应不小于1 000m²。

③花卉、苗木、草坪等示范试验应考虑其特殊性，试验面积不小于经济作物要求。

（3）试验结果要求。

应根据土壤调理剂的试验效果，划分等面积区域进行土壤性状、增产率和经济效益评价。

五、重金属超积累植物的界定

超积累（富集）植物是能超量吸收重金属并将其运移到地上部的植物。针对超积累植物目前国内尚无统一发布的标准，但是学术界一般认为界定为超积累植物，一般需满足以下四个基本条件[21-24]。

植物地上部富集的重金属应达到一定的量，且地上部的重金属富集量远远大于地下部分，并对不同的重金属元素有不同的临界值。如，地上部干物质中富集锌、锰＞10 000mg/kg，铜、钴、镍、铬、铅、砷＞1 000mg/kg，镉＞100mg/kg的植物。

转移系数（TF）：$S/R>1$（S和R分别指植物地上部和根部重金属浓度）。

生物富集系数（BF），植物地上部生物富集系数（植物中某元素质量分数与土壤中元素质量分数之比）应大于1，至少当土壤中重金属浓度与超积累植物应达到的临界浓度标准相当时植物地上部富集系数大于1。

耐性能力，植物对重金属具有较强的耐性，当土壤中重金属浓度高到足以使植物地上部重金属浓度达到超积累植物应达到的临界浓度标准时地上部生物量没有下降，植物也没有出现毒害效应，能在污染土壤中生长旺盛，完成正常的生活史，一般生物量较大。

第二节　农田重金属污染治理与修复技术评价指标体系

一、国内外农田土壤重金属污染评价研究进展

利用文献计量学方法分析近25年来国内外土壤重金属污染评价相关领域的研究热点和发展方向的演进，可以发现人体健康及生态风险评价、重金属在土壤中形态分析及污染源解析等问题受到较为广泛的关注。综合分析目前国内外土壤重金属常用的几种评价方法：内梅罗污染指数法、富集因子法、地累积指数法、潜在生态危害指数法以及土壤和农产品综合质量指数法。前四种传统的污染指数评价方法更侧重于土壤重金属超标问题，而对农产品质量协同评价关注较少。相比较而言，土壤和农产品综合质量指数法克服了现有评价方法存在的问题，将土壤重金属污染与农产品质量安全有机结合，同时考虑到土壤背景值、重金属形态等，可较为全面地评价土壤重金属污染程度和危害。

研究指出，土壤负载容量也应是土壤重金属污染评价中的一个重要指标或必需因素，其可以提供一种污染物的含量在污染物临界值（基准值、标准值）和土壤背景值（自然质量基准值、标准值）之间的动态平衡的范围[25]，在保证土壤的自然环境质量的同时，维持土壤资源的可持续利用性，可指示该土壤对外源污染物的缓冲能力；评价方法中加入土壤负载容量因子的考量还可以对高背景值土壤中重金属含量在评价指数中的权重进行评估。在土壤重金属污染评价尤其是限定农田土壤重金属污染评价时，将土壤部分与生物效应部分相结合，即在评价方法中同时涵盖样点土壤中重金属含量及该点位上所种植农作物中重金属含量，亦可得出更加实际合理的评价结果[26]。

（一）国内外农田土壤重金属污染评价研究方向及热点

近年来，国内相关领域研究方向和热点集中在“重金属污染评价方法应用”“重金属污染空间分布”“重金属植物响应与修复”。与前20年研究相比，各种土壤重金属污染评价方法应用更加普遍，其中潜在生态危害指数和健康风险评价成为主要方法，使得土壤污染评价与人类健康结合愈加紧密。值得注意的是，与健康风险评价相连的研究还有地表灰尘、大气降尘等源解析因素，说明大气污染在土壤重金属污染源解析中的研究不断受到重视，而重金属污染空间分布聚类大小的研究相较上个10年有所降低，反映此阶段研究侧重有所变化。

（二）国内外常见重金属污染评价方法比较

建立重金属土壤污染评价方法是土壤环境质量保护的一个重要内容，评价方法的科学合理性关乎研究区域重金属污染程度的评判和修复的必要性。不合理的污染评价方法往往造成研究者对污染危害的预估不足或是对研究区域“过保护”现象。对于农田土壤而言，更关系到土地利用可能性、作物种植类型选择、重金属在作物中累积而产生的农产品安全问题等。王玉军等结合文献计量学软件所得结果和国内外土壤重金属污染评价方法的使用现状比较，发现各评价方法中指数法如内梅罗污染指数法、富集因子法、地累积指数法和潜在生态危害指数法应用较为广泛；以指数法为基础的模型指数法，如模糊数学模型和灰色聚类法等在应用时也有一定优势；基于地理信息系统（GIS）的地统计学评价以及人体健康风险评价等方法从污染的空间分布到建立土壤中重金属含量与人体健康关系的途径等角度，多维度评价土壤中的重金属污染程度。我们选择几种应用广泛的指数法分析了其在实际评价中的优势与不足。

1. 内梅罗污染指数法

内梅罗污染指数法是一种应用于土壤重金属污染评价的传统指数评价法[27,28]。

研究者直接利用单项指数法和内梅罗指数法，从重金属含量角度评估矿区[29]或农田中重金属污染特征[30,31]，有的学者对城市内公园土壤中重金属污染进行评价及污染来源进行分析[32]，也有很多学者利用内梅罗污染指数法结合其他污染评价手段，从多角度反映土壤中重金属污染情况。如对金属矿区周围牧区土壤样品中重金属评价时，运用内梅罗污染指数法、污染负荷指数法和聚类分析等方法综合分析该矿区周围土壤重金属的污染程度[33]；在对农田的重金属污染评价中，采用内梅罗污染指数法同潜在生态危害指数法[34-36]或基于 GIS 的地统计学方法[27,37,38]或人体健康风险评价[39]等评价方法同时使用的方式，实现从重金属含量到生态毒性、人体健康影响及空间分布的综合考量；在对城市不同功能区土壤或街道路面积尘中重金属污染评价过程中，利用内梅罗污染指数法和主成分分析等方法[40,41]，对城市环境中重金属的污染程度和源头进行了分析。

计算方法涵盖了各单项污染指数，并突出了高浓度污染在评价结果中的权重。相比单项污染指数法的单独应用，避免由于平均作用削弱污染金属权值，并提升了评价方法的综合评判能力。随着研究者对重金属在环境中赋存形态、迁移转化和毒性等方面认知的深入，发现仅仅提升高浓度污染在其中的比重，可能导致最大值或者不规范合理设置采样点、后续分析检测所带来的异常值对所得结果的影响过大，人为夸大了该元素的影响作用，从而降低了该评价方法的灵敏度[42]；同时，某种金属的单项污染指数最大值的应用，并不具有生态毒理学依据。且方法中并没有消除重金属区域背景值的差异，使所得综合指数在区域间比较时不尽合理。因此，在实际运用中同其他评价方法联用使得评价结果更加全面合理。

2. 富集因子法

富集因子法（Enrichment factor）是广泛应用于土壤和沉积物中的重金属污染评价的方法。该方法通过选择标准化元素对样品浓度进行标准化，再将二者比率同参考区域中两种元素比率相比，产生一个在不同元素间可以比较的因子[43]。通过该指数可有效判断人类活动等所带来的重金属在土壤环境中的累积，并可有效避免天然背景值对评价结果的干扰。富集因子法最初于 1974 年由 Zoller 提出[44]，用于溯源南极上空大气颗粒物中的化学元素，通过选择代表地壳成分的铝和海洋成分的钠作为参考物质，并用目标元素与参考物质在大气中质量浓度比值与二者在地壳中的比值（即目标元素富有集系数，EF）相比较，若 $EF \approx 1$ 左右，则南极大气颗粒物中元素来源于地壳（自然源）；若 $EF > 1$ 则除此之外还有其他来源。方法提出后逐渐被借鉴延伸到其他领域，并在土壤重金属污染评价中得到较为广泛的应用。

如研究选用钙为参考元素，并以地壳中元素平均含量进行标准化，考察农田土壤重金属含量受工业影响程度[45]；也有选用铝作为参考元素，将非污染区的元素地球化学背景值标准化，以考察道路灰尘和路边土壤中重金属的污染情况[46]；随着评价方法不断应用发展，也会利用钪（Sc）、锆（Zr）、钛（Ti）、铁（Fe）等元素作为参考元素，对研究区域背景值或地壳元素平均含量进行归一化，评价矿区周边土壤、森林土壤或泥炭土中重金属富集程度受人类行为的影响情况[47-53]。但富集因子法在实际土壤重金属污染评价中还存在不少问题。由于土壤中重金属污染来源复杂，富集因子在此的应用仅能反映重金属的富集程度，而丧失其追溯到具体污染源及迁移途径的能力。其次是参考元素的选择，文献中曾采用铝、铁、锆、钪[48]、钛或总有机碳（TOC）[46]等，并没有统一的选择规范，且该方法尤其在对受铝、铁或者有机污染物污染的土壤评价过程中受到限制。再者岩石风化或者不同的成土过程会使地壳或背景区域中目标元素与参考元素比值难以稳定，在应用中可能出现即使土壤不受污染，却出现富集因子差异较大的现象，造成评价失实。背景值的选择也是该评价方法应用的一个关键，选择不同背景值往往对评价结果造成较大差异。不少评价案例以地壳元素质量分数平均值或全球页岩元素质量分数平均值作为背景值[48]，而不同区域由于土壤成土母质组成差异较大，由此形成和发育而来的土壤中的背景元素含量往往差异明显，因此也有研究者应用研究区域的背景元素含量作为背景值[54]。本方法中背景值的确定与选择并没有相应的标准，使得其在实际应用中的结果差异较大。

3. 地累积指数法

地累积指数法是德国研究者 Müller 于 1979 年首次提出[55]，用于研究河流沉积物的重金属污染程度。通过元素在环境介质中实测含量与目标元素地球化学背景值相比，减少环境地球化学背景值以及造岩运动可能引起的背景值变动的干扰[56]，后来也被用于土壤中重金属污染评价。

Müller 设定 Cn 为泥质沉积物组分（$<2\mu m$）中重金属含量，Bn 为该元素全球页岩的平均值，并作为该元素的地球化学背景值。同富集因子法中问题类似，后续的研究者将 Cn 替换为表层土壤中重金属含量，Bn 替换为该元素在地壳中平均含量或当地土壤背景中的含量，因为对于砷、汞和锑这些元素来说，其在地壳中的含量要远高于 Müller 所使用的页岩中的含量[46]。如地累积指数法曾用于评价矿山排水区土壤及周边农田土壤中重金属含量[51,56,57]，城市土壤尘埃中重金属污染程度[58]，耕作土壤受工业区、冶炼厂、煤矿等综合影响[45,54,59,60]。通过诸多地累积指数在土壤重金属污染中的应用发现，公式中原本用于沉积物重金属污染评价中的表征沉积特征、岩石地质及其他影响的修正系数，在随后土壤重金属污染的评价中却被直接应用。而重金属在土壤中的迁移能力与土壤物理化学

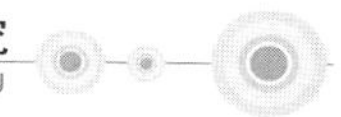

性质紧密相关，同沉积物有较大差异。虽然有学者在文章中提出该修正系数应在土壤相关实际应用中加以调整，但是如何调整及调整幅度尚未说明[61]。这些原因使得应用该方法所得的累积指数在原污染指数分级框架下的评价结果偏离实际。

4. 潜在生态危害指数法

潜在生态危害指数法（The potential ecological risk index）是由Håkanson[62]从沉积学角度出发，根据重金属在水体—沉积物—生物区—鱼—人这一迁移累积主线，将重金属含量和环境生态效应、毒理学有效联系到一起。

随后很多学者将其应用于土壤中重金属污染评价，如对城市及道路两侧土壤[63,64]工业区[65-68]及各矿区[69]周边农田土壤中重金属污染状况进行评价等。但通过对原始文献研读可知，评价方法中毒性系数的推导，完全基于重金属在水体—沉积物—生物区—鱼—人的主线中的迁移转化规律，与重金属在自然界中的丰度，在水体和沉积物中的分配规律及湖泊的生产力密切相关。且原文中明确区分了毒性系数（S_t^i）与毒性响应系数（T_r^i）的关系，如原文中几种目标污染物的毒性系数经推导已确定，多氯联苯（PCB）的毒性响应随着湖泊生产力的增加而提升，此时毒性响应系数大于毒性系数；其余几种重金属如汞、镉、铅、铜、铬、锌等的毒性响应随湖泊生产力增加而降低，毒性响应系数小于毒性系数，砷则与该因素无关。而应用该方法至土壤重金属污染评价的时候，却直接使用该种方法推导出毒性系数，并省略湖泊生产力因素，直接当作毒性响应系数带入评价公式模型。况且，文献作者明确指出“一开始就必须强调的是，这里所推导的模型有一定的限制和前提条件：该方法只涉及湖泊系统”。可见该模型在运用于土壤介质时不经修正，缺乏表征土壤理化性质对重金属毒性影响的特征指标，使所得的评价结果不够科学合理，参考意义不大。

5. 土壤和农产品综合质量指数法

现有的一些评价方法建立之初并非用于土壤中重金属的污染评价，而在相关学者引入到土壤污染评价体系中，对公式中各参数的假设条件、初始含义、适用范围研究不够透彻，并在使用时缺少表征土壤特征性质的因素，公式修正不足，使得污染指数同初始方法中标准相比与实际情况不尽相符。实际土壤重金属污染评价过程中，还往往针对不同的土壤利用类型，如工矿场地[60,70]、城市街道公园[46,65,68]、农田[45,51,67,68]等。农田土壤中重金属污染关乎农产品安全，粮食作物中可食用部分重金属的累积对人体健康具有重大影响，因此发展出适用于农田重金属污染的评价方法显得尤为必要。

王玉军等在总结前人工作的基础上，提出了一种农田土壤重金属影响评价的新方法：土壤和农产品综合质量指数法[71]。该方法将农田土壤和农产品中重金属的含量有效结合，综合考量了元素价态效应、土壤环境质量标准、土壤元素背景值、特定土壤负载容量和农产品污染物限量标准等，可应用于评价农田中重金属的单独和复合污染[72]。在构建该综合质量指数法时，确立了污染元素种类和数量，并分别包含了超过土壤环境评价参比值、土壤背景值及农产品限量标准值的样品数量，分别记为X、Y、Z，这在最终判断和描述土壤环境质量状态和划分等级时有一定作用。在对土壤中重金属含量的评价中引入土壤相对影响当量（Relative impact equivalent，RIE）、土壤元素测定浓度偏离背景值程度（Deviation degree of determination concentration from the background value，DDDB）以及总体上土壤标准偏离背景值程度（Deviation degree of soil standard from the background value，DDSB）三个指标。指标 RIE 在一般的综合评价方法中考虑了元素的氧化数及相应的毒性大小问题，并同相应参比值相比以解决元素氧化数相同无法区分其相对毒性大小的问题。指标 DDDB 可以体现外源物质偏离土壤背景值的程度，除了表明污染程度外，还可以量化污染元素在超过土壤背景值而未达到环境质量标准值或污染起始值的程度。DDSB 通过土壤环境质量参比值同当地元素背景值相比，是当地土壤环境负载容量的一个量度，表现其对重金属等污染物的缓冲能力。该方法在表征农产品质量的指标中引入农产品品质指数（Quality index of agricultural products，QIAP），指标 QIAP 可以用于表征重金属对农产品质量状况的影响。最终的综合质量影响指数（IICQ）包含土壤综合质量影响指数（IICQs）和农产品综合质量影响指数（IICQAP）。

土壤和农产品综合质量指数法，综合考量了农田土壤和对应作物间品质评价。相比于之前的各指数评价法，该方法还将元素价态效应、土壤环境质量标准、土壤元素背景值、特定土壤负载容量等因素列入指数评价模型，力求科学评价农田土壤受重金属侵袭或累计的影响，全面评价农田重金属污染。

（三）农田土壤环境质量评价参数及计算公式[73]

用于评价土壤环境质量的参数有土壤单项污染指数、土壤综合污染指数、土壤污染积累指数、土壤污染物超标倍数、土壤污染样本超标率、土壤污染面积超标率、土壤污染物分担率及土壤污染分级标准等，相应指标计算公式如下：

$$\text{土壤单项污染指数}=\frac{\text{污染物实测值}}{\text{污染物质量标准值}}$$

$$\text{土壤综合污染指数}=\sqrt{\frac{(\text{平均单项污染指数})^2+(\text{最大单项污染指数})^2}{2}}$$

$$\text{土壤污染积累指数}=\frac{\text{污染物实测值}}{\text{污染物背景值}}$$

$$\text{土壤污染物超标倍数}=\frac{\text{污染物实测值}-\text{污染物质量标准值}}{\text{污染物质量标准值}}$$

$$\text{土壤污染样本超标率}=\frac{\text{超标样本总数}}{\text{监测样本总数}}\times 100\%$$

$$\text{土壤污染面积超标率}=\frac{\text{超标点面积之和}}{\text{监测总面积}}\times 100\%$$

$$\text{土壤污染样分担率}=\frac{\text{某项污染指数}}{\text{各项污染指数之和}}\times 100\%$$

（四）重金属污染土壤修复效果评估[69]（附录 13）

1. 基本原则

重金属污染地块土壤修复效果评估应对土壤是否达到修复目标进行科学、系统地评估，提出后期环境监管建议，为污染地块管理提供科学依据。

2. 工作内容

重金属污染地块土壤修复效果评估工作内容包括：更新地块概念模型、布点采用与实

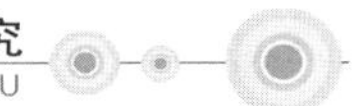

验室检测、修复效果评估、提出后期环境监管建议、编制效果评估报告。

3. 工作程序

（1）更新地块概念模型。

应根据污染修复进度和掌握的地块信息对地块概念模型进行实时更新，为制定效果评估布点方案提供依据。

（2）布点采样与实验室检测。

布点方案包括效果评估的对象和范围、采样节点、采样周期和频次、布点数量和位置、检测指标等内容，并说明上述内容确定的依据。原则上应在污染修复实施方案编制阶段编制效果评估初步布点方案，并在地块污染修复效果评估工作开展之前，根据更新后的概念模型进行完善和更新。

根据布点方案，制定采样计划，确定检测指标和实验室分析方法，开展现场采样与实验室检测，明确现场和实验室质量与质量控制要求。

（3）土壤重金属污染修复效果评估。

根据检测结果，评估土壤修复是否达到修复目标或可接受水平。对于土壤修复效果，可采用逐一对比和统计分析的方法进行评估，若达到修复效果，则根据情况提出后期环境监管建议并编制修复效果评估报告，若未达到修复效果，则应开展补充修复。

二、农田重金属污染治理与修复技术研究类项目评价建议

在基础研究方面，围绕农业重金属污染防治的理论创新，重点开展农田和农产品重金属源解析与污染特征研究、农田系统重金属迁移转化和安全阈值研究以及农田地质高背景重金属污染机制研究等3项研究。

在关键技术研发方面，聚焦农田重金属污染全方位防治与修复关键技术瓶颈，重点开展农田重金属污染阻隔和钝化技术与材料研发、重金属污染农田的植物萃取技术/产品与装备研发、农业面源和重金属污染监测技术与监管平台、低积累作物品种筛选与超富集植物间套作修复技术研发、农田重金属污染地球化学工程修复技术研发、重金属污染耕地安全利用技术与产品研发以及农业面源和重金属污染检测技术设备研发及标准研制等7项研究。

在集成示范应用方面，针对农业重金属污染的典型生态区，部署京津冀设施农业面源和重金属污染防治与修复技术示范、长江下游面源和重金属污染综合防治与修复技术示范、珠三角镉砷和面源污染农田综合防治与修复技术示范等9项研究。

根据专项项目的设置原则和总体目标、兼顾各类项目的差异性，以及不同地区的污染特性，项目验收评价时建议采取分类、分区评价的方式进行：

（一）基础研究类

1. 考核成果目标

创新性论文、专著、发明专利、标准草案。

2. 评价大类指标

分为基础性评价和专业性评价，百分制。设立具体性考核指标，建立权重指数，侧重

同行专家评价。根据分类评分和权重指数，合成总评价分值。在指标设置上，分为以下几种：

（1）基础性评价。

主要考察项目总体目标的完成情况，根据任务目标设立具体指标和赋分标准。

（2）专业性评价。

主要考察成果的前瞻性、创新性、影响力和传播力。根据专家判断建立具体指标和赋分标准。

①成果前瞻性：主要考察学术的前沿动态把控、洞察力等。

②成果创新性：主要考察成果的创新度，包括原始创新、集成创新以及吸收转化再创新能力。即理论创新、技术方法创新等等。

③成果影响力与传播力：主要考察成果在行业领域的影响力与扩散度。

3. 考核方式（采取专家评断与第三方相结合方式建立权重指数，合成评价总分，侧重专家评价）

（1）专家菲尔德法评价。

组建同行专家评议组，由专家组对项目组提交的代表作成果进行技术性评价，包括基础性评价、专业性评价。

（2）第三方查新评价。

主要委托成果查新机构提交书面评价报告后由专家组进行专业性评价。

4. 考核路径

项目组在全面总结项目任务目标完成的基础上，提交不超过5件的代表性成果进行专业性评价。

（二）关键共性技术

1. 考核成果目标

关键技术、产品和专利。

2. 评价大类指标

分为基础性评价和专业性评价，百分制。设立具体性考核指标，建立权重指数，兼顾同行专家和第三方评价。根据分类评分和权重指数，合成总评价分值。在指标设置上，分为：

（1）基础性评价。

主要考察项目总体目标的完成情况，根据任务目标设立具体指标和赋分标准。

（2）专业性评价。

主要考察成果的创新度、成熟度和经济成本。根据专家判断建立具体指标和赋分标准。

①关键技术或产品的创新度。主要考察关键技术的创新性、先进性、环境友好程度等。

②关键技术或产品的成熟度。主要考察关键技术或产品本身的技术成熟度、可靠性等。

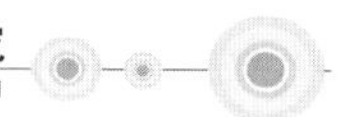

③关键技术或产品的经济成本。主要考察关键技术或产品的经济适用成果以及潜在的市场服务能力等。

3. **考核方式**（采取专家评断与第三方用户相结合方式建立权重指数，合成评价总分，兼顾同行专家和第三方评价）

（1）专家菲尔德法评价。

组建同行专家评议组，由专家组对项目组提交的代表作成果进行技术性评价，包括基础性评价、专业性评价。

（2）第三方评价。

主要委托市场用户进行客观性评价后提交书面报告，由专家组进行专业性评价。

4. 考核路径

项目组在全面总结项目任务目标完成的基础上，提交不超过5件的关键技术或产品清单，包括技术创新度、创新指数、技术参数、经济成本、推广使用证明等进行客观性评价。

（三）推广示范类

1. 考核成果目标

技术集成模式和推广应用情况

2. 评价大类指标

分为基础性评价和专业性评价，百分制。设立具体性考核指标，建立权重指数，侧重第三方用户评价。根据分类评分和权重指数，合成总评价分值。在指标设置上，分为以下几种：

（1）基础性评价。

主要考察项目总体目标的完成情况，根据任务目标设立具体指标和赋分标准。

（2）专业性评价。

主要考察成果的技术或模式的集成度、推广应用情况。根据专家判断建立具体指标和赋分标准。

①技术或模式集成度：主要考察本专项第一、第二类研究技术或者其他技术的集成度、技术或模式集成的科学性、合理性等。

②技术模式推广应用：主要考察技术或模式的推广应用情况，包括技术或模式的经济性、环境友好性、推广区域与面积、社会经济与生态效益等。

3. **考核方式**（采取专家现场考评与第三方相结合的方式建立权重指数，合成评价总分，侧重第三方用户评价）

（1）第三方用户评价。

根据项目不同实施区域，选由行业主管部门、行业重点用户（农业环保站、农业企业或者农业合作社）、相关技术公司代表等组成的第三方用户评价组，结合地方主管部门等第三方应用证明等材料，对技术模式推广应用情况进行评价和现场考察，做出计分评价。

（2）专家菲尔德法评价。

组建同行专家评议组，听取项目组汇报并对提交的技术或模式及程度进行技术性评价，并在现场考察后做出计分评价。

4. 考核路径

项目组在全面总结项目任务目标完成的基础上，提交3件技术集成模式进行专业性评价（按照各项目任务书对模式的要求进行评价），并组织专家和用户现场考察。

第五章　农业面源和重金属污染专项评价指标体系研究

一、评价指标体系建立原则

为进一步提高科技计划项目组织管理水平，促进项目实施取得实实在在的成效，从而正确把握解决科技问题和产业问题的需求，满足国家、行业和产业的需要，切切实实发挥好农业科技项目在推进现代农业主战场建设中的积极作用，优化项目未来和整体布局，项目管理部门应对科技计划项目实施进行系统性科学地评价，促进形成以政府为引导、以项目实施单位为依托、以企业为主体、以第三方机构为监管评估的科技创新体，提高我国重大科技项目的创新能力以及与产业协同发展的技术转化力，促进社会、经济、生态环境效益共赢。

建立完善的评价指标体系是科学、合理、公正地评价项目完成情况的重要保证，是准确评价项目完成指标和实施效果的一种有效方法。因此，在建立评价指标体系时，应从实际情况出发，并恪守以下原则：

1. 客观性原则

考核体系务必实事求是，应能准确反映项目的完成情况，要克服主观因素的影响，对各种指标的考核做到清晰、准确。

2. 系统性和层次性原则

评价指标体系应从系统角度考虑各指标的相关性、层次性和目标性以及指标的合理匹配，形成有机的整体，实现全面、科学的评价。

3. 简明科学性原则

评价指标体系必须能够明确地反映目标与指标间的相关关系，指标体系的大小也须适宜。

4. 多类型多层次设置原则

由于项目类型以及承担科研的部门不同，指标体系的设置要适应不同项目评价的需要，不同类型的项目要根据不同的标准和考核依据来设置指标，要充分考虑不同类型项目、不同类型成果之间横向比较的需要，同时应注意不同类型、不同层次指标之间的衔接。

5. 可操作性原则

在遵循全面系统性原则的基础上，对指标应尽可能简化，对定量指标要保证其可信度，对定性指标应尽量适用，或选择那些能间接赋值或计算予以转化的定量指标。

二、重点专项绩效管理与评价体系研究

经过一个世纪的演变，国外绩效评价理论已经形成了一个丰富的体系，众多文献蕴涵了

最前沿的管理思想，绩效评价理论的发展体现出世界经济环境持续变化的要求。构建适合重点专项项目特点的绩效评价模型指标体系，重点需要从以下几点进行深入考虑与研究。

（一）重点专项绩效评价与其他项目绩效评价的区别

与工程建设项目的绩效评价相比，目前对重点科技类专项项目的绩效评价还缺乏技术规范、质量标准和成本信息以及选择合理的评价方法，很难进行技术水平、质量水平和成本合理性的定量评价。

与非工程类其他项目的绩效评价项目相比，重点科技类专项项目的绩效评价对项目质量的要求高于价格要求，定量的质量评价要求重点专项项目的管理从项目合同的内容到验收报告的结论，都要对质量管理水平有详细、明确的记录。

（二）重点专项经费导向必须体现政策含义

重点科技类专项的宗旨就是集中力量解决国家重大战略科技问题，主要采取无偿资助，形成多元化投入机制，引导各方资本投入事关国计民生的重大社会公益性研究以及事关产业核心竞争力、整体自主创新能力和国家安全的战略性、基础性、前瞻性重大科学问题研究、重大共性关键技术和产品研发、重大国际科技合作的领域中来。因此，重点专项主要体现国家战略导向。而绩效评价指标体系的运用是为了提高经费的使用效益，为重点专项顺利实施提供更加有效的保障和支撑。

（三）指标的构建必须考虑到专项组织实施的特点

重点专项体现“全链条”设计和“一体化”组织实施的特点，突出科研项目分类管理分类实施、整体系统化全链条的思想。不同类型、不同导向特点的项目在经费使用中的实施主体情况有所不同。项目不同阶段的研发内容和重点目标也不尽相同，指标体系的构建也有所不同。项目类型从基础前沿、重大共性关键技术到应用示范研究，项目目的性则从发现、解决到发明逐步递进。在进行指标构建的过程中，考虑的重点也需要从研究产出、研究成果到成果转化有所侧重。

（四）定量指标与定性指标的选择

依据现在重点专项项目管理的现状，还很难达到定量评价重点专项项目质量水平的要求。目前，对重点专项项目经费的审计工作，也主要考虑专项经费使用是否符合相关规定，而对于重点专项项目实施结果所体现的项目经费使用效率，则一般不做评价。虽然量化的绩效考核指标在表达方式上比一般的定性指标更直观，但也不能因为硬性指标不达标就对项目实施做出简单的判断。

三、农田污染治理工作评价体系

（一）农田污染治理

通过源头控制、土壤改良、物理修复、微生物修复、植物修复等措施，改善受有毒有

害化学/生物污染物污染的农田土壤环境质量，减少农产品中污染物残留累积量，降低农产品污染物超标风险，去除或减少对后茬作物的药害作用。

（二）农田污染治理效果

农田污染治理措施对农产品可食部位中有毒有害化学/生物污染物含量降低所起的作用分为当季效果和整体效果两类。当季效果指治理措施实施后对种植的第一季农产品可食部位污染物含量所产生的效果；整体效果指根据连续2年（第三批启动的示范项目可根据实际年度考核指标改为连续2季）的每季治理效果，综合评价后所得出的治理区域内耕地污染整理治理效果。根据不同项目类型，农田污染治理效果评价满足下列条件之一即可。

1. 治理效果分为二个等级，达标和不达标

达标表示治理效果已经达到了目标，即实现农田典型有毒有害污染物残留率有效降低程度达到申报指南要求，或者生产农产品质量符合食品安全国家标准。不达标表示耕地污染治理均未达到以上目标。

2. 根据治理区域连续2年的治理效果等级，综合评价耕地污染治理整体效果

①耕地污染治理效果不能影响当茬或下茬作物正常生长。

②耕地污染治理措施不能对耕地或地下水造成二次污染。治理所使用的修复材料、土壤调理剂等投入品中有毒有害化学物含量，不能超过土壤限量值，或者治理区域耕地土壤中对应元素的含量。

③耕地污染治理措施不能对治理区域内主要农产品产量产生严重的负面影响。种植结构未发生改变的，治理区域农产品单位产量（折算后）与治理前同等条件对照相比减产幅度应有所改善。

（三）评价方法与范围

通过评价治理区域内耕地及农产品可食部位中目标污染物含量变化情况，以及后茬作物生长情况，反映治理措施对耕地污染治理的效果，得出治理区域内耕地污染治理的总体评价结论。评价范围与治理范围相一致。

（四）采样与实验室检测分析

结合目前国家、地方、行业相关农药等污染物残留检测标准方法或文献中已报到的可获取的新型污染物残留检测方法，开展现场采样和实验室分析工作。

1. 土壤修复效果评估方法

可采用逐一对比和统计分析的方法进行土壤修复效果评估。

当样品数量<8个时，应将样品检测值与修复效果评估标准值逐个对比。若样品检测值低于或等于修复效果评估标准值，则认为达到修复效果；若样品检测值高于修复效果评估标准值，则认为未达到修复效果。

当样品数量≥8个时，可采用统计分析方法进行修复效果评估。一般采用样品均值的95%置信上限与修复效果评估标准值进行比较，下述条件全部符合方可认为地块达到修复效果。样品均值的95%置信上限小于等于修复效果评估标准值；样品浓度最大值不超过修复效果评估标准值的2倍。

若采用逐个对比方法，当同一检测指标平行样数量≥4组时，可结合 t 检验分析采样和检测过程中的误差，确定检测值与修复效果评估标准值的差异。若各样品的检测值显著低于修复效果评估标准值或与修复效果评估标准值差异不显著，则认为该地块达到修复效果；若某样品的检测结果显著高于修复效果评估标准值，则认为地块未达到修复效果。

原则上统计分析方法应在单个基坑或单个修复范围内分别进行。

2. 评价时段

在治理后（对于长期治理的，在治理周期后）2年内的每季作物收获时，开展耕地污染治理效果评价，根据2年内每季评价结果，做出评价结论。

（五）农田污染修复验收工作程序

农田污染修复验收工作程序见图5-1。

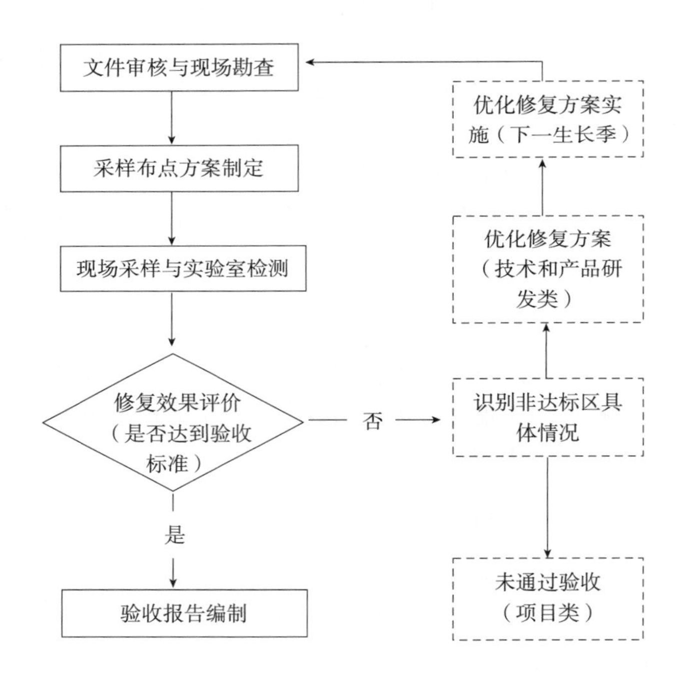

图5-1　农田污染修复验收工作程序

四、专项考核评价指标体系

根据《国家重点研发计划项目综合绩效评价指标体系》，国家重点研发计划项目综合绩效评价，采用表5-1至表5-3中指标进行分类评价。

表 5-1　基础研究与应用技术研究类项目

一级指标	二级指标	考核要点	评价标准
项目目标、考核指标完成情况等（55分）	项目目标、考核指标完成情况等（55分）	对照任务书考核项目任务目标和考核指标的完成情况	全部完成（55分）； 大多数完成（30～54分）； 关键、核心考核指标未完成（0分）
成果水平、创新性、应用前景及示范推广情况（30分）	原创性和科学价值（20分）	重点考核代表性成果（新发现、新方法、新规律） 是否在国内外首次阐明； 是否解决本领域公认的重大科学问题或经济社会发展和国家安全重大需求中的关键科学问题	国内外首次阐明的重大发现与原始创新或解决本领域公认的重大科学问题或经济社会发展和国家安全重大需求中的关键科学问题（18～20分）； 重要发现与创新或解决重要科学问题（12～17分）； 一般发现与创新或解决一般科学问题（1～11分）； 基本没有创新或未解决科学问题（0分）
	影响力（10分）	包括但不限于： 代表性成果的评价情况； 正式出版的学术专著在国内外学术界所处的地位； 重要学术会议报告； 被引入教科书情况； 科普工作情况	学术观点和思路被学术界公认，广泛引用验证（如代表性论文的正面他引频次全球排名高）或对经济、社会、文化产生了重大影响（9～10分）； 学术观点和思路被学术界承认，引用验证（如代表性论文的正面他引频次全球排名较高）或对经济、社会、文化产生了重要影响（6～8分）； 学术观点和思路被学术界部分引用验证（如代表性论文的正面他引频次全球排名一般）或对经济、社会、文化产生了一定影响（3～5分）； 学术观点和思路被学术界引用较少，未被引用验证（如代表性论文的正面他引频次全球排名较低）或对经济、社会、文化产生影响较小（0～2分）
组织管理、人才培养、数据共享、科技报告呈交、技术档案归档等情况（15分）	项目组织与数据档案管理（10分）	1）组织管理情况： 项目管理制度建设和落实情况； 项目重大、重要调整报批情况。 2）数据档案管理情况： 项目资料归档情况； 科技报告呈交情况； 科学数据汇交情况	项目管理规范，组织有力，按规定高质量完成科技报告、数据汇交和档案归档等工作（8～10分）； 项目管理比较规范，组织比较有力，较好完成科技报告、数据汇交和档案归档等工作（5～7分）； 项目管理基本规范，组织情况一般，基本完成科技报告、数据汇交和档案归档等工作（1～4分）； 项目管理不规范，组织不力，未按规定完成科技报告或数据汇交或档案归档等工作，未按要求报批重大、重要调整事项（有其中一种情况即计0分）
	团队建设及人才培养（5分）	对国内科研团队水平的提升和人才培养的贡献 团队水平提升情况； 人才培养情况	团队整体水平提升明显，培养了一批高层次中青年人才（4～5分）； 团队整体水平有一定提升，培养了一定数量的人才（1～3分）； 团队整体水平提升较小，培养人才较少（0分）

表 5-2　技术和产品开发类项目

一级指标	二级指标	考核要点	评价标准
项目目标、考核指标完成情况等（55分）	项目目标、考核指标完成情况等（55分）	对照任务书考核项目任务目标和考核指标的完成情况	全部完成（55分）； 大多数完成（30～54分）； 关键、核心考核指标未完成（0分）
成果水平、创新性、应用前景及示范推广情况（30分）	成果质量（20分）	考核代表性成果（新技术、新方法、新产品、关键部件）的创新性、先进性和成熟度，具体如下： 1）创新性： 是否产生自主知识产权或先进技术标准； 是否突破本领域的关键核心技术，是否解决经济社会发展的共性技术。 2）先进性： 与国内外同类技术（方法、产品、关键部件）比较，代表性成果总体技术水平、重要性能（性状）指标、工艺参数等指标所处的地位。 3）成熟度： 形成生产能力或达到实际应用的程度，包括稳定性、可靠性、适用性等	1）创新性（共8分）： 有重大突破或颠覆性创新（7～8分）； 在原有基础上有明显突破或创新（4～6分）； 创新程度一般（1～3分）； 基本没有创新（0分）。 2）先进性（共8分）： 性能、性状、参数等指标领先于同类技术水平（7～8分）； 性能、性状、参数等指标达同类技术先进水平（4～6分）； 性能、性状、参数等指标接近同类技术水平（1～3分）； 性能、性状、参数等指标未达到同类技术水平（0分）。 3）成熟度（共4分）： 技术成熟度高，已经实现规模生产或实际应用（4分）； 技术比较成熟，可以在较大范围内实际生产或应用（3分）； 技术基本成熟，能够进行实际生产或应用（1～2分）； 技术不够成熟，尚不能进行实际生产或应用（0分）
	影响力（10分）	包括但不限于： 用户数量及增长性； 经济规模及效益增长性； 用户及市场反馈； 形成新产业、新产品、新工艺等情况； 是否对产业转型升级产生影响； 是否促进新兴产业的产生； 是否对市场竞争力的提升产生影响，包括适应市场需求、打破国际市场垄断； 科普工作情况	根据项目任务书，确定该项目是否有产业化要求，然后从下列选择一种标准进行打分： 1）有产业化要求的项目已经实现转化应用，产生了重大经济、社会效益，对产业发展产生了重大影响或预期有广阔的应用前景（9～10分）： 已经实现转化应用，产生了较大经济、社会效益，对产业发展产生了较大影响（6～8分）； 基本实现转化应用，产生了一定经济、社会效益，对产业发展产生了一定影响（3～5分）； 尚未实现转化应用，预期对产业发展有一定影响（0～2分）。 2）有产业化要求的项目： 预期能够产生重大的经济、社会效益，对产业发展能够有重大影响（9～10分）； 预期有产生经济、社会效益的潜力，对产业发展有一定影响（6～8分）； 预期经济、社会效益较小，对产业发展影响较小（3～5分）； 预期不能产生经济、社会效益，但预期对产业发展有一定影响（0～2分）

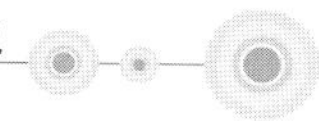

（续）

一级指标	二级指标	考核要点	评价标准
组织管理、人才培养、数据共享、科技报告呈交、技术档案归档等情况（15分）	项目组织与数据档案管理（10分）	1）组织管理情况： 项目管理制度建设和落实情况； 项目重大、重要调整报批情况。 2）数据档案管理情况： 项目资料归档情况； 科技报告呈交情况； 科学数据汇交情况	项目管理规范，组织有力，按规定高质量完成科技报告、数据汇交和档案归档等工作（8～10分）； 项目管理比较规范，组织比较有力，较好完成科技报告、数据汇交和档案归档等工作（5～7分）； 项目管理基本规范，组织情况一般，基本完成科技报告、数据汇交和档案归档等工作（1～4分）； 项目管理不规范，组织不力，未按规定完成科技报告或数据汇交或档案归档等工作，未按要求报批重大、重要调整事项（有其中一种情况即计0分）
	团队建设及人才培养（5分）	对国内科研团队水平的提升和人才培养的贡献： 团队水平提升情况； 人才培养情况	团队整体水平提升明显，培养了一批高层次中青年人才（4～5分）； 团队整体水平有一定提升，培养了一定数量的人才（1～3分）； 团队整体水平提升较小，培养人才较少（0分）

表 5-3　应用示范类项目

一级指标	二级指标	考核要点	评价标准
项目目标、考核指标完成情况等（55分）	项目目标、考核指标完成情况等（55分）	对照任务书考核项目任务目标和考核指标的完成情况	全部完成（55分）； 大多数完成（30～54分）； 关键、核心考核指标未完成（0分）
成果水平、创新性、应用前景及示范推广情况（30分）	成果质量（20分）	考核项目的集成性、先进性、示范效果或规模化程度等，具体如下： 1）集成性，从以下方面考核： 集成技术的综合性和完整性； 技术的适应性、可操作性、接受度； 是否具有相应的技术标准。 2）先进性，重点考核以下内容： 与市场已有同类技术比较的先进性； 与国内外同类技术（方法、产品、关键部件）比较，代表性成果总体技术水平、主要性能（性状）指标、工艺参数等指标所处的地位； 是否解决了区域技术瓶颈、技术效果是否突出。 3）示范效果或规模化程度，重点考核以下内容： 是否成为本领域、本行业的标杆； 是否形成可复制、可推广的经验； 项目推广应用的规模和范围	1）集成性（共5分）： 技术集成性程度高（5分）； 技术集成性程度较高（3～4分）； 技术集成性程度一般（0～2分）。 2）先进性（共5分）： 性能、性状、参数等指标领先于同类技术水平（5分）； 性能、性状、参数等指标达到或接近同类技术先进水平（3～4分）； 性能、性状、参数等指标未达到同类技术水平（0～2分）。 3）示范效果或规模化程度（共10分）： 成为本领域、本行业的标杆，已在本领域广泛推广应用，并形成大量的可复制、推广的经验（9～10分）； 实现了较大规模的推广应用，并形成了一定的可复制、推广的经验（6～8分）； 实现了一定规模的推广应用，并形成了部分的可复制、推广的经验（3～5分）； 推广规模和范围较小，尚未形成可复制、推广的经验（0～2分）

（续）

一级指标	二级指标	考核要点	评价标准
成果水平、创新性、应用前景及示范推广情况（30分）	经济、社会效益和影响（10分）	包括但不限于： 用户数量及增长性； 经济规模及效益增长性； 用户及市场反馈； 形成新产业、新产品、新工艺等情况； 是否对产业转型升级产生影响； 是否促进新兴产业的产生； 是否对市场竞争力的提升产生影响，包括适应市场需求、打破国际市场垄断； 科普工作情况	已经实现转化应用，产生了重大经济、社会效益，对产业发展产生了重大影响（9～10分）； 已经实现转化应用，产生了较大经济、社会效益，对产业发展产生了较大影响（6～8分）； 基本实现转化应用，产生了一定经济、社会效益，对产业发展产生了一定影响（3～5分）； 尚未实现转化应用，预期会有一定经济、社会效益（0～2分）
组织管理、人才培养、数据共享、科技报告呈交、技术档案归档等情况（15分）	项目组织与数据档案管理（10分）	1）组织管理情况： 项目管理制度建设和落实情况； 项目重大、重要调整报批情况。 2）数据档案管理情况： 项目资料归档情况； 科技报告呈交情况； 科学数据汇交情况	项目管理规范，组织有力，按规定高质量完成科技报告、数据汇交和档案归档等工作（8～10分）； 项目管理比较规范，组织比较有力，较好完成科技报告、数据汇交和档案归档等工作（5～7分）； 项目管理基本规范，组织情况一般，基本完成科技报告、数据汇交和档案归档等工作（1～4分）； 项目管理不规范，组织不力，未按规定完成科技报告或数据汇交或档案归档等工作，未按要求报批重大、重要调整事项（有其中一种情况即计0分）
	团队建设及人才培养（5分）	对国内科研团队水平的提升和人才培养的贡献： 团队水平提升情况； 人才培养情况	团队整体水平提升明显，培养了一批高层次中青年人才（4～5分）； 团队整体水平有一定提升，培养了一定数量的人才（1～3分）； 团队整体水平提升较小，培养人才较少（0分）

五、项目综合绩效评价流程

（一）提交材料

项目牵头单位和项目负责人应在项目执行期结束后3个月内完成项目综合绩效评价材料准备工作，并通过国家科技管理信息系统公共服务平台向专业机构提交如下材料：

（1）项目综合绩效自评价报告。

（2）项目内所有下设课题相关绩效评价材料及绩效评价意见。

（3）项目实施过程中形成的知识产权和技术标准情况，包括专利、商标、著作权等知

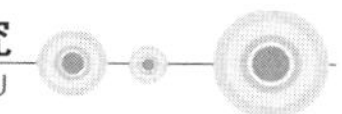

识产权的取得、使用、管理、保护等情况，国际标准、国家标准、行业标准等研制完成情况以及清单。

（4）项目任务相关的第三方检测报告或用户使用报告。

（5）成果管理和保密情况，说明研究过程中公开发表论文和宣传报道、对外合作交流、接受外方资助等情况；保密项目和拟对成果定密的非保密项目还需说明成果定密的密级和保密期限建议、研究过程中保密规定执行情况等。

（6）任务书中约定应呈交的科技报告。

（7）科技资源汇交方案，根据《国务院办公厅关于印发科学数据管理办法的通知》的要求和指南规定需要汇交的数据，应提交由有关方面认可的科学数据中心出具的汇交凭证；对于项目实施过程中形成的科技文献、科学数据、具有宣传与保存价值的影视资料、照片图表、购置使用的大型科学仪器、设备、实验生物等各类科技资源，应提出明确的处置、归属、保存、开放共享等方案。

（8）审计报告和相关补充说明材料等（审计报告由会计师事务所上传）。

（二）绩效评价

专业机构将在收到项目综合绩效评价材料后6个月内完成项目综合绩效评价：

1. 评前审查

收到综合绩效评价材料后，专业机构将组织开展评前审查。审查工作可委托第三方评估机构（以下简称评估机构）开展。评估机构应具备国家科技计划项目（课题）资金审核工作经验，熟悉国家科技计划和资金管理政策，建立了相关领域的科技专家队伍，拥有专业的人才队伍等。

审查重点包括：

（1）项目资料的完整性、合规性。

（2）项目审计报告反映的问题是否准确、客观、全面，并填写审计报告质量评价表。

（3）对资金管理存在的问题组织进行整改，要求项目牵头单位组织各课题承担单位于15个工作日内提交整改材料，如未按时提交整改材料，且无正当理由的，按相关支出不合理认定。

（4）对整改后各课题专项资金的收支及结余情况进行调整并出具审查意见。

审查工作应在收到项目确认的综合绩效评价资料后25个工作日内完成评价前的审查工作。

2. 专家评议

（1）专业机构应按照科研项目绩效分类评价要求，根据不同项目类型，组织项目综合绩效评价专家组，采用同行评议、第三方评估和测试、用户评价、用户调查等方式开展综合绩效评价工作，如有需要可现场核查。对于具有创新链上下游关系或关联性较强的相关项目，应有整体设计，强化对一体化实施绩效的考核。

为便于有关部门及时掌握专项实施成效、推动后续成果的转化应用，项目综合绩效评价时一般邀请科技部计划管理司局、业务司局等相关司局和有关部门、地方参加。

（2）项目综合绩效评价专家组实行回避制度和诚信承诺。专家组包含技术专家和财务专家等，组长由技术专家担任，副组长由财务专家担任，总人数一般不少于10人（财务专家一般不超过3人）。原则上从国家科技专家库中选取。其中：技术专家应包括重点专项专家委员会专家和专业机构聘请的项目责任专家，其构成应体现科研项目绩效分类评价要求，并充分听取专项参与部门意见；财务专家可特邀不超过3人。

（3）开展项目综合绩效评价时，专家组在审阅资料、听取汇报和质询等基础上，结合项目年度、中期执行情况等信息，进行审核评议。

在项目任务方面，根据科研项目绩效分类评价的要求，重点对项目目标和考核指标完成情况、研究成果的水平及创新性、成果示范推广及应用前景、项目组织管理和内部协作配合、人才培养等情况进行评价。

在资金方面，重点对资金到位与拨付情况、会计核算与资金使用情况、预算执行与调整等情况进行评议，在此基础上确定课题专项资金结余，并由财务专家填写专家个人、专家组课题资金评议打分表。

（4）技术专家填写项目综合绩效评价专家个人意见表，专家组出具项目综合绩效评价专家组意见表。项目综合绩效评价结论分为通过、未通过和结题三类。对于通过综合绩效评价的项目，绩效等级分为优秀、合格两档。

①按期保质完成项目任务书确定的目标和任务，为通过。

②因非不可抗拒因素未完成项目任务书确定的主要目标和任务，为未通过。

③因不可抗拒因素未完成项目任务书确定的主要目标和任务的，按结题处理。

④未按任务书约定提交科技报告或未按期提交材料的，提供的文件、资料、数据存在弄虚作假的，未按相关要求报批重大调整事项的，项目牵头单位、课题承担单位、参与单位或个人存在严重失信行为并造成重大影响的，拒不配合综合绩效评价工作或逾期不开展课题绩效评价的，均按未通过处理。

3. 绩效评价等级划分

对于通过综合绩效评价的项目，平均得分60～90分（含），绩效等级为合格；平均得分60分及以下的，绩效等级为不合格。

由专业机构根据综合绩效评价情况以及日常跟踪管理情况，在平均得分90分以上的项目中，确定绩效等级为优秀的项目，且每个重点专项中，绩效等级为优秀的项目比例不超过15%。

4. 绩效评价结果使用

对综合绩效评价为优秀的项目，专业机构在今后同类项目申报中予以项目主持单位、主持人优先推荐。

对综合绩效评价为不合格的项目，专业机构在今后同类项目申报中对项目主持单位和项目主持人不予推荐。

参考文献

[1] 施卫明，尹斌，刘宏斌，等．农田氨挥发测定方法［Z］．中国科学院南京土壤研究所、西北农林科技大学、中国农业科学院农业资源与农业区划研究所等，2017.

[2] 国家卫生和计划生育委员会　农业部．食品中农药最大残留限量：GB 2763—2019［S］．北京：中国标准出版社，2014.

[3] 蔡晓钰，姜宇，蒋宝南，等．分散固相萃取-气相色谱法测定土壤中的高效氯氰菊酯残留［J］．上海农业学报，2018，34（1）：101-105.

[4] 刘春梅．吡虫啉和溴虫腈在节瓜和土壤中的残留及膳食风险评估［D］．武汉：华中农业大学，2014.

[5] 路彩红，刘新刚，董丰收，等．烯啶虫胺在棉花和土壤中的残留及消解动态［J］．环境化学，2010，29（4）：614-618.

[6] 林靖凌，韩丙军，张月．香蕉和土壤中戊唑醇和咪鲜胺的 HPLC 分析［J］．湖北农业科学，2013（12）：2909-2910，2916.

[7] 田发军，吴艳兵，刘新刚，等．甲草胺在水稻上的残留及消解动态［J］．植物保护，2016（6）：105-109.

[8] 赵锋，刘思宏，黄璐璐，等．气相色谱法检测丁草胺和乙氧氟草醚在甘蔗与土壤中的残留量［J］．农药，2016，55（8）：597-599.

[9] 刘少平，龚道新，何宗桃．异丙甲草胺在烟叶和土壤中的残留动态研究［J］．湖南农业科学，2010（5）：88-90.

[10] 叶贵标，张微，崔昕，等．高效液相色谱/质谱法测定土壤中 10 种磺酰脲类除草剂多残留［J］．分析化学，2006（9）：1207-1212.

[11] 张盈，李晓刚，徐军，等．分散固相萃取-超高效液相色谱-串联质谱联用快速检测大豆及土壤中氟磺胺草醚残留［J］．环境化学，2012，31（9）：1399-1404.

[12] 陈莉，李文华，王学东，等．二甲戊灵在两种土壤及马铃薯中的残留降解动态［J］．中国土壤与肥料，2014（5）：90-94.

[13] 农业部．农田土壤环境质量监测技术规范：NY/T 395—2012［S］．北京：中国农业出版社，2012.

[14] Burridge J C，Hewitt I J. A comparison of two soil - extraction procedures for the determination of edta - extractable copper and manganese［J］. Communications in Soil Science & Plant Analysis，1987，18（3）：301-310.

[15] Nastaran M，Alain B. EDTA in soil science：A review of its application in soil trace metal studies［J］. Terrestrial and Aquatic Environmental Toxicology，2009，3（1）：1-15.

[16] Fabregat-Cabello Neus, Rodríguez-González Pablo, Castillo Ángel, et al. Fast and Accurate Procedure for the Determination of Cr (VI) in Solid Samples by Isotope Dilution Mass Spectrometr y [J]. Environmental Science & Technology, 2012, 46 (22): 12542-12549.

[17] 生态环境部 国家市场监督管理总局. 土壤环境质量 农用地土壤污染风险管控标准（试行）：GB 15618—2018 [S]. 北京：中国标准出版社，2018.

[18] 国家卫生和计划生育委员会 国家食品药品监督管理总局 食品安全国家标准 食品中污染物限量：GB 2762—2017 [S]. 北京：中国标准出版社，2017.

[19] 农业部. 土壤调理剂 通用要求：NY/T 3034 [S]. 北京：中国农业出版社，2017.

[20] 农业部. 土壤调理剂 效果试验和评价要求：NY/T 2271 [S]. 北京：中国农业出版社，2016.

[21] 骆永明，吴龙华，胡鹏杰，等. 镉锌污染土壤的超积累植物修复研究 [M]. 第一版. 北京：科学出版社，2015.

[22] Baker A J M. Accumulators and excluders - strategies in the response of plants to heavy metals [J]. Journal of Plant Nutrition, 1981, 3 (1-4): 643-654.

[23] Wei S H, Zhou Q X. Identification of weed species with hyperaccumulative characteristics of heavy metals [J]. Progress in Natural Science, 2004, 14 (6): 495-503.

[24] 魏树和，周启星，王新，等. 一种新发现的镉超积累植物龙葵（Solanum nigrum L）[J]. 科学通报，2004，49 (24).

[25] 王玉军，陈能场，刘存，等. 土壤重金属污染防治的有效措施：土壤负载容量管控法——献给2015“国际土壤年”[J]. 农业环境科学学报，2015，34 (4)：613-618.

[26] 王玉军，吴同亮，周东美，等. 农田土壤重金属污染评价研究进展 [J]. 农业环境科学学报，2017，36 (12)：2365-2378.

[27] Cheng J L, Shi Z, Zhu Y W. Assessment and mapping of environmental quality in agricultural soils of Zhejiang Province, China [J]. Journal of Environmental Sciences, 2007, 19 (1).

[28] Chen C M. CiteSpace II: Detecting and visualizing emerging trends and transient patterns in scientific literature [J]. Journal of the Association for Information Science & Technology, 2006, 57 (3): 359-377.

[29] 郭伟，赵仁鑫，张君，等. 内蒙古包头铁矿区土壤重金属污染特征及其评价 [J]. 环境科学，2011 (10)：286-292.

[30] 郭跃品，吴国爱，付杨荣，等. 海南省胡椒种植基地土壤中重金属元素污染评价 [J]. 地质科技情报，2007 (4)：91-96.

[31] 马成玲，王火焰，周健民，等. 长江三角洲典型县级市农田土壤重金属污染状况调查与评价 [J]. 农业环境科学学报，2006 (3)：751-755.

[32] 史贵涛，陈振楼，许世远，等. 上海市区公园土壤重金属含量及其污染评价 [J]. 土壤通报，2006 (3)：490-494.

[33] 罗浪，刘明学，董发勤，等. 某多金属矿周围牧区土壤重金属形态及环境风险评测 [J]. 农业环境科学学报，2016，35 (8)：1523-1531.

[34] 陈涛，常庆瑞，刘京，等. 长期污灌农田土壤重金属污染及潜在环境风险评价 [J]. 农业环境科学学报，2012，31 (11)：2152-2159.

[35] 乔鹏炜，周小勇，杨军，等. 云南个旧锡矿区大屯盆地土壤重金属污染与生态风险评价 [J]. 地质通报，2014，33 (8)：1253-1259.

[36] 耿建梅，王文斌，温翠萍，等. 海南稻田土壤硒与重金属的含量、分布及其安全性 [J]. 生态学报，2012，32 (11)：3477-3486.

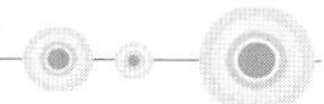

[37] 崔邢涛，栾文楼，石少坚，等．石家庄污灌区土壤重金属污染现状评价［J］．地球与环境，2010，38（1）：36-42.

[38] 郭朝晖，肖细元，陈同斌，等．湘江中下游农田土壤和蔬菜的重金属污染［J］．地理学报，2008（1）：3-11.

[39] 孙清斌，尹春芹，邓金锋，等．大冶矿区土壤-蔬菜重金属污染特征及健康风险评价［J］．环境化学，2013，32（4）：671-677.

[40] 张云，张宇峰，胡忻．南京不同功能区街道路面积尘重金属污染评价与源分析［J］．环境科学研究，2010，23（11）：1376-1381.

[41] 郭伟，孙文惠，赵仁鑫，等．呼和浩特市不同功能区土壤重金属污染特征及评价［J］．环境科学，2013，34（4）：1561-1567.

[42] 师荣光，高怀友，赵玉杰，等．基于 GIS 的混合加权模式在天津城郊土壤重金属污染评价中的应用［J］．农业环境科学学报，2006（S1）：17-20.

[43] 张秀芝，鲍征宇，唐俊红．富集因子在环境地球化学重金属污染评价中的应用［J］．地质科技情报，2006（1）：65-72.

[44] Zoller W H，Gladney E S，Duce R. A. Atmospheric Concentrations and Sources of Trace Metals at the South Pole［J］. Science，1974，183（4121）：198-200.

[45] Loska Krzysztof，A Danuta Wiechu，Korus Irena. Metal contamination of farming soils affected by industry［J］. Environment International，2004，3（2）：159-165.

[46] Pagotto C，Rémy N，Legret M，et al. Heavy Metal Pollution of Road Dust and Roadside Soil near a Major Rural Highway［J］. Environmental Technology，2001，22（3）：307-319.

[47] Hernandez Laura，Probst Anne，Probst JeanLuc，et al. Heavy metal distribution in some French forest soils：evidence for atmospheric contamination［J］. Science of the Total Environment，2003，312（1）：195-219.

[48] Ragaini R C，Ralston H R，Roberts N. Environmental trace metal contamination in Kellogg，Idaho，near a lead smelting complex［Air pollution］．［J］. Environmental Science and Technology，1977，11（8）：773-781.

[49] 陈岩，朱先芳，季宏兵，等．北京市得田沟和崎峰茶金矿周边土壤中重金属的粒径分布特征［J］．环境科学学报，2014，34（1）：219-228.

[50] 郭海全，郝俊杰，李天刚，等．河北平原土壤重金属人为污染的富集因子分析［J］．生态环境学报，2010，19（4）：786-791.

[51] Bhuiyan Mohammad A H，Parvez Lutfar，Islam M A，et al. Heavy metal pollution of coal mine-affected agricultural soils in the northern part of Bangladesh［J］. Journal of Hazardous Materials，2010，173（1-3）：384-392.

[52] Shotyk W，Blaser P，Grünig A，et al. A new approach for quantifying cumulative，anthropogenic，atmospheric lead deposition using peat cores from bogs：Pb in eight Swiss peat bog profiles［J］. Science of the Total Environment，2000，249（1）：281-295.

[53] 李娟娟，马金涛，楚秀娟，等．应用地积累指数法和富集因子法对铜矿区土壤重金属污染的安全评价［J］．中国安全科学学报，2006（12）：135-139.

[54] 滕彦国庹先国倪师军张成江．攀枝花工矿区土壤重金属人为污染的富集因子分析［J］．土壤与环境，2002（1）：13-16.

[55] G. Müller. Schwermetalle in den sedimenten des rheinsver nderungenseit 1971［J］. Umschau in Wissenschaft und Technik，1979，79（24）：778-783.

[56] 刘敬勇，常向阳，涂湘林，等．广东某硫酸冶炼工业区土壤铊污染及评价［J］．地质论评，2009，55（2）：242-250.

[57] 李倩，秦飞，季宏兵，等．北京市密云水库上游金矿区土壤重金属含量、来源及污染评价［J］．农业环境科学学报，2013，32（12）：2384-2394.

[58] Ji Y Q，Feng Y C，Ww J H，et al. Using geoaccumulation index to study source profiles of soil dust in China［J］. Journal of Environmental Sciences，2008，20（5）：571-578.

[59] Loska K，Wiechula D，Barska B. Assessment of arsenic enrichment of cultivated soils in Southern Poland［J］. Polish Journal of Environmental Studies，2003，12（2）：187-192.

[60] Gowd S. Srinivasa，Reddy M. Ramakrishna，Govil P. K. Assessment of heavy metal contamination in soils at Jajmau（Kanpur）and Unnao industrial areas of the Ganga Plain，Uttar Pradesh，India［J］. Journal of Hazardous Materials，2010，174（1-3）：113-121.

[61] 彭景，李泽琴，侯家渝．地积累指数法及生态危害指数评价法在土壤重金属污染中的应用及探讨［J］．广东微量元素科学，2007（8）：13-17.

[62] Håkanson Lars. The quantitative impact of pH，bioproduction and Hg-contamination on the Hg-content of fish（pike）［J］. Environmental Pollution，1980，1（4）：285-304.

[63] 刘坤，李光德，张中文，等．城市道路土壤重金属污染及潜在生态危害评价［J］．环境科学与技术，2008（2）：124-127.

[64] 陈江，张海燕，何小峰，等．湖州市土壤重金属元素分布及潜在生态风险评价［J］．土壤，2010，42（4）：595-599.

[65] Sun Y B，Zhou Q X，Xie X K，et al. Spatial，sources and risk assessment of heavy metal contamination of urban soils in typical regions of Shenyang，China［J］. Journal of Hazardous Materials，2009，174（1）.

[66] Hu Y A，Liu X P，Bai J M，et al. Assessing heavy metal pollution in the surface soils of a region that had undergone three decades of intense industrialization and urbanization［J］. Environmental Science and Pollution Research，2013，20（9）：6150-6159.

[67] 李军辉，卢瑛，张朝，等．广州石化工业区周边农业土壤重金属污染现状与潜在生态风险评价［J］．土壤通报，2011，42（5）：1242-1246.

[68] 杜平，马建华，韩晋仙．开封市化肥河污灌区土壤重金属潜在生态风险评价［J］．地球与环境，2009，37（4）：436-440.

[69] 生态环境部．污染地块风险管控与土壤修复效果评估技术导则（试行）：HJ25.5—2018［S］．北京：中国环境出版社，2018.

[70] 杨净，王宁．夹皮沟金矿开采区土壤重金属污染潜在生态风险评价［J］．农业环境科学学报，2013，32（3）：595-600.

[71] 金昭贵，周明忠．遵义松林 Ni-Mo 矿区耕地土壤的镉砷污染及潜在生态风险评价［J］．农业环境科学学报，2012，31（12）：2367-2373.

[72] 王玉军，刘存，周东美，等．一种农田土壤重金属影响评价的新方法：土壤和农产品综合质量指数法［J］．农业环境科学学报，2016，35（7）：1225-1232.

[73] 安志装，索琳娜，赵同科，等．农田重金属污染危害与修复技术［M］．北京：中国农业出版社，2018.

附　　录

附录 1　种植业典型地块抽样调查表

表 1　种植业典型地块抽样调查表

1. 农户户主姓名或规模种植主体		2. 联系电话		3. 种植面积	________亩
4. 地址	_____省（自治区、直辖市）_____（市、州、盟）_____县（区、市、旗）_____乡（镇）_____村			5. 行政区划代码	□□□□□□−□□□
6. 地块编码	DK□□□	7. 典型地块面积	____________（亩）	8. 地块坐标	①经度：_____°_____′_____″；②纬度：_____°_____′_____″
9. 地块种植模式	①模式名称________________；②模式代码________________			10. 种植绿肥	是□　否□
11. 第一季作物名称		12. 作物代码		13. 耕作方式	①免耕□　②少耕□　③常规翻耕□
14. 地膜覆盖量	________（kg/亩）	15. 灌溉方式	①漫灌□　②沟灌□　③畦灌□　④喷灌□　⑤滴灌□　⑥其他□__________		
16. 经济产量	________（kg/亩）	17. 秸秆产量	________（kg/亩）	18. 秸秆还田量	________（kg/亩）
19. 第二季作物名称		20. 作物代码		21. 耕作方式	①免耕□　②少耕□　③常规翻耕□
22. 地膜覆盖量	________（kg/亩）	23. 灌溉方式	①漫灌□　②沟灌□　③畦灌□　④喷灌□　⑤滴灌□　⑥其他□__________		
24. 经济产量	________（kg/亩）	25. 秸秆产量	________（kg/亩）	26. 秸秆还田量	________（kg/亩）
27. 第三季作物名称		28. 作物代码		29. 耕作方式	①免耕□　②少耕□　③常规翻耕□
30. 地膜覆盖量	________（kg/亩）	31. 灌溉方式	①漫灌□　②沟灌□　③畦灌□　④喷灌□　⑤滴灌□　⑥其他□__________		
32. 经济产量	________（kg/亩）	33. 秸秆产量	________（kg/亩）	34. 秸秆还田量	________（kg/亩）

注：如地块的种植季大于 3 季，填报单位可根据实际情况自行增加表格填写，种植季填写指标与 11～18 项指标相同。

普查员：________　联系电话：________________　县级审核员：________　联系电话：________________

填表日期：______年______月______日

户　　主：________

表 2　种植业典型地块抽样调查表——肥料施用情况

地块编码：□□□□□□-□□□-DK□□□

序号	1. 种植季	2. 作物名称	3. 作物代码	4. 施肥时间（年-月-旬）	5. 施肥类型	6. 肥料种类	7. 肥料代码	8. 施用量（kg/亩）	9. 养分含量（%）			10. 施肥方式
					①基肥②追肥				N	P_2O_5	K_2O	
(1)			□□□□				□□□□					①深施②表施③随水施肥④其他______
(2)			□□□□				□□□□					①深施②表施③随水施肥④其他______
(3)			□□□□				□□□□					①深施②表施③随水施肥④其他______
(4)			□□□□				□□□□					①深施②表施③随水施肥④其他______
(5)			□□□□				□□□□					①深施②表施③随水施肥④其他______
(6)			□□□□				□□□□					①深施②表施③随水施肥④其他______
(7)			□□□□				□□□□					①深施②表施③随水施肥④其他______
(8)			□□□□				□□□□					①深施②表施③随水施肥④其他______
(9)			□□□□				□□□□					①深施②表施③随水施肥④其他______
(10)			□□□□				□□□□					①深施②表施③随水施肥④其他______
(11)			□□□□				□□□□					①深施②表施③随水施肥④其他______
(12)			□□□□				□□□□					①深施②表施③随水施肥④其他______
(13)			□□□□				□□□□					①深施②表施③随水施肥④其他______
(14)			□□□□				□□□□					①深施②表施③随水施肥④其他______
(15)			□□□□				□□□□					①深施②表施③随水施肥④其他______
(16)			□□□□				□□□□					①深施②表施③随水施肥④其他______

注：施用有机肥时，肥料养分含量（N、P_2O_5和K_2O）均以烘干基计。

普查员：__________　联系电话：______________　县级审核员：__________　联系电话：______________

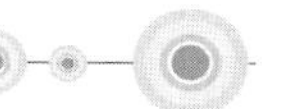

种植业典型地块抽样调查表——肥料施用情况指标解释与填报说明

同一种作物，如果施用多种肥料，那么依次填写肥料施用情况，填写完第一季作物后，再依次填写第二、第三季作物的肥料施用情况。

【户主、地块编码】要与表1种植业典型地块抽样调查表中的户主和地块编码相一致。

【1. 种植季】与表1种植业典型地块抽样调查表中的11、19、27号中种植季相同。

【2. 作物名称】与表1种植业典型地块抽样调查表中的11、19、27号指标相同。

【3. 作物代码】填写各种作物相对应的代码。其指标与表1种植业典型地块抽样调查表中的12、20、28号指标相同。

【4. 施肥时间】填写每次施肥的施用时间，格式为年-月-旬，如2018-09-上旬。

【5. 肥料类型】分为基肥和追肥两种类型。基肥填①，追肥填②。

【6. 肥料种类】分为尿素、复合肥、缓释肥等多种类型。

【7. 肥料代码】按下表3填写各种肥料相对应的代码。

表3　主要肥料名称与代码对应表

氮肥		磷肥		钾肥		复合肥		有机肥	
名称	代码	名称	代码	名称	代码	名称	代码	名称	代码
尿素	FN01	普通过磷酸钙	FP01	氯化钾	FK01	磷酸二铵	FC01	商品有机肥	FM01
碳酸氢铵	FN02	钙镁磷肥	FP02	硫酸钾	FK02	磷酸一铵	FC02	鸡粪	FM02
硫酸铵	FN03	重过磷酸钙	FP03	硫酸钾镁	FK03	磷酸二氢钾	FC03	猪粪	FM03
硝酸铵	FN04	磷矿粉	FP04			硝酸钾	FC04	牛粪	FM04
氯化铵	FN05					有机-无机复合肥	FC05	其他禽粪	FM05
氨水	FN06					其他二元或三元复合肥	FC06	其他畜粪	FM06
缓控释肥料	FN07							其他有机肥	FM07

注：不施用任何肥料，代码为FL00。

【8. 施用量】肥料施用的数量，单位为kg/亩。如果不是标准单位，如方、担等单位，要求转化为kg，没有准确转化数量关系的计量单位，由普查员通过测试建立估算转化公式，并将数据转化为标准单位。如果不施用任何肥料，肥料施用量填为"0"。肥料的施用量是指肥料的干物质重量，特别是有机肥，是要扣除有机肥水分的。

【9. 养分含量】指肥料有效养分含量，对于商品肥料请参照肥料包装袋上的标示；对于非商品类有机肥（即农民自制的农家肥），请根据当地以往分析结果，填写该类有机肥的平均养分含量。如果不施用任何肥料，肥料养分含量填为"0"。

【10. 施肥方式】分成①深施、②表施、③随水施肥、④其他4种方式。深施：一般

将肥料施在土表下 10～25cm 的一种施肥方法，如耕翻深施和开沟、开穴深施等。表施：将肥料均匀撒施于地表，而后进行或不进行犁、耙作业。随水施肥：将肥料溶入灌溉水并随同灌溉（滴灌、渗灌等）水施入田间或作物根区的过程。用“√”选择相应灌溉方式，不在上述所列三种施肥方式中的填为“其他”。如果不施用任何肥料，施用方式填为“0”。

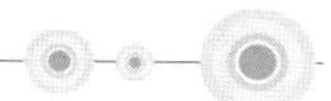

附录2 种植业氮磷流失量核算监测技术规范

第一节 农田面源污染监测技术规范

一、范围

本标准规定了农田面源污染监测过程中田间监测小区的管理、观测记录、样品采集、样品分析测试、监测质量控制、监测结果报告等基本内容。

本标准适用于我国以地表径流或地下淋溶途径发生的田块尺度农田面源污染监测。

本标准不适用于地下水位埋深在1.5 m以内的农田地下淋溶面源污染监测。

二、规范性引用文件

本标准引用下列国家或行业标准。下列标准所包含的条文，通过在本文件中引用而构成为本文件的条文。本标准出版时，所示版本均为有效。所有标准都会被修订，使用本标准的各方应探讨使用下列标准最新版本的可能性。

HJ/T 164—2004 地下水环境监测技术规范

NY/T 395—2012 农田土壤环境质量监测技术规范

NY/T 396—2000 农用水源环境质量监测技术规范

HJ 494—2009 水质 采样技术指导

HJ 493—2009 水质采样 样品的保存和管理技术规范

GB 5084—2005 农田灌溉水质标准

HJ 636—2012 水质 总氮的测定 碱性过硫酸钾消解紫外分光光度法

GB 11893—1989 水质 总磷的测定 钼酸铵分光光度法

GB/T 7480—1987 水质 硝酸盐氮的测定 酚二磺酸分光光度法

三、术语和定义

下列术语和定义适用于本文件。

(一) 农田面源污染

指借助降雨、灌水或冰雪融水使农田土壤表面或土体中的氮、磷等水污染物向地表水或地下水迁移的过程，是地表水富营养化或地下水硝酸盐污染的重要原因之一。

(二) 农田地表径流

指借助降雨、灌水或冰雪融水将农田土壤中的氮、磷等水污染物向地表水体径向迁移的过程，是农田面源污染产生的重要途径之一。

(三) 农田地下淋溶

指借助降雨、灌水或冰雪融水将农田土壤表面或土体中的氮、磷等水污染物向地下水淋洗的过程，是农田面源污染产生的重要途径之一。

（四）监测小区

指为监测农田面源污染而设置的具有固定边界和面积并按特定施肥、灌溉、耕作等措施进行管理的种植小区。

（五）径流收集池

指田间条件下用于收集特定监测小区地表径流且具有防雨、防渗功能的固定设施。

（六）田间渗滤池

指田间条件下用于收集一定长、宽、深且具有隔离边界的目标土体淋溶液的全套地下装置的总称。

（七）流失通量

单位时间、单位面积农田通过地表径流或地下淋溶途径向周边环境排出的氮、磷等面源污染物总量。

四、监测周期

农田面源污染监测以一年为一个监测周期，不仅包括作物生长阶段，也包括农田非种植时段。一般情况下，1 个监测周期从第一季作物播种前翻耕开始，到下一年度同一时间段为止。以作物收获的时间顺序来确定第一季作物，比如南方水稻-小麦轮作制，小麦季先收获，则小麦为第一季作物，水稻则为第二季作物，监测的周期则从小麦播种前的翻耕期开始，到下一年度的同一时间为止。

五、监测小区与监测设施建设

农田面源污染监测的目的在于把握常规生产措施下农田面源污染状况，或比较某一项或多项农业生产措施条件下农田面源污染的流失状况。因此，根据不同的监测目标，每个农田面源污染监测可由 1 个或多个采用特定农业生产措施的监测模式组成。为减少误差，提高精度，对于多个模式组成的监测小区，可采用随机区组设计，每个模式设置 3 次或多次重复。每个监测小区面积不小于 $30m^2$。

采用田间径流池法监测农田地表径流面源污染状况。每个监测小区配套建设一个田间径流池，监测小区及田间径流池建设详见《坡耕地径流面源污染监测设施建设技术规范》《水旱轮作农田地表径流面源污染监测设施建设技术规范》《水田地表径流面源污染监测设施建设技术规范》《平原区旱地农田地表径流面源污染监测设施建设技术规范》。监测期间加强对监测小区及田间径流池的管护，保证径流池设施完好、清洁、无外来杂物进入。

采用田间渗滤池法监测农田地下淋溶面源污染状况。每个监测小区配套建设一个田间渗滤池，监测小区及田间渗滤池建设详见《农田地下淋溶面源污染监测设施建设技术规范》。监测期间应加强对监测小区及田间渗滤池的管护，保证渗滤池设施完好、通水通气装置运行正常。

监测期间，详细记录监测地块基本信息以及作物栽培、耕作、灌溉、施肥、施药等各项田间管理措施，认真做好样品采集、编号、保存和测试等工作。

六、农田地表径流/地下淋溶计量与采样

（一）农田地表径流计量与样品采集

1. 地表径流计量

每次产流均单独计量、采样。

每次产流后，准确测量田间径流池内水面高度（精确至 mm），计算径流水体积。计算公式如下：

$$V_i = (H_i \times S1 + H2 \times S2) \times 1\ 000$$

式中：V_i——监测小区第 i 次地表径流量（L）；

H_i——第 i 次产流后的径流池水面高度（m）；

$S1$——径流池底面积（m^2）；

$H2$——径流池排水凹槽深度（m）；

$S2$——径流池排水凹槽底面积（m^2）。

2. 径流水样采集

在记录完产流量后即可采集地表径流水样。

每个田间径流池每次采集 2 个混合样品。样品瓶聚乙烯材质，为 500 mL 以上，采样前贴好用铅笔标明样品编号的标签。标签式样参见《农用水源环境质量监测技术规范》（NY/T 396—2000）中水样品标签式样。

采样前，用洁净工具充分搅匀径流池中的径流水，然后用取样瓶在径流池不同部位、不同深度多点采样（至少 8 点），将多点采集的水样，置于清洁的聚乙烯塑料桶或塑料盆中，将水样充分混匀，取水样分装到已经准备好的 2 个样品瓶中。

采集到的 2 份水样，1 份供分析测试用，另 1 份作为备用。

3. 径流池清洗、备用

取完水样后，拧开每个径流池底排水凹槽处的盖子或排水阀门，排空池内径流水；抽排过程中，应边排边洗，将径流池清洗干净。

（二）农田地下淋溶计量与样品采集

1. 地下淋溶计量

每次灌水或较大降雨后，均应检查是否发生淋溶。每次产流均单独计量，单独采集淋溶液。

采样时，将真空泵连接缓冲瓶，缓冲瓶连接采样瓶，采样瓶连接淋溶液采集桶，保证各接口处连接紧密。然后启动真空泵将淋溶液全部抽入采样瓶中，计量淋溶液体积（L）。

2. 淋溶水样采集

每个田间渗滤池每次采集 2 份混合样品。样品瓶为聚乙烯材质，500mL 以上，采样前贴好用铅笔标明样品编号的标签。标签式样参见 NY/T 396—2000《农用水源环境质量监测技术规范》中水样品标签式样。

采样前，先摇匀淋溶液，然后取 2 份混合水样（每个样约 500mL，如淋溶液不足 1 000mL，则将淋溶液全部作为样品采集），1 份供分析测试用，另 1 份作为备用。

七、样品保存

地表径流或地下淋溶水样原则上应于采样当天带回实验室进行分析测试，如果不能当天测试，立即冰冻保存。样品保存与运输方法参见《农用水源环境质量监测技术规范》（NY/T 396—2000）及《水质采样 样品的保存和管理技术规范》（HJ 493—2009）。

备用样品，待监测结果经审核后，才可作相应的补测或废弃处理。

八、分析测试

（一）测试项目

地表径流水样测试项目包括：总氮（TN）、硝态氮（NO_3^--N）、铵态氮（NH_4^+-N），总磷（TP）、溶解性总磷（DTP）。

地下淋溶水样测试项目包括：总氮（TN）、硝态氮（NO_3^--N）、铵态氮（NH_4^+-N），总磷（TP）、溶解性总磷（DTP）。

（二）测试方法

总氮：参见《水质 总氮的测定 碱性过硫酸钾消解紫外分光光度法》（HJ 636—2012）或者碱性过硫酸氧化-流动分析仪分析法；

硝态氮：紫外分光光度法或流动注射分析仪分析法；

铵态氮：流动注射分析仪分析法或靛酚蓝比色法；

总磷：参见《水质 总磷的测定 钼酸铵分光光度法》（GB 11893—1989）；

溶解性总磷：2.5μm 滤膜过滤-过硫酸氧化-钼锑抗比色法。

九、质量控制

（一）田间监测质量控制

每次观测记录时，检查各小区的地表径流或地下淋溶量是否基本一致（特定的处理除外）。

认真检查监测设备是否完好。田间径流池是否漏水、渗水，所有小区径流收集管的高度是否一致；地下淋溶设备是否异常。

（二）实验室内分析测试质量控制

实验室内分析测试项目的质量控制参见《农田土壤环境质量监测技术规范》（NY/T 395—2012）及《农用水源环境质量监测技术规范》（NY/T 396—2000）中相关规定。

十、农田面源污染流失通量的计算

监测周期内农田面源污染流失通量的计算公式如下：

$$F=\sum_{i=1}^{n}\frac{V_i\times C_i}{S}\times f$$

式中：F——农田面源污染流失通量（kg/hm^2）；

n——表示监测周期内的农田产流（地表径流或地下淋溶）次数；

V_i——第 i 次产流的水量（L）；

C_i——第 i 次产流的氮、磷等面源污染物浓度（mg/L）；

S——监测单元的面积（m^2），地表径流监测单元的面积即为监测小区的面积（m^2），地下淋溶监测单元的面积为田间渗滤池所承载的集液区（即目标监测土体）的面积（一般为 $1.50m\times0.80m=1.2m^2$）；

f——转换系数，系由监测单元面源污染物流失量（mg/m^2）转换为每公顷面源污染物流失量（kg/hm^2）时的换算系数，具体数值根据监测单元面积而定。

第二节　农田地下淋溶面源污染监测设施建设技术规范

一、范围

本标准规定了农田地下淋溶面源污染监测小区的布置、田间渗滤池装置的制作与安装方法等基本要求。

本标准适用于我国平原地区常年地下水位在 1.5m 以下、以地下淋溶途径流失的农田面源污染物监测。

二、规范性引用文件

本标准引用下列国家或行业标准。下列标准所包含的条文，通过在本规范中引用而构成本规范的条文。本规范出版时，所示版本均为有效。所有标准都会被修订，使用本规范的各方应探讨使用下列标准最新版本的可能性。

NY/T 1118—2006　测土配方施肥技术规范

NY/T 395—2012　农田土壤环境质量监测技术规范

NY/T 497—2002　肥料效应鉴定田间试验技术规程

NY/T 1119—2019　耕地质量监测技术规程

三、术语和定义

下列术语和定义适用于本标准。

农田地下淋溶、农田面源污染、监测小区及田间渗滤池的定义参见本附录第一节三、术语和定义。

四、田间监测小区建设

（一）选点依据

农田地下淋溶面源污染监测点的选择应满足典型性、代表性、长期性和抗干扰性等几个方面的要求。

（1）典型性：监测地块应位于粮食、蔬菜、园艺等作物主产区。

（2）代表性：监测地块的地形、土壤类型、肥力水平、耕作方式、灌排条件、种植方式等具有较强的代表性。

（3）长期性：监测地块应尽可能位于试验站、农场或园区内，避免土地产权纠纷，便于管理，确保监测工作能持续稳定开展。

（4）抗干扰性：监测地块尽可能选择在地形开阔的地方，远离村庄、建筑、道路、河流、主干沟渠。

（二）监测处理设置

根据监测目的，农田地下淋溶面源污染监测可设置1个或多个处理，如常规对照、优化灌溉、优化施肥等，每个处理一般设置3个重复。每个监测点一般由3个以上的监测小区组成。

（三）监测小区规格

监测小区一般为长方形，小区规格一般为（6～8)m ×（4～6)m面积为30～50m^2。

中耕作物（如烤烟、玉米、棉花等）小区面积不小于36m^2，密植作物（如小麦）小区面积不小于30m^2。保护地蔬菜小区面积可根据实际情况进行适当调整。

（四）监测小区排列

监测小区一般采用随机区组排列。大田生产条件下，要确保在同行或同列上不出现相同的处理（图1）；保护地（如温室、大棚等）生产条件下，应避免不同区组内处理间排列顺序相同，同时避免同一处理分布在设施的两端或集中分布在设施的中间地带（图2）。

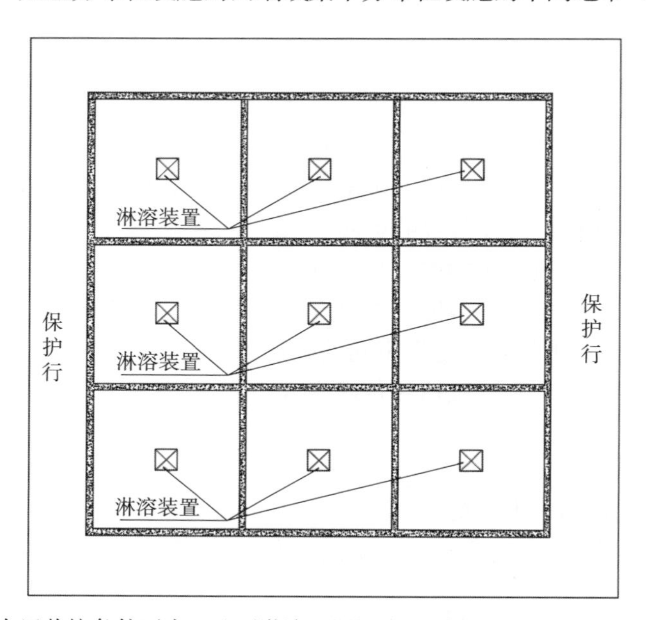

图1　大田栽培条件下农田地下淋溶面源污染监测小区及淋溶装置排列示意

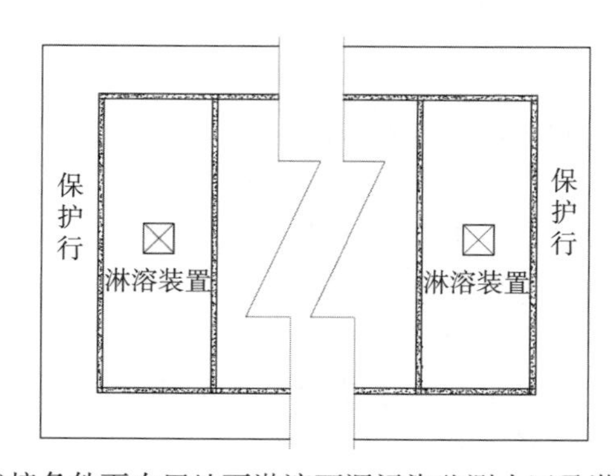

图2　保护地栽培条件下农田地下淋溶面源污染监测小区及淋溶装置排列示意

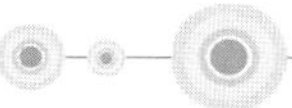

(五) 保护行

田间监测小区四周均设保护行；保护地因地形狭长可在小区两侧设置保护行。

(六) 田埂

为防止小区之间、小区和周边地块之间的串水现象，各监测小区之间需用田埂分隔，田埂务必压紧、夯实，有条件的地方可建设水泥隔离墙或其他材料隔离墙，隔离墙露出地表高度以不影响墙两侧作物的正常生长为宜。

五、田间渗滤池装置及安装

本标准采用田间渗滤池法监测农田地下淋溶面源污染。安装田间渗滤池装置时，先将监测土体分层挖出、分层堆放，形成一个长方体土壤剖面，下部安装淋溶液收集桶，用集液膜将土壤剖面四周及底部包裹，然后分层回填土壤。

田间渗滤池装置预置埋藏于地下，如图 3（地下部分）所示。

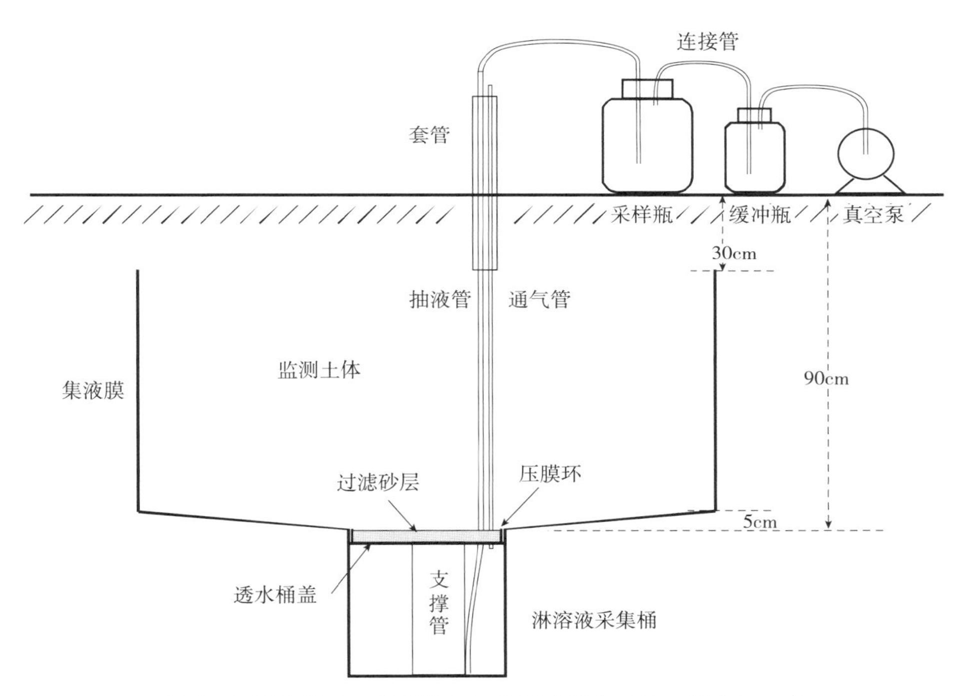

图 3　田间渗滤池（地下部分）及取水装置（地上部分）示意

(一) 装置组件及规格

1. 淋溶液收集桶：为聚丙烯材质圆柱形水桶，直径 40cm，深 35cm，用于收集淋溶液。

2. 支撑管：为 PVC 圆管，直径 15cm，高 30cm，直立于淋溶液收集桶中部，用于支撑桶盖与固定抽液管。

3. 透水桶盖：为聚丙烯材质的多孔、圆形下凹桶盖，淋溶液可从小孔进入到桶内。

4. 过滤网：100 目尼龙网，2 层，粘贴在透水桶盖的凹状表面，具有过滤淋溶液的作用。

5. 密封塞（大、小）：固定在透水桶盖上，抽液管与通气管分别从大、小两塞的内部穿过，起密封作用。

6. 抽液管：直径为 1cm 的塑料管，底端固定在支撑管下部，穿过透水桶盖和土体到达地面，顶端露出地表 100cm，用于抽取淋溶液。

7. 通气管：直径为 0.3cm 的塑料管，插在小密封塞内，穿过土体到达地面，顶端露出地表 100cm，用于向淋溶收集桶内通气。

8. 集液膜：厚度为 0.8～1.0mm 的塑料膜，用于隔离渗滤池与外土体，共 2 块，尺寸分别为 3.5m × 1.2m 和 2.8m × 1.9m 。

9. 压膜环：为聚丙烯材质的圆形环，可将集液膜压入透水桶盖内，使膜与桶盖连接为一个整体。

10. 过滤砂层：粒径 2～3mm 的石英砂，用稀酸与清水反复冲洗干净，晾干后装入透水桶盖的凹处，用于过滤淋溶液。

11. 套管：为直径 16mm 的 PVC 管，长度 100cm，抽液管与进气管从中穿过，垂直于地面，埋入地下 30cm 深，露出地表 70cm，起保护、固定和标志作用。

12. 塑料薄膜：4 块，尺寸 1m × 2m，厚度 0.8～1.0mm，用于临时堆放剖面中按层挖出的土壤，起衬垫作用。

13. 铁锹：用于剖面的挖掘与回填。

14. 卷尺：用于剖面挖掘过程中尺寸的控制。

15. 剪刀：用于压膜环内部集液膜的剪裁。

16. 壁纸刀：用于地表下 30cm 处集液膜的剪裁。

17. 记号笔：用于标记。

（二）田间渗滤池装置的安装流程

1. 划定监测目标土体：田间渗滤池的监测目标土体规格为长 150cm（长）× 80cm（宽）× 90cm（深），一般安装在监测小区内最有代表性的中部区域，长边垂直于作物种植行向。对于拥有多个区组、多个监测小区的地块，各区组、各监测小区的监测目标区域四边应保持平齐，方便田间管理。

2. 挖掘土壤剖面：在划定的田间渗滤池安装区域内挖掘一个深 90cm 的土壤剖面，剖面四周修平修齐。挖出的土壤应分层（0～20cm、20～40cm、40～60cm、60～90cm）堆放在标明土层编号的塑料薄膜上，以便能分层回填。在挖掘过程中，要保证土壤剖面四壁整齐不塌方。

3. 修底、挖小剖面：先将土壤剖面底部修理成周围高出中心 3～5cm 的倒梯形（以便淋溶液向中部汇集），然后在剖面正中心位置向下挖一个直径 40cm、深 35cm 的圆柱形小剖面。

4. 放置淋溶液收集桶：将淋溶液收集桶垂直放入小剖面中，周壁若有缝隙用细土封填、压实。

5. 连接抽液管：打开透水桶盖，将支撑管直立放置在收集桶的中部，使抽液管的下端处于收集桶的底部，抽液管上端从桶盖底部经大密封塞抽出到桶盖上，边盖桶盖边调整抽出的长度，桶盖盖严后，再把通气管从桶盖的上表面经小密封塞穿入到桶中。穿管过程

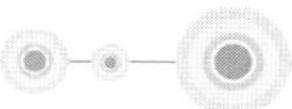

中注意不能让土壤掉入桶中。

6. 铺集液膜：将尺寸为3.5m × 1.2m的集液膜铺在与土壤剖面80cm边平行方向的底部与侧壁，尺寸为2.8m × 1.9m的另一张集液膜铺在与土壤剖面1.5m边平行方向的底部与侧壁，铺前在膜的中部对应位置打出略小于进气管与抽液管直径的小孔，把两管从孔中穿过，再把膜平铺在剖面底部与周围，剖面底部塑料膜为两层，剖面四壁拐角处互相重叠20cm。塑料膜上部多出剖面上沿约10cm，将其固定在地表上，使膜不下滑并与四面土壁紧贴。

7. 压膜、裁膜：把透水桶盖上方的塑料膜用压膜环压到桶盖的下凹处，使膜与桶连接成一体，压紧后，用剪刀将连接环内的塑料膜沿压膜环内缘小心剪裁去除，注意不要剪伤尼龙网，随后再把准备好的石英砂平铺至桶盖上沿。

8. 回填：按土壤挖出时的逆序分层回填，边回填边压实，并整理塑料膜，使之与剖面四壁之间以及薄膜重叠部分之间均紧密连接，回填过程中可少量多次灌水，促使土层沉实。回填至距地表30cm时，将集液膜沿回填土表面裁掉，把通气管与抽液管穿过套管，套管垂直立于土表，再回填最上层土壤，回填后将小区地表整平，即可进行农事操作。

六、田间渗滤池装置的使用与维护

(1) 田间渗滤池内种植作物品种、密度、时期、行向等与所在小区完全一致，施肥品种、施肥量、灌溉量及灌溉方式也确保与所在小区完全一致。

(2) 耕作时应避免对抽液管、通气管、集液膜的损坏。

(3) 每次产生淋溶水后，应保证及时取水。将真空泵连接缓冲瓶，缓冲瓶连接采样瓶，采样瓶连接淋溶液收集桶，并保证各接口处连接紧密，然后启动真空泵将淋溶液抽入采样瓶中。将淋溶液带回实验室测试或冷冻保存备用。

(4) 定期检查田间渗滤池装置的抽液管、通气管是否完好，保障设施能正常运行。

(5) 田间渗滤池所在区域应设明显标志，以防止被损坏。

第三节　水田地表径流面源污染监测设施建设技术规范

一、范围

本标准规定了我国水田地表径流面源污染监测小区、径流收集池及配套设施的建设方法。

二、规范性引用文件

本标准引用下列国家或行业标准。下列标准所包含的条文，通过在本标准中引用而构成本标准的条文。本标准出版时，所示版本均有效。所有标准都会被修订，使用本标准的各方应探讨使用下列标准最新版本的可能性。

NY/T 1118—2006　测土配方施肥技术规范

NY/T 395—2012　农田土壤环境质量监测技术规范

NY/T 497—2002　肥料效应鉴定田间试验技术规程

NY/T 1119—2019　耕地质量监测技术规程

三、术语和定义

下列术语和定义适用于本标准。

水田：指围有田埂（坎），可以经常蓄水，用于种植水稻等水生作物的耕地。

农田地表径流、农田面源污染、监测小区、径流收集池的定义参见本附录第一节三、术语和定义。

四、田间监测小区建设

选点依据、监测设置参见本附录第二节　四、田间监测小区建设。

（一）监测小区规格

水田地表径流监测小区规格一般为长方形，面积为 30～50m²。长 6～8m，宽 4～6m。

（二）监测小区排列

为便于施工和田间农事操作，水田各个监测小区及径流池的排列与田间设计，可根据监测地块的条件双行排列（图 4）或单行排列（图 5）。

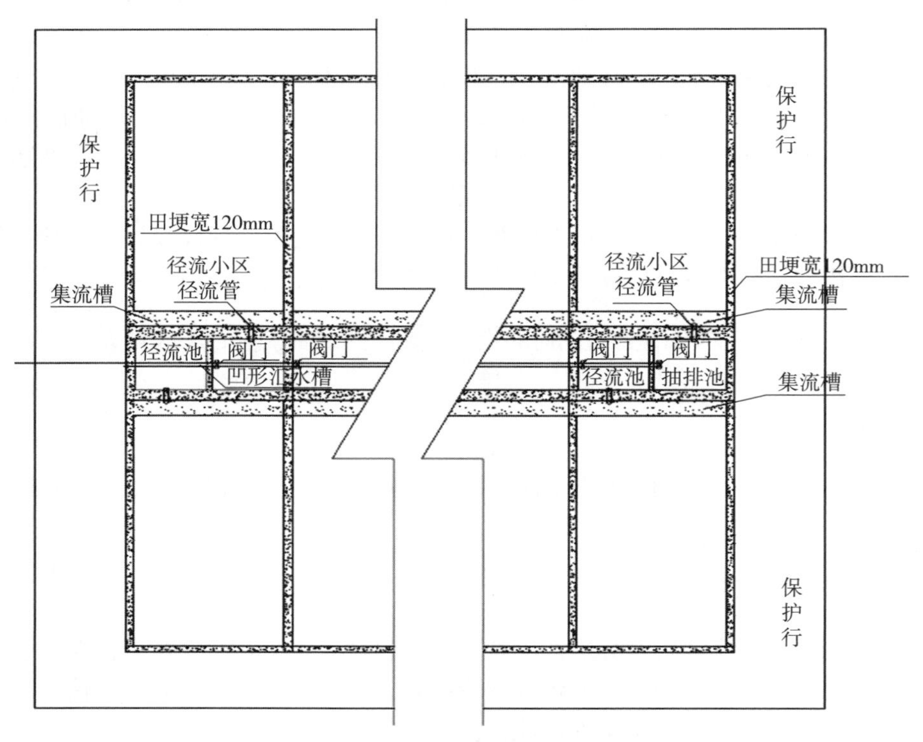

图 4　水田地表径流面源污染监测设施双行排列示意

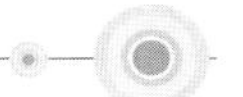

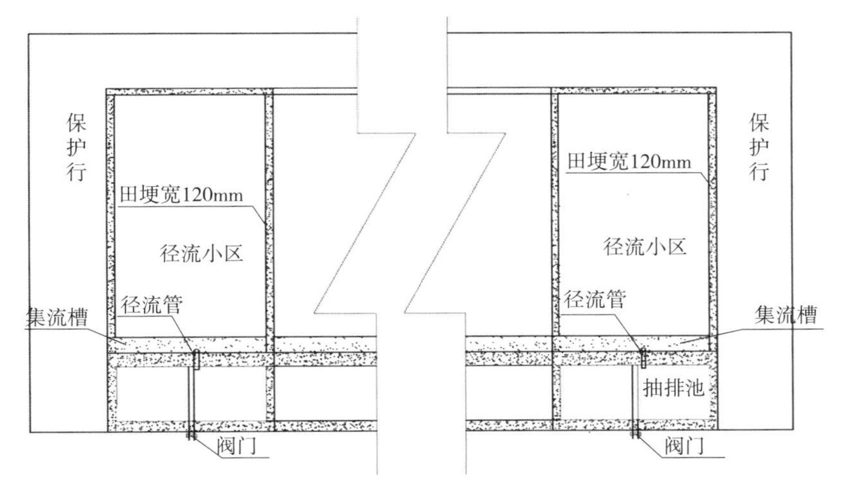

图 5　水田地表径流监测设施单行排列示意

(三) 保护行

监测地块四周设保护行，保护行宽度一般不少于 3m，所种作物及栽培措施与监测小区保持一致。

(四) 田埂

为防止监测小区之间、小区与保护行间相互串水，影响监测效果，监测区域与保护行之间、各监测小区之间均以田埂分隔。监测区域四周田埂宽度为 24cm（双砖砌筑）、各监测小区之间的田埂宽度为 12cm（单砖砌筑）。田埂地面以下部分深度为 30～40cm，地面以上部分高度为 20cm。

田埂采用砖结构或混凝土浇筑，水泥砂浆抹面，确保不串水。

五、径流收集池及配套设施建设

本标准规定采用径流池法监测水田地表径流面源污染流失通量。径流收集池及配套设施包括径流收集池、径流收集管和抽排设施。

(一) 径流收集池

1. 径流收集池排列

每个监测小区均对应一个径流收集池，用于收集该监测小区地表径流。根据监测田块的条件，水田地表径流收集池可以位于双行监测小区的中间，或位于监测小区的同一侧。

2. 径流收集池容积

径流池容积以能够容纳当地单场最大暴雨所产生的径流量为依据来确定。各个监测点应根据监测小区的面积、当地最大单场暴雨量及其产流量来确定径流收集池的大小。如小区面积 $30m^2$，单场最大暴雨以 100mm、产流量按 40mm 计（根据各地的气象资料以及产流系数确定），径流收集池容积为 $30m^2 \times (40/1000)m = 1.2m^3$。

径流收集池的长、宽、深可根据实际情况而定。一般情况下，径流池地面以下池深为 80～100cm，径流池地上部分高度与监测小区田埂持平，即高出地面 20cm。每个径流收集池长度为小区宽度的一半，或者等于小区的宽度，径流收集池内部宽度一般为 80～120cm。

3. 径流收集池建设要求

径流池建设的基本要求是不漏水、不渗水、有效收集监测小区内的径流排水。根据各地区的气候及土质条件差异，北方地区建议采用防水钢筋混凝土或素混凝土（不放置钢筋）修筑池壁和池底，避免冬季冻裂；南方地区采用砖混结构（池底必须为混凝土浇筑）修筑。径流收集池池壁如果采用混凝土浇筑，厚度一般为 20～25cm；如采用砖砌筑，厚度应不小于 24cm。径流池内外壁两侧、池底均需要进行防渗处理，涂抹防水砂浆，避免渗水、漏水。

防渗处理要求：①池壁、池底都采用混凝土浇筑时，要求使用细石混凝土，并添加防水剂，提高混凝土的密实性和抗渗性，必要时增加池底及池壁厚度；②池壁采用砖砌时，严格控制砖及水泥质量，抗渗、强度达到设计要求，砖砌筑时，砂浆要饱满，砖墙与混凝土接触面混凝土底板要经过凿毛处理，内外面均做防渗处理。

径流池底粉砂浆时，向池底中间排水凹形汇水槽（排水凹槽）找 2%坡（图 6），便于池底部水向排水凹槽汇集，便于排水。

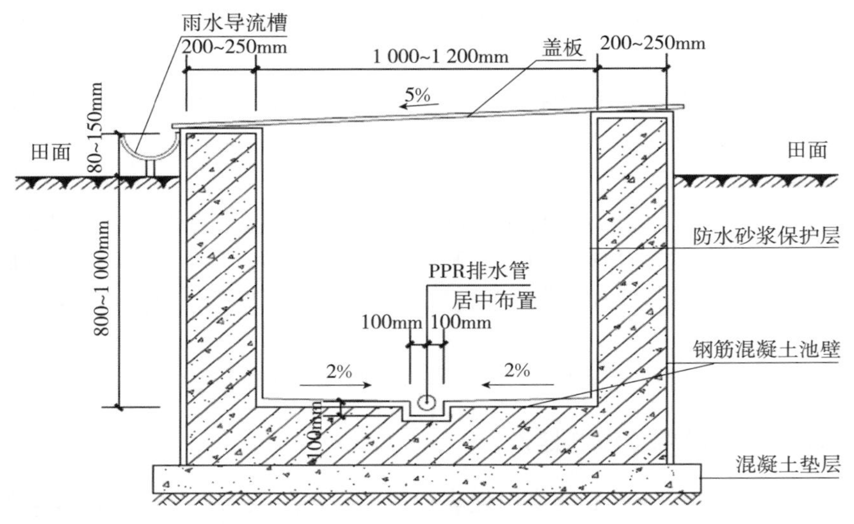

图 6　水田地表地径流收集池剖面示意

4. 排水凹形槽及配套管阀

为快速排空径流收集池内的径流水，在每个径流池底部中间沿径流池串联方向，设置一条排水凹形汇水槽，排水凹槽规格为 10cm × 10cm；同时，在相邻径流池的池壁，对应排水凹槽位置，埋设直径为 10cm 带阀门的 PPR 管（注意阀门安装在靠近抽排池一侧），连通排水凹形槽至抽排池。每次取完径流样品后，抽空排水池径流水，依次打开各径流池排水管阀门，排空径流池内径流水，边排边清洗径流池。为方便排水凹槽能自流排水，修建排水凹槽时应尽可能向抽排池方向找 2%的倾斜度。

排水凹槽用来自流排空径流池内径流水：每次取完径流样品后，先抽空抽排池径流水，再依次打开监测小区径流收集池内排水管阀门，排空径流池内径流水，边排边清洗径流池，直到清洗完所有的径流池，以备下次采集径流时使用。

5. 径流水量计量

为准确计量每个监测小区的径流水量，每个监测地块应配备一个硬质标杆尺（最小刻

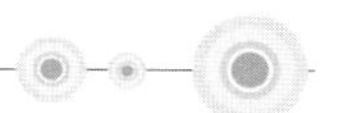

度为 mm)，用来测量径流池内水的深度，根据径流池底面积，从而计算出径流量；或者在每个径流池的池壁上，从底部开始，标上刻度标记，用来计量径流水的深度。

径流池底部面积与径流水高度的乘积，再加上排水凹形汇水槽部分的体积，即为径流水量。根据径流水量以及径流水氮、磷浓度，即可算出每次地表径流氮、磷流失量。以氮为例，计算公式如下：

总氮流失量＝径流水样中总氮浓度×径流水量

另外，每个径流池需配备一个 20L 的敞口塑料桶，便于地表径流较少时的径流收集。

6. 径流收集池盖

为保证人员安全，阻挡降雨，防止蛇、蛙等小动物进入径流收集池，每个径流池均应设置硬质盖板，盖板向没有监测小区的一侧保持 5%的倾斜度，将盖板上的雨水排出。

对于监测小区呈双行排列的监测地块，由于径流池两侧均为监测小区，为了防止盖板上集纳的雨水排入小区影响监测结果，在盖板下径流池壁上挂上集雨排水管槽，将雨水排到监测小区外（图 7）。

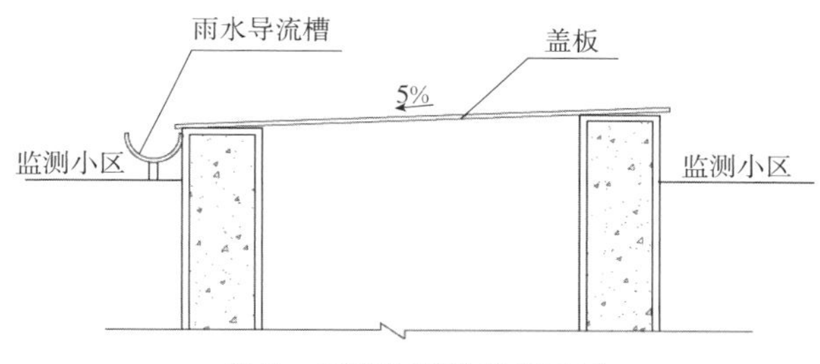

图 7　径流池硬质盖板示意

（二）径流收集管

对于单季稻、双季稻等全年只种水稻等水生作物的地块，径流收集管由直径为 5～10cm 的 PPR 管和 1 个三通管（管口均带盖）连接而成（图 8）。三通管垂直管口 A，系用于水稻生长、田面存水期间的径流水收集，管口高于田面 5～10cm（以当地水稻田田埂排水口的平均高度为准)；三通管水平管口 B 紧贴田面，用于水稻生长晒田期、落干期或休闲期径流水收集。在水稻生长、田面存水期，用橡胶塞塞紧三通管水平管口 B（或盖上管

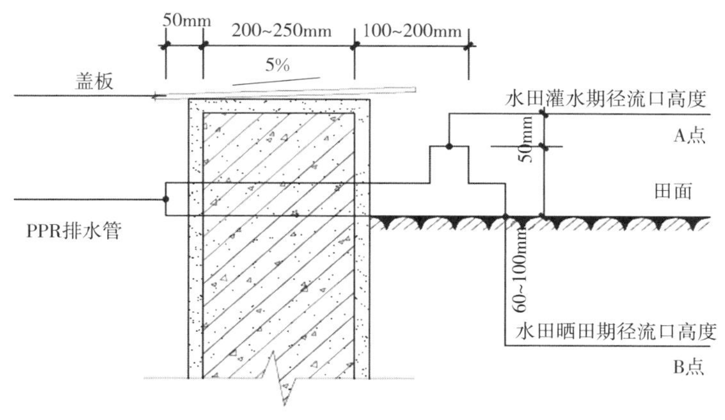

图 8　水田地表径流收集管示意

盖)；在水稻生长晒田期、落干期或休闲期，打开三通管水平管口 B，收集径流水。

(三) 抽排池

抽排池位于径流池最外侧，比径流池深 10cm，一般在地表以下 90～110cm，地面以上高度与径流池高度相同。抽排池宽度与径流池相同，长度可短于径流池，具体尺寸可根据实际情况而定（图 9）。

为了便于将抽排池内积水排空，抽排池内应设置集水坑，内放置水泵，积水坑长、宽尺寸及深度应根据所选水泵规格确定。

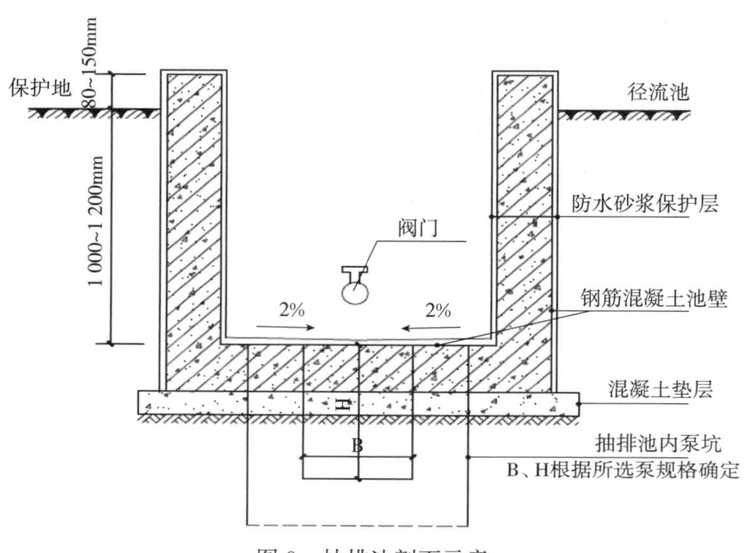

图 9 抽排池剖面示意

六、使用与维护

1. 每个监测小区及相对应的径流收集池均需注明标记，明确编号，避免样品混淆。

2. 定期检查监测设施，确保所有监测小区田埂、田间径流池和防水盖板没有破损、不漏水、不渗水，径流收集管口高度一致。

3. 确保及时采集径流水样并清洗径流池，并随时检查径流收集管，以防被泥沙及杂物堵塞，影响径流水的收集。

第四节 水旱轮作农田地表径流面源污染监测设施建设技术规范

一、范围

本标准规定了水旱轮作条件下农田地表径流面源污染监测小区、径流收集池及配套设施的建设方法。

二、规范性引用文件

本标准引用下列国家或行业标准。下列标准所包含的条文，通过在本标准中引用而构

成为本标准的条文。本标准出版时，所示版本均为有效。所有标准都会被修订，使用本标准的各方应探讨使用下列标准最新版本的可能性。

NY/T 1118—2006　测土配方施肥技术规范

NY/T 395—2012　农田土壤环境质量监测技术规范

NY/T 497—2002　肥料效应鉴定田间试验技术规程

NY/T 1119—2019　耕地质量监测技术规程

三、术语和定义

下列术语和定义适用于本标准。

水旱轮作：指在一个种植年度、同一块农田上，按季节有序轮换种植水稻等水生作物和小麦等旱生作物的种植模式。

农田地表径流、农田面源污染、监测小区、径流收集池的定义参见本附录第一节三、术语定义。

四、田间监测小区建设

选点依据、监测设置、监测小区规格、监测小区排列、保护行及田埂参见本附录第三节　水田地表径流面源污染监测设施建设技术规范。

五、径流收集池及配套设施建设

本标准规定采用径流池法监测水旱轮作农田地表径流面源污染流失通量。径流收集池及配套设施包括径流收集池、径流收集管和抽排设施。

（一）径流收集池

径流收集池排列、径流收集池容积、径流收集池建设要求、排水凹形槽及配套管阀、径流水量计量、径流收集池盖参见本附录　第三节　五、径流收集池及配套设施建设。

（二）径流收集管

径流收集管由直径为5～10cm的PPR排水管和2个同管径的三通管连接而成，目的在于监测小区内产生的地表径流排至径流池。每个径流池总共有3个入水口（入水管口均带管盖）和一个出水口，出水口位于径流池内，由直管穿过径流池壁。2个三通管与直管相连后组成3个入水口（图10）。

A入水口用于水稻生长、田面存水期间的径流水收集，管口底部高于田面6～7cm（以当地水稻田田埂排水口的平均高度为准），使用该入水口收集径流时，B、C入水口盖上管盖。B入水口用于水稻生长晒田期、落干期或休闲期径流水收集，管口底部与田面高度持平，使用该入水口收集径流时，C入水口盖上管盖。C入水口用于旱季作物生长期径流水的收集，管口底部与旱季排水沟沟底持平。旱季收集径流时，在监测小区中间及径流池一侧开T形排水沟，排水沟规格与当地生产习惯相同，一般宽15～20cm，深10～15cm，径流收集管口则位于径流池一侧的排水沟中，C入水口管口底部与沟底持平。

（三）抽排池

抽排池建设参见本附录　第三节 五、径流收集池及配套设施建设（三）。

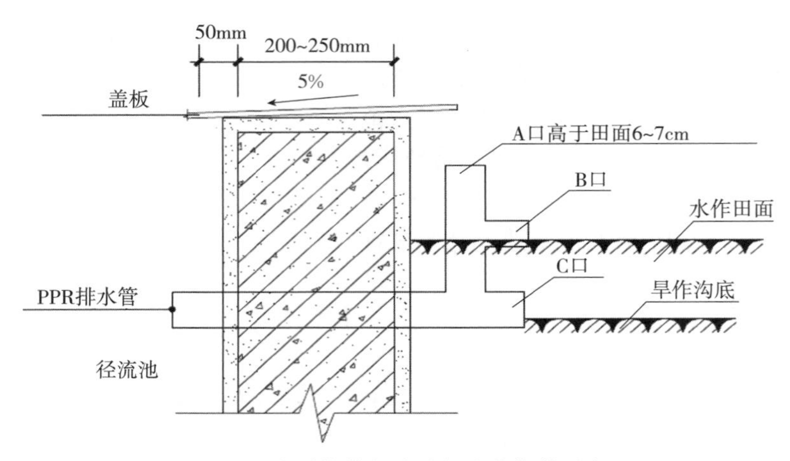

图 10　水旱轮作径流池径流收集管示意

六、使用与维护

参见本附录 第三节 五、径流收集池及配套设施建设。

第五节　坡耕地农田径流面源污染监测设施建设技术规范

一、范围

本标准备规定了我国丘陵山区坡耕地径流面源污染监测小区、径流收集池及配套设施的建设方法。

二、规范性引用文件

本标准引用下列国家或行业标准。下列标准所包含的条文，通过在本标准中引用而构成为本标准的条文。本标准出版时，所示版本均为有效。所有标准都会被修订，使用本标准的各方应探讨使用下列标准最新版本的可能性。

NY/T 1118—2006　测土配方施肥技术规范

NY/T 395—2012　农田土壤环境质量监测技术规范

NY/T 497—2002　肥料效应鉴定田间试验技术规程

NY/T 1119—2019　耕地质量监测技术规程

三、术语和定义

下列术语和定义适用于本标准。

坡耕地：坡度介于 5°～25°的山坡上开垦出来的旱作耕地。农田地表径流、农田面源污染、监测小区、径流收集池的定义参见本附录第一节　三、术语和定义。

四、田间监测小区建设

选点依据、监测设置、参见本附录第三节　四、田间监测小区建设。

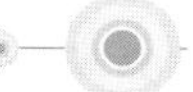

（一）监测小区规格

丘陵山区坡耕地监测小区规格一般为：长 8～12m，宽 4～6m，每个监测小区面积为 30～50m^2。

中耕作物（如烤烟、玉米、棉花等）小区面积不小于 36m^2，密植作物（如小麦等）小区面积不小于 30m^2。园地作物小区面积不小于 40m^2，园地作物应选择矮化、密植、成龄期果园、茶园或桑园，每个小区最少 2 行、每行最少 3 株。

（二）监测小区排列

一般情况下，丘陵山地区坡耕地各个监测小区应顺坡单行排列（图 11），每个监测小区下方均对应一个径流池。

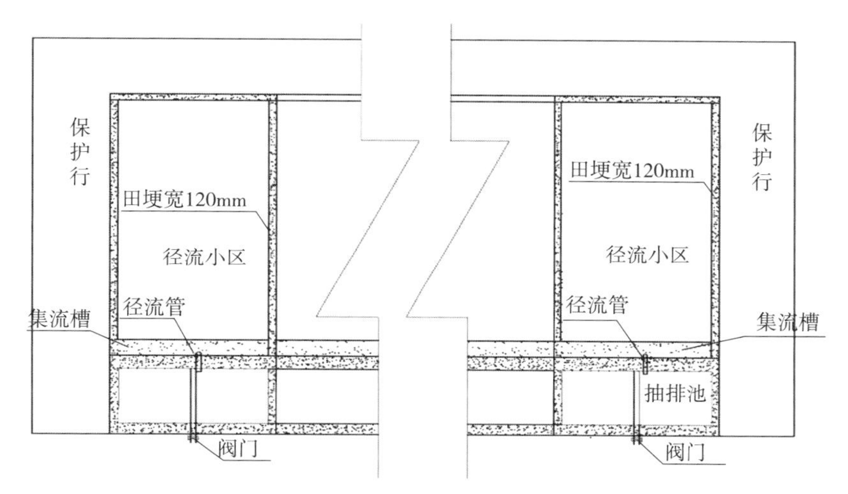

图 11　坡耕地径流面源污染监测设施排列示意

（三）保护行

监测地块四周设保护行，保护行宽度一般不少于 3m，所种作物及栽培措施与监测区域内保持一致。

（四）田埂

为防止监测小区之间以及监测小区与保护行之间串水，影响监测效果，监测小区与保护行之间、各监测小区之间均以田埂分隔。监测区域四周田埂宽度为 24cm（双砖砌筑）、各监测小区之间的田埂宽度为 12cm（单砖砌筑）。田埂地面以下部分深度为 30～40cm，地面以上部分为 10～20cm。

田埂采用砖结构或混凝土浇筑，水泥砂浆抹面，确保不串水。

五、径流收集池及配套设施建设

本标准规定采用径流池法监测丘陵山区坡耕地地表径流面源污染流失通量。径流收集池及配套设施包括径流收集池、径流收集管、抽排设施和集水沟（槽）。

（一）径流收集池

1. 径流收集池排列

每个监测小区均对应一个径流收集池，用于收集该监测小区地表径流。地表径流收集池位于监测小区坡下方。

2. 径流收集池容积

径流池大小以能够容纳当地单场最大暴雨所产生的径流量为依据来确定。各个监测点应根据监测小区的面积、当地最大单场暴雨量及其产流量来确定径流收集池的大小。如小区面积 30m^2，单场最大暴雨以 100mm、产流量按 50mm 计（根据各地的气象资料以及产流系数确定），径流收集池容积为 30m^2 ×（50÷1 000）m＝1.5m^3。

径流收集池的长、宽、深可根据实际情况而定。一般情况下，径流收集地面以下池深为 80～100cm，径流池地上部分高度与监测小区田埂持平。坡耕地径流收集池长度等于小区宽度（3～5m），径流收集池内部宽度一般为 60～100cm。

3. 径流收集池建设要求

径流池建设的基本要求是不漏水、不渗水、有效收集监测小区内的径流排水。根据各地区的气候及土质条件差异，北方地区建议采用防水钢筋混凝土或素混凝土（不放置钢筋）修筑池壁和池底，避免冬季冻裂；南方地区采用砖混结构（池底必须为混凝土浇筑）修筑。径流收集池池壁如果采用混凝土浇筑，厚度一般为 20～25cm；如采用砖砌筑，厚度应不小于 24cm。径流池内外壁两侧、池底均需要进行防渗处理，涂抹防水砂浆，避免渗水、漏水。

防渗处理要求：①池壁、池底都采用混凝土浇筑时，要求使用细石混凝土，并添加防水剂，提高混凝土的密实性和抗渗性，必要时增加池底及池壁厚度；②池壁采用砖砌时，严格控制砖及水泥质量，抗渗、强度达到设计要求，砖砌筑时，砂浆要饱满，砖墙与混凝土接触面混凝土底板要经过凿毛处理，内外面均做防渗处理。

径流池底粉砂浆时，向池底中间排水凹形汇水槽（排水凹槽）找 2%的倾斜度（图 12），便于池底部水向排水凹槽汇集，便于排水。

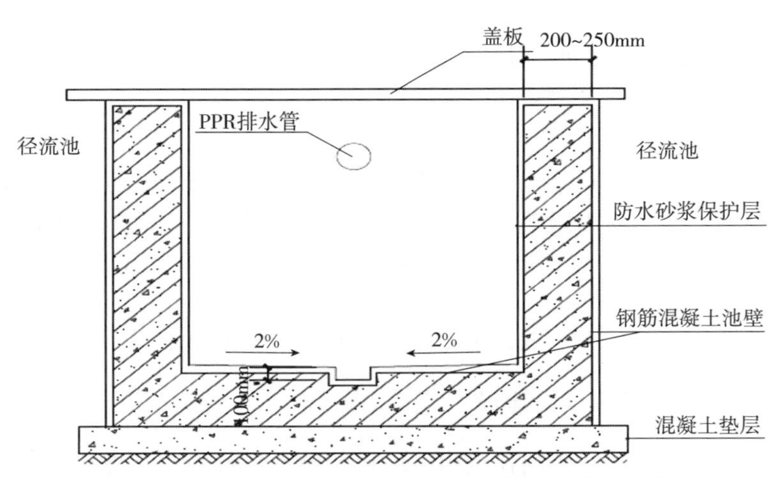

图 12　坡耕地径流收集池纵剖面（与坡向垂直）示意

4. 排水凹型槽及配套排水管阀

为快速排空径流收集池内的径流水，在每个径流池底部中间沿顺坡方向，设置一条排水凹形汇水槽，排水凹槽规格为 10cm×10cm；同时，在每个径流池外侧（下坡）墙壁，

对应排水凹槽位置，埋设直径为 10cm 带阀门的 PPR 管，连通排水凹形槽。每次取完径流样品后，打开阀门，排空径流池内径流水，边排边清洗径流池（图 13）。

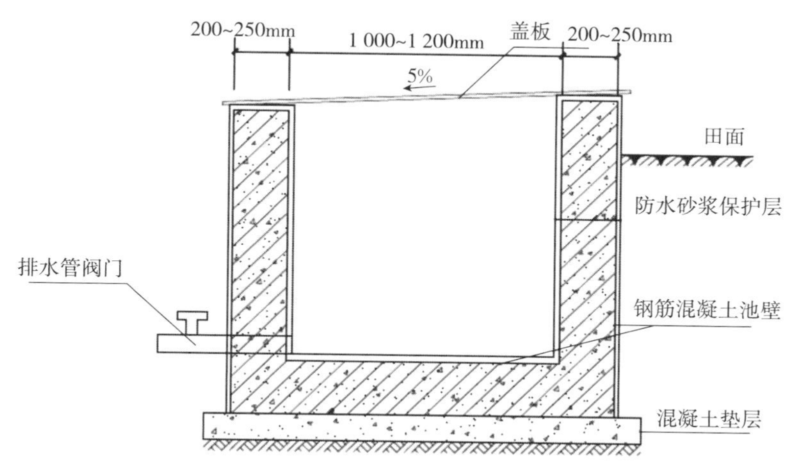

图 13　坡耕地径流收集池剖面（顺坡方向）示意

5. 径流水量计量

为准确计量每个监测小区的径流水量，每个监测地块应配备一个硬质标杆尺（最小刻度为 1 mm），用来测量径流池内水的深度，根据径流池底面积，从而计算出径流量；或者在每个径流池的池壁上，从底部开始，标上刻度标记，用来计量径流水的深度。

径流池底部面积与径流水高度的乘积，再加上排水凹形汇水槽部分的体积，即为径流水量。根据径流水量以及径流水氮、磷浓度，即可算出每次地表径流氮、磷流失量。以氮为例，计算公式如下：

总氮流失量＝径流水样中总氮浓度×径流水量

另外，每个径流池需配备一个 20L 的敞口塑料桶，便于地表径流较少时的径流收集。

6. 径流收集池盖

为保证人员安全，阻挡降雨，防止蛇、蛙等小动物进入径流收集池，每个径流池均应设置硬质盖板，盖板向下坡一侧保持 5％倾斜度，将盖板上的雨水排到保护行。

（二）径流收集管

根据耕种方式不同，可将丘陵山区坡耕地地表径流收集管分为平作、横坡垄作和顺坡垄作 3 种方式。

1. 平作方式径流收集管

在平作条件下，径流收集管由集水沟（槽）和直径为 5～10cm 的 PPR 径流管组成。在小区最下方、沿径流池壁方向用水泥浇筑一条长与小区宽度相同，宽 10cm、深 5cm（即低于地面 5cm）的集水沟（槽），集水沟（槽）在宽度方向上向径流池壁找倾斜度为 5％的下降坡。PPR 径流管设在径流池中心位置，横穿单侧径流池墙体，其下侧紧贴集水沟（槽）表面，管口内壁略高于集水沟/槽表面 0.5cm，确保对径流中的泥沙有一定淀积作用，减少泥沙进入径流池（图 14）。

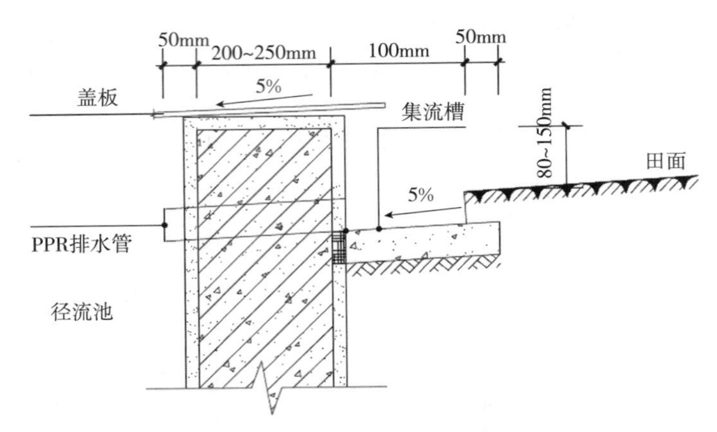

图 14　坡耕地平作条件下径流收集管示意

2. 横坡垄作径流收集管

在横坡垄作条件下，首先应确保监测小区最下方紧临径流池壁的为垄沟，而非垄背，垄高、垄宽应采用当地平均规格。径流收集管由直径为 5～10cm 的 PPR 垂直弯管组成。首先在径流池中心、垄沟底部向下挖长、宽均为 15cm、深 6cm 的方形坑，坑底部安装一个直径为 5～10cm 的垂直弯管，其水平管部分横穿单侧径流池墙体，安装完成后回填土壤，将水平管埋住压紧，露出接头，用于连接垂直管，垂直管口的高度最低与垄沟底部持平，并可根据需要向上调节（图 15）。

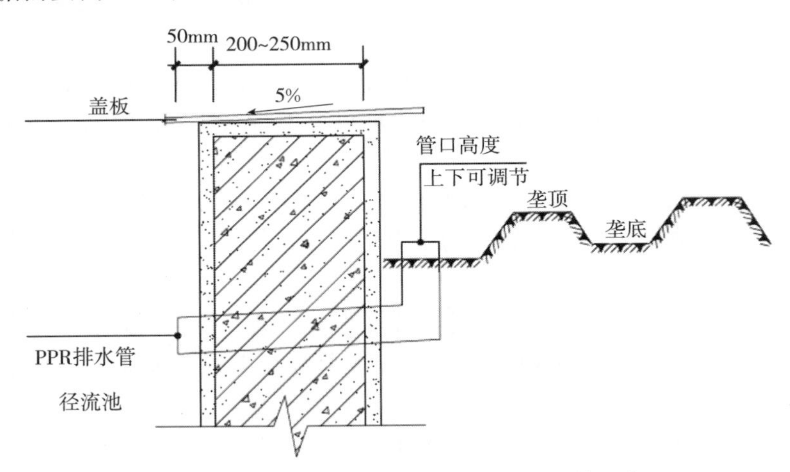

图 15　坡耕地横坡垄作条件下径流收集管示意

3. 顺坡垄作径流收集管

在顺坡垄作条件下，径流收集管由集水沟（槽）和直径为 5～10cm 的 PPR 垂直弯管组成。首先在监测小区最下方、沿径流池壁方向挖一条长与小区宽度相同，宽 10cm、深度与垄沟底部持平的集水沟（槽）（图 16）。在集水沟槽的中心位置（即径流池中心），向下挖长、宽均为 15cm、深 6cm 的方形坑，坑底部安装一个直径为 5～10cm 的垂直弯管，其水平管部分横穿单侧径流池墙体，安装完成后回填土壤，将水平管埋住压紧，露出接头，用于连接垂直管，垂直管口的高度最低与垄沟底部持平，并可根据需要向上调节。需

注意的是，回填土后，集水沟（槽）的深度与垄沟持平（图 17）。

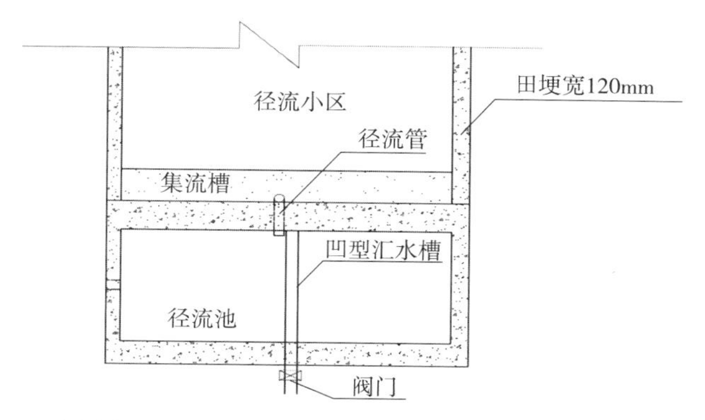

图 16　监测小区、集流槽、径流收集管、径流池位置关系俯视示意

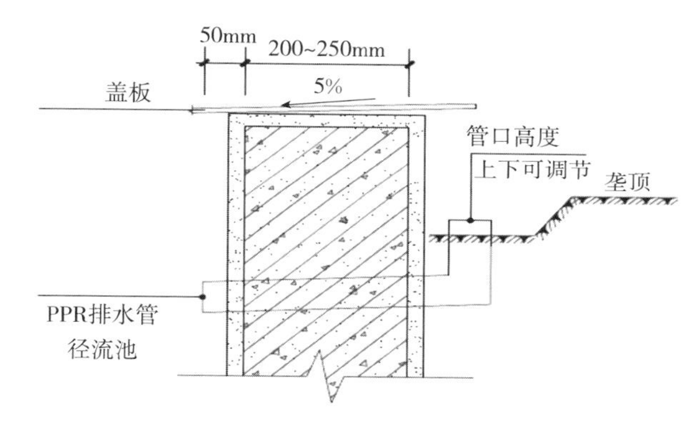

图 17　坡耕地顺坡垄作条件下径流收集管示意

六、使用与维护

参见本附录 第三节 五、径流收集池及配套设施建设。

第六节　平原旱地农田地表径流面源污染监测设施建设技术规范

一、范围

本标准规定了我国平原旱地农田地表径流面源污染监测小区、径流收集池及配套设施的建设方法。

二、规范性引用文件

本标准引用下列国家或行业标准。下列标准所包含的条文，通过在本标准中引用而构成为本标准的条文。本标准出版时，所示版本均为有效。所有标准都会被修订，使用本标准的各方应探讨使用下列标准最新版本的可能性。

NY/T 1118—2006　测土配方施肥技术规范

NY/T 395—2012　农田土壤环境质量监测技术规范

NY/T 497—2002 肥料效应鉴定田间试验技术规程

NY/T 1119—2019 耕地质量监测技术规程

三、术语和定义

下列术语和定义适用于本标准。

旱地：指只种植旱作作物的耕地。

农田地表径流、农田面源污染、监测小区、径流收集池的定义参见本附录 第一节 三、术语和定义。

四、田间监测小区建设

选点依据、监测设置参见本附录 第三节 四、田间监测小区建设。

（一）监测小区规格

平原区旱地农田监测小区规格一般为：长 6～8m，宽 4～6m，每个监测小区面积为 30～50m^2。

中耕作物（如烤烟、玉米、棉花等）小区面积不小于 36m^2；密植作物（如小麦等）小区面积不小于 30m^2；园地作物小区面积不小于 40m^2，园地作物应选择矮化、密植、成龄期果园、茶园或桑园，每个小区最少 2 行、每行最少 3 株。

（二）监测小区排列

参见本附录 第三节 四、田间监测小区建设。

（三）保护行

监测地块四周设保护行，保护行宽度一般不少于 3m，所种作物、品种及栽培措施与监测小区保持一致。

（四）田埂

为防止监测小区之间及监测小区与保护行之间相互串水，影响监测效果，监测区域与保护行之间、各监测小区之间均以田埂分隔。监测区域四周田埂宽度为 24cm（双砖砌筑）、各监测小区之间的田埂宽度为 12cm（单砖砌筑）。田埂地面以下部分深度为30～40cm，地面以上部分为 10～20cm。

田埂采用砖结构或混凝土浇筑，水泥砂浆抹面，确保不串水。

五、地表径流收集池及配套设施建设

本标准规定采用径流池法监测平原旱地农田地表径流面源污染流失通量。径流收集池及配套设施包括径流收集池、径流收集管、抽排设施和集水沟（槽）。

（一）地表径流收集池

1. 径流收集池排列

每个监测小区均对应一个径流收集池，用于收集该监测小区地表径流。根据监测地块的条件，径流池可设计成双行排列或单行排列。

2. 径流收集池容积

径流池容积以能够容纳当地单场最大暴雨所产生的径流量为依据来确定。各个监测点

应根据监测小区的面积、最大单场暴雨量及其产流量来确定径流收集池的大小。如小区面积 30m^2，单场最大暴雨以 100mm、产流量按 50mm 计（根据各地的气象资料以及产流系数确定），径流收集池容积为 30m^2×（50÷1 000）m=1.5m^3。

径流收集池的长、宽、深可根据实际情况而定。一般情况下，地面以下池深为 80～100cm，径流池地上部分高度与监测小区田埂持平。平原区旱地地表径流收集池长度一般设计为小区宽度的一半，或者为小区宽度相同，径流收集池内宽度一般为 80～120cm。

径流收集池建设要求、排水凹形槽及配套排水管阀、径流水量计量、径流收集池盖参见本附录 第三节 五、径流收集池及配套设施建设。

（二）径流收集管

平原区旱地农田地表径流收集管可以根据监测地块的耕种方式不同，分为厢沟、平作和垄作 3 种方式的径流收集管。

1. 厢沟耕种方式径流收集管

厢沟耕种方式多见于我国南方冬油菜、冬小麦、棉花等旱作作物栽培。一般情况下，厢宽 1.5～2.5m，排水沟宽 20～30cm，沟深 8～20cm。该种方式下，在每个监测小区中间、沿长边方向挖一条 8～20cm 深的排水沟（以当地排水沟的平均深度为准），同时在径流池边开一条集水沟与排水沟形成 T 形排水沟，在径流池靠监测小区一侧池壁中间，安装直径为 5～10cm、贯穿径流池单侧墙体的 PPR 管，PPR 管底部应平齐于排水沟底部（图 18）。

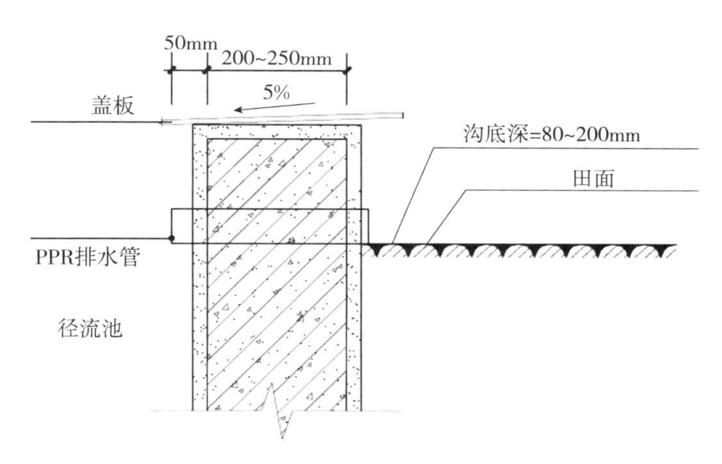

图 18　平原旱地厢沟耕种方式径流收集管示意

2. 平作耕种方式径流收集管

平作耕种方式多在我国北方冬小麦、玉米等作物平播地区，不开沟，不起垄，作物种植栽培于土壤表面。在平作耕种条件下，径流收集管由集水沟（槽）和直径为 5～10cm 的水平 PPR 管组成。在监测小区紧邻径流池壁方向，用水泥浇筑一条长与小区长度相同、宽 10cm、深 5cm（即低于地面 5cm）的集水沟（槽），集水沟（槽）在宽度方向上向径流池壁倾斜 5%形成坡度。PPR 径流管设在径流池中心位置，横穿单侧径流池墙体，其下侧紧贴集水沟（槽）表面，管口内壁略高于集水沟（槽）表面 0.5cm，确保对径流中的泥沙有一定淀积作用，减少泥沙进入径流池（图 19）。

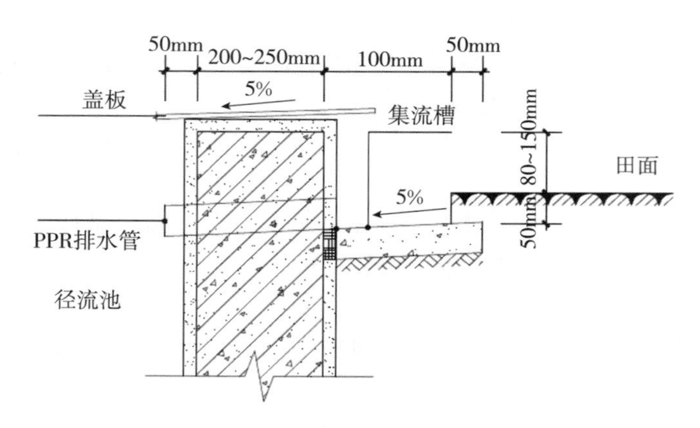

图 19　平原旱地平作耕种方式径流收集管示意

3．垄作耕种方式径流收集管

垄作耕种方式多见于我国蔬菜种植区、玉米、烤烟、棉花等作物种植区。一般垄上种植作物，垄沟排水。在垄作耕种条件下，垄高、垄宽应采用当地平均规格。在沿小区宽边、紧贴径流池壁方向（即沿径流池串联方向），挖一条较垄沟深 6cm 的沟（槽），沟（槽）底部安装一个直径为 5～10cm 的垂直弯管，其水平管部分横穿单侧径流池，垂直管部分可上下调节，管口实际高度以当地垄沟排水高度为准。安装完成后回填土壤，将水平管埋住压紧，露出接头，用于连接垂直管（图 20）。

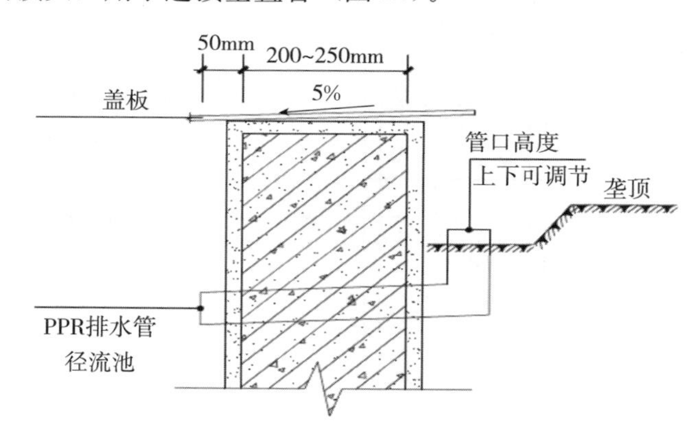

图 20　平原旱地垄作耕种方式径流收集管示意

（三）抽排池

抽排池位于径流池最外侧，较径流池深 20cm 左右，一般在地表以下 100～120cm，地面以上高度与径流池高度相同。抽排池宽度与径流池相同，长度可短于径流池，具体尺寸可根据实际情况而定（图 21）。

为了便于将抽排池内积水排空，抽排池内应设置集水坑，内放置水泵，积水坑长、宽尺寸及深度应根据所选水泵规格确定。

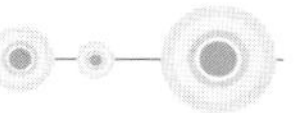

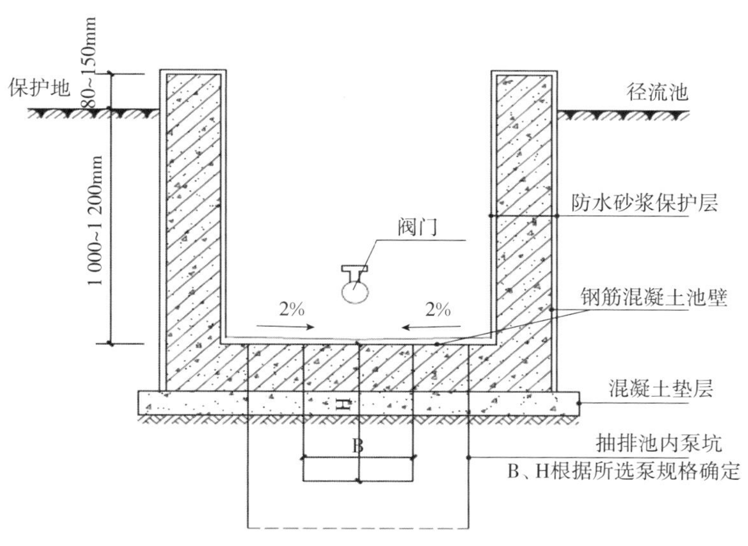

图 21　抽排池剖面示意

六、使用与维护

参见本附录第三节　五、径流收集池及配套设施建设。

附录3　种植业原位监测点样品的采集与测试

监测期间，请详细记载地块基本信息以及作物栽培、耕作、灌溉、施肥、施药等田间管理措施。

一、径流水

（一）径流量（体积）记载

每次降水并产生径流以及水稻晒田期人为排水后，记载各径流池水面高度（mm），计算径流量。南方梅雨季节，可在多天下雨径流池水量达到80%后，计算径流量，但最大间隔不能长于7d。

（二）径流样品采集

在记录径流量后即可采集径流水样。采样前，先用清洁工具（如竹竿、木板）充分搅匀径流池中的径流水，然后利用清洁容器（如在竹竿上绑缚敞口玻璃瓶）在径流池不同部位、不同深度多点采样（至少8点），置于清洁的塑料桶或塑料盆中。用清洁量筒从塑料桶（盆）中准确量取径流水样，分装到2个样品瓶（可选用矿泉水瓶，应预先做好编号）中，每瓶水样不少于500mL，其中一个供分析测试用，另一个作为备用。如果当天不能进行分析，应立即将水样冷冻保存。

（三）径流池清洗

取完水样后，拧开每个径流池底排水凹槽处的盖子，抽排径流水；抽排过程中，应搅拌径流水，将径流池清洗干净，以备下一次径流收集和计量。

（四）径流水样品测试

测试指标包括总磷、可溶性总磷、总氮、硝态氮、铵态氮。

二、淋溶水

（一）采样时间

在每次灌溉后的第2～4天、下次灌溉之前。连续小雨时期，可根据降水量及接液瓶的容量，可间隔2～3d采集水样，但应避免淋溶瓶内水满。

（二）采样装置安装

采样前安装好采样瓶、缓冲瓶和真空泵，并保证各接口处连接紧密。缓冲瓶用于抽出采样瓶中的气体，在采样瓶中形成负压，接液瓶中的淋溶液在负压下流入到采样瓶，另外缓冲瓶还起到防止淋溶液抽进真空泵的作用。田间原位淋溶自流式系统中，水样采集由工作人员进入淋溶坑池直接进行。

（三）样品采集和分析

取出接液瓶/集液管/接液桶中的全部淋溶液，并记录每次抽取的淋溶液总量。将淋溶液摇匀后，取2个混合水样（每个样约500mL，如淋溶液不足1 000mL则将淋溶液全部

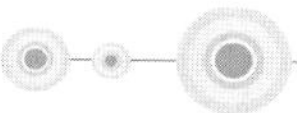

作为样品采集，供化验和备用），其中一个供分析测试用，另一个作为备用。样品瓶可用普通矿泉水瓶，但采样前需用蒸馏水洗净，采样时再用淋溶液润洗。水样瓶需进行编号，每个样品瓶写两个同样的编号，以防编号丢失。

（四）水样保存

水样若非当天测试，应立即于−20℃冰柜中保存，测定前解冻测试。

（五）淋溶水样品测试

测试指标包括总磷、可溶性总磷、总氮、硝态氮、铵态氮。

（六）注意事项

对于无法采集到淋溶液的地下淋溶重点监测点，在每季作物收获后，采集0～200cm（每20cm一层，分别采集0～20cm，20～40cm，…160～180cm，180～200cm等共计10个层次的土样）土壤剖面样品，分析测试土壤含水量、硝态氮和铵态氮含量。

三、降水的监测与采样

（一）适用范围

所有监测点，都必须监测降水。

（二）监测工具

量雨器。

（三）放置要求

量雨器放置在试验田旁或距离试验田较近的地方，周边没有建筑物、树木等遮挡物。

（四）监测方法

只要前一天降水，就需要在次日上午9时监测降水，至下一日9时，测量24 h的降水量。借助量筒（量雨器配套的雨量筒，测量的水量单位即为mm）等工具测量降水量，单位转换为mm。做好记录。

（五）降水样品采集

24 h降水量超过5mm时，必须单独采集降水水样。测量降水量后，摇匀量雨器内降水，将降水分装到2个样品瓶（样品瓶提前写好编号和采样日期时间）中，水量充足时，保证每瓶水样不少于500mL，其中一个供分析测试，另一个备用。样品采集后，立即送检或冰冻保存。24 h降水量小于5mm时，测量水量后，收集保存水样，将全年所有的小于5mm降水量水样，混合成一个水样，进行测试分析。

每次取样完成后，将量雨器用蒸馏水冲洗干净后放到原位。

（六）注意事项

每次采完样后用蒸馏水将量雨器冲洗干净。采集样品时，注意量雨器内是否有异物（动物尸体、植株残渣、叶片等），如果有，请在记录本上注明备查。

（七）降水水样测试

测试指标包括总氮、硝态氮、铵态氮、总磷、可溶性总磷、pH，测试方法同径流、淋溶水样。

四、灌水的监测与采样

（一）适用范围

所有的监测点必须监测灌溉水。

（二）水量监测

试验田最好采用单独灌溉，便于计量。根据具体情况，可采用不同的计量方法，但务必做到及时监测、准确计量。可采取的方法有以下几种：一是流量计法，适合于单独排灌的试验田，可以通过直接读取流量计的办法，计算出灌水量，利用该方法要注意每个小区的进水量均匀。二是水表计算法。适合于灌区排灌系统规整、流水畅通，各农田、小区进水均匀的试验田。该方法通过计时后，结合水表功率计算出监测农田和各小区灌水量。三是测量田面水深法。适合于前期有田面水或农田表层土水饱和的水田。通过量取前期水深和灌水后水深计算出灌水量。采用该方法时，注意要测量田中 5 个以上点位的水深，然后取平均值。

（三）灌水样的采集

旱田需要在每次灌水时采集灌水水样，在一次灌水过程中分 3～5 次进入试验田的水口取水，倒入水桶中，摇匀后，采集两瓶水样（每瓶 500 mL，采样瓶提前编号，注明灌水、编号和采样日期），样品采集后及时送检或冰冻保存。

（四）灌水样测试

测试指标包括总氮、硝态氮、铵态氮、总磷、可溶性总磷、pH，测试方法同径流、淋溶水样。

五、地表径流监测中土壤样品的采集与测试

秋季作物收获后（一般在 9～11 月），用土钻采集各小区 0～20cm 土壤样品。

土壤样品分为两份，一份为风干样品（不少于 1.0kg）；另一份为新鲜土壤样品（不少于 1.0kg），风干土样的测试指标包括有机质、全氮、总磷、全钾、有效磷、速效钾和 pH；鲜土样的测试指标为土壤含水量、硝态氮和铵态氮含量。

对于新建监测点，监测设施建设期间采集基础土壤，测定指标包括有机质、全氮、全磷、有效磷、速效钾、pH（以上 6 个指标由中国农业科学院统一测试）和含水量、硝态氮、铵态氮、可溶性总氮、分层次的土壤容重。

六、地下淋溶中土壤样品的采集与测试

秋季作物收获后（一般在 9～11 月），采集各小区 0～20cm，20～40cm，…80～100cm 土层的土壤样品。其中，0～20cm 土壤样品需制备两份，一份为风干土样（不少于 1.0kg），另一份为新鲜土壤样品（不少于 0.5kg），冷冻保存；其余层次土壤样品均为新鲜土壤样品，冷冻保存（不少于 0.5kg）。

风干土样的测试指标包括有机质、全氮、总磷、全钾、有效磷、速效钾和 pH；新鲜土壤样品测试指标为土壤含水量、硝态氮和铵态氮含量。

对于新建监测点，监测设施建设期间采集基础土壤，测定指标包括有机质、全氮、全

磷、有效磷、速效钾、pH［以上6个指标由中国农业科学院或省（自治区、直辖市）农业科学院统一测试］和含水量、硝态氮、铵态氮、可溶性总氮、分层次的土壤容重。

七、植物样品的采集与测试

按经济产量部分（如籽实）和废弃物部分（如茎叶）分别采集、制备植物样品。

（一）经济产量部分

记载每个小区经济产量，多点混合采集、制备籽实样品，烘干样品重量不少于0.5kg（蔬菜类样品不少于0.1kg）。对于多次采收的作物（如黄瓜、番茄等），每次采摘后均应记录产量；在盛果期连续采集3次样品，分别制样，最后混合为一个样品。

（二）废弃物部分

记载每个小区废弃物（一般作物为秸秆，块根、块茎类作物为叶片等）产量，多点混合采集、制备废弃物样品，烘干样品重量不少于0.5kg（蔬菜类样品不少于0.1kg）。

在记录经济产量和废弃物部分产量时，一定要记录是鲜产量或干产量（晒干样或风干样），取样后一定要先称取样品的鲜样（或干样）重量，全部烘干后（在烘制的过程中要保证样品的完整性）再称取烘干样重量，得出植物经济产量和废弃物部分的水分含量，从而计算出各小区植株干物质重。将烘干后的植株样研磨，过筛装入样品瓶中，分析测试植物样品的全氮、全磷、全钾含量。

八、送样

各监测点的样品按要求统一送至指定的分析测试中心。送样过程中务必确保样品低温保存，最好于送样当天从冰柜中取出样品，置于泡沫箱中，再加入一定数量的冰冻矿泉水瓶降温。

附录4　农田氨挥发原位监测点样品的采集与测试技术规范

一、范围

本规范规定了农田生态系统氨挥发测定方法的范围、规范性引用文件、术语和定义、原理与适用范围、试剂、仪器和材料、监测点、采样和测定步骤、通量计算、异常值的判断与处理、监测报告。包括两种尺度下的测定方法：农田土壤表面挥发氨的密闭室间歇抽气-酸碱滴定/分光光度法、通气式氨气捕获-分光光度法、大面积农田生态系统挥发氨的微气象学法。

本规范适用于农田生态系统氨挥发的测定。

二、规范性引用文件

下列文件对于本文件的应用是必不可少的。凡是注日期的引用文件，仅所注日期的版本适用于本文件。凡是不注日期的引用文件，其最新版本（包括所有的修改单）适用于本文件。

GB/T 601　化学试剂标准滴定溶液的制备

GB/T 4883　数据的统计处理和解释　正态样本离群值的判断和处理

GB/T 18204.2　公共场所卫生检验方法　第2部分：化学污染物

三、术语和定义

下列术语和定义适用于本文件。

（一）农田生态系统

以作物为中心的农田中，生物群落与其生态环境间在能量和物质交换及其相互作用上所构成的一种生态系统。

（二）农田氨挥发

农田土壤和农田生态系统向上方大气排放气态氨（NH_3）的现象。

（三）密闭室间歇抽气

用封闭的罩子将测定区域隔离开，用抽气泵驱动气流，在24 h内以抽气-停止-抽气-停止的方式，经吸收液收集气流中氨的一种采样方法。

（四）通气式氨气捕获

用无封口的罩子将测定区域隔离开，利用经氨吸收液浸润的海绵，在自然通气条件下采集挥发氨的一种采样方法。

（五）微气象学法

依据微气象学原理，在自然条件下，直接从试验区上方采样，并测定风速、干湿温度等，由此分析土壤氨挥发量的一种方法。

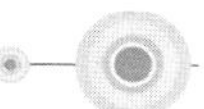

四、原理与适用范围

（一）密闭室间歇抽气-酸碱滴定/分光光度法

利用空气置换密闭室内的氨，挥发出来的氨随着抽气气流进入吸收瓶中，被瓶中氨吸收液吸收，通过酸碱滴定或分光光度法测定氨浓度，估算土壤表面挥发氨量及累积量。

适用于具备动力源的农田。

（二）通气式氨气捕获-分光光度法

通过通气式氨气捕获装置将土壤罩住，利用装置内含氨吸收液的海绵吸收土壤挥发出来的氨气，通过测定海绵内氨的含量，估算土壤表面挥发氨量及累积量。

（三）微气象学法

农田中土壤或地上部分排放的气态氨向上扩散并随风向向下风口移动，氨的水平通量密度与垂直通量密度成正比，通过测定待测农田中圆形区域内一定高度的空气氨浓度和周围背景氨浓度，计算得出氨的垂直通量密度即氨挥发量。

适用于空旷平坦、肥力水平均衡的农田。

五、监测点及监测周期

选择耕作方式、栽培模式、施肥水平以及灌溉排水等的管理水平具有代表性的田块作为监测田块，详见附件 A。

（一）密闭室间歇抽气-酸碱滴定/分光光度法

每次施肥后连续监测 7～14d，采样时间为每日的上午 7～9 时和下午 3～5 时。

（二）通气式氨气捕获-分光光度法

每次施肥后 7～14 d 内，每间隔 2～3 d 采样 1 次。

（三）微气象学法

每次施肥后连续监测 7～14d，采样时间为每日 0 时至次日 0 时，每 6 h 采样 1 次。

六、监测小区与监测设施建设

监测小区与监测设施建设设置详见附录 A。

七、样品采集

（一）密闭室间歇抽气-酸碱滴定/分光光度法

采样时应打开真空泵，气室内的换气速率应控制在 15～20 次/min。如当天未能测定，应放置在 4℃冰箱内保存，在一周内完成测定。

（二）通气式氨气捕获-分光光度法

记录采样前的下层海绵干重（m_1）。

将 2 L 烧杯置于天平上调零后，放入下层海绵，加入 60mL 氯化钾溶液，记录质量（m_2）。

挤压下层海绵不少于 15 次，取 2 mL 洗脱液称重(m_3)，洗脱液总体积(V)为 $2\times\frac{m_2-m_1}{m_3}$。

如当天未能测定，应放置在4℃冰箱内保存，在一周内完成测定。

（三）微气象学法

换取下氨取样器，用塞子封闭取样器尾部文丘里管的开孔，从取样器进气口加入蒸馏水40 mL，用塞子封闭进气口，沿取样器工作时的气流方向用力晃动20 s，倒出洗脱液测定。如当天未能测定，应放置在4℃冰箱内保存，在一周内完成测定。

八、分析测试

（一）测试项目

吸收液或洗脱液总氮（TN）或者铵态氮（NH_4^+-N）。

（二）测试方法

总氮：酸碱滴定法。

硝态氮：靛酚蓝分光光度法（GB/T 18204.2）。

九、农田氨挥发通量的计算

（一）密闭室间歇抽气-分光光度法

每日氨挥发量计算公式如下：

$$F = C \times 10^{-6} \times 60 \times \frac{10^4}{\pi \times r^2} \times 6$$

式中：

F——氨挥发通量，kg/hm²；

C——吸收液铵态氮的浓度，mg/mL；

60——稀硫酸吸收液的体积，mL；

10^{-6}——质量转换系数；

10^4——面积转换系数；

r——气室的半径，m；

6——24 h与日氨挥发收集时间4 h的比值。

（二）密闭室间歇抽气-酸碱滴定法

每日氨挥发量计算公式如下：

$$F = V \times 10^{-3} \times C \times 0.014 \times \frac{10^4}{\pi \times r^2} \times 6$$

式中：

F——氨挥发通量，kg/hm²；

V——滴定用硫酸的体积，mL；

10^{-3}——体积转换系数；

C——滴定用硫酸的标定浓度，mol/L；

0.014——氮原子的相对原子质量，kg/mol；

10^4——面积转换系数；

r——气室的半径，m；

6——24 h 与日氨挥发收集时间 4 h 的比值。

（三）通气式氨气捕获-分光光度法

氨挥发量计算公式如下：

$$F = \frac{C \times V \times 10^{-6} \times 10^{4}}{\pi \times r^{2} \times D_{i} \times R}$$

式中：

F——氨挥发通量，kg/（hm^2 • d）；

C——洗脱液中的铵态氮的浓度，mg/mL；

V——洗脱液总体积，mL；

10^{-6}——质量转换系数；

10^{4}——面积转换系数；

r——气室的半径，m；

D_i——第 i 次取样时装置实际累积吸收氨的时间，d；

R——氨挥发捕获装置的氨回收率。

（四）微气象学法

氨挥发量计算公式如下：

$$F = \frac{1}{r} \times 10^{4} \times \sum_{i=1}^{4} \left(\int_{0}^{z} \frac{40 \times C_{i} \times 10^{-9}}{2.42 \times 10^{-5}} \mathrm{d}z \right)$$

式中：

F——氨挥发通量，kg/（hm^2 • d）；

r——圆形区半径值，m；

10^{4}——面积转换系数；

i——表示当天第 i 次取样；

4——每天的取样次数；

z——试验区监测点的高度，m；

40——洗脱液总体积，mL；

C_i——第 i 次取样洗脱液中的氨浓度，μg/mL；

10^{-9}——质量转换系数；

2.42×10^{-5}——取样器的有效横截面积，m^2。

附录 A　监测点设计

（规范性附录）

（一）密闭室间歇抽气-酸碱滴定/分光光度法

土地利用方式相同的田块，在不小于 $15m^2$ 范围宜设置 1 个监测点。

（二）通气式氨气捕获-分光光度法

土地利用方式相同的田块，在不小于 $15m^2$ 范围宜设置 1 个监测点。

（三）微气象学法

背景区面积不小于 $1km^2$ 且 1 周内未曾施用过氮肥，观测区应为半径不小于 25m 的圆形田块，圆周筑埂，埂高 0.15m，若设置多个观测区，观测区间相隔应不小于 80m，见图 A.1。

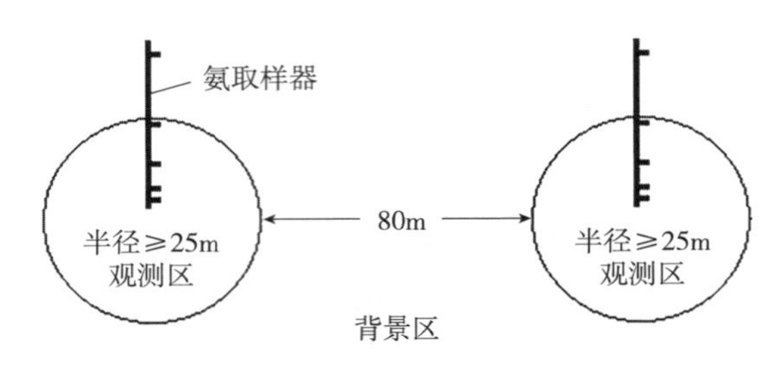

图 A.1 监测点布置示意

附录 B 密闭室间歇抽气氨气采样装置

（一）装置结构

整套装置包含换气杆（材质可为聚氯乙烯，中空）、波纹管、空气交换室（材质可为透明有机玻璃，直径 20cm，高 15cm，底部开放，顶部有 2 个通气孔）、洗气瓶（材质为玻璃，瓶塞中包含一长一短两个 L 形通气管）、调节阀、流量计、抽气泵及连接各部件的乳胶管。换气杆通过波纹管与空气交换室顶部通气孔连接，空气交换室顶部另一个通气孔通过乳胶管与洗气瓶中较长的 L 形通气管连接，洗气瓶中较短的 L 形通气管通过乳胶管与调节阀连接，调节阀、流量计和抽气泵通过乳胶管串联，见图 B.1。

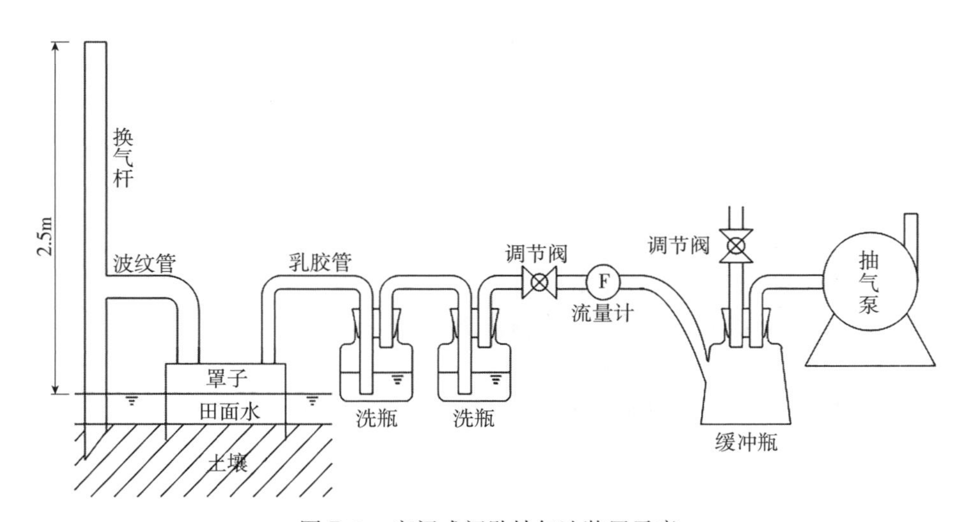

图 B.1 密闭式间歇抽气法装置示意

（二）装置工作原理

外界空气从换气杆顶部进入，通过波纹管到达空气交换室，带动交换室内挥发的氨进入洗气瓶，通过洗气瓶中的吸收液将氨吸收，进而通过测定吸收液中氨的总量计算田间氨挥发量。通过该装置采集样品时，将各部件依次连接，把空气交换室放置于待测区域，空气交换室底部插入土壤 2cm，将氨吸收液注入洗气瓶，使液面没过洗气瓶中较长的通气管口 1cm，开启抽气泵，控制调节阀保持空气交换室内空气交换速率为 15～20 次/min，抽

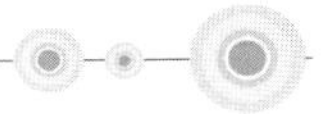

气结束后测定吸收液中氨的总量。

附录C 通气式氨气采样装置

（一）装置结构

整套装置包含圆柱形气室（高20cm，内径15cm，材质可为聚氯乙烯或聚甲基丙烯酸甲酯）；圆片形海绵（2块，直径15cm，厚5cm），测定前两层海绵灌注磷酸甘油混合液（100mL磷酸与80mL甘油混合定容至2 L制成的溶液）；圆柱形支柱（4根，长15cm，直径0.5cm，材质可为竹木纤维或不锈钢，黏附在气室外壁上，顶部延伸出5cm）；遮雨板（30 × 30cm，材质可为聚氯乙烯或聚甲基丙烯酸甲酯），见图C.1。

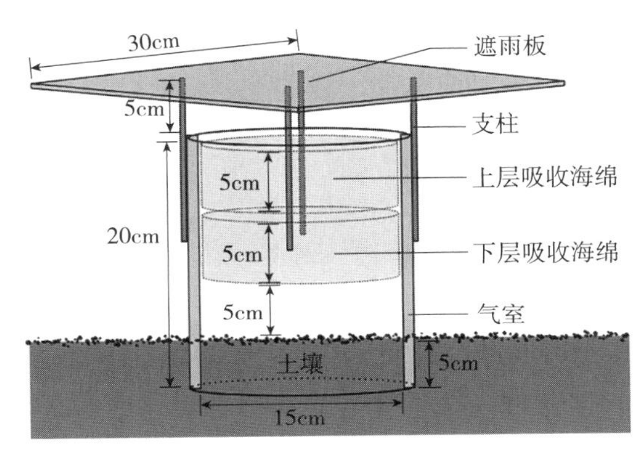

图C.1 通气式氨气捕获装置示意

（二）装置工作原理

利用经酸液浸润的海绵吸收地表挥发的氨，洗脱海绵吸收到的氨，以靛酚蓝分光光度法测定田间氨挥发量。用于在田间捕获挥发的氨时，将圆柱形气室垂直插入土壤，插入深度为5cm，将两层圆片形吸收海绵中分别用注射器注入20mL磷酸甘油（100mL磷酸与80mL甘油混合定容至2L制成的溶液）。将两层海绵分别放置到气室内，其中，下层吸收海绵距离地面5cm，用于捕获土壤挥发的氨；上层吸收海绵用于消除外界空气中的氨对下层吸收海绵的干扰。遮雨板固定在圆柱形支柱顶端，与圆柱形气室间距5cm。

附录D 微气象学法氨气采样装置

（一）装置结构

采样器包含头小尾大的PVC管（长宜28cm，内径宜7cm）、安装于PVC管尾部的两个鳍片（高宜7cm，材质可为聚氯乙烯或聚甲基丙烯酸甲酯）、安装于PVC管中部的枢轴（PVC管可在垂直枢轴方向自由转动）、位于PVC管中心位置的封口不锈钢管、环绕不锈钢管的薄型不锈钢鳍片以及固定鳍片的定位条（材质可为不锈钢），见图D.1。

圆形观测区的圆心位置树立一根高300cm的管柱，管柱上离地面20cm、40cm、80cm、160cm及260cm处各装有收集挥发氨的采样器支架与采样器。

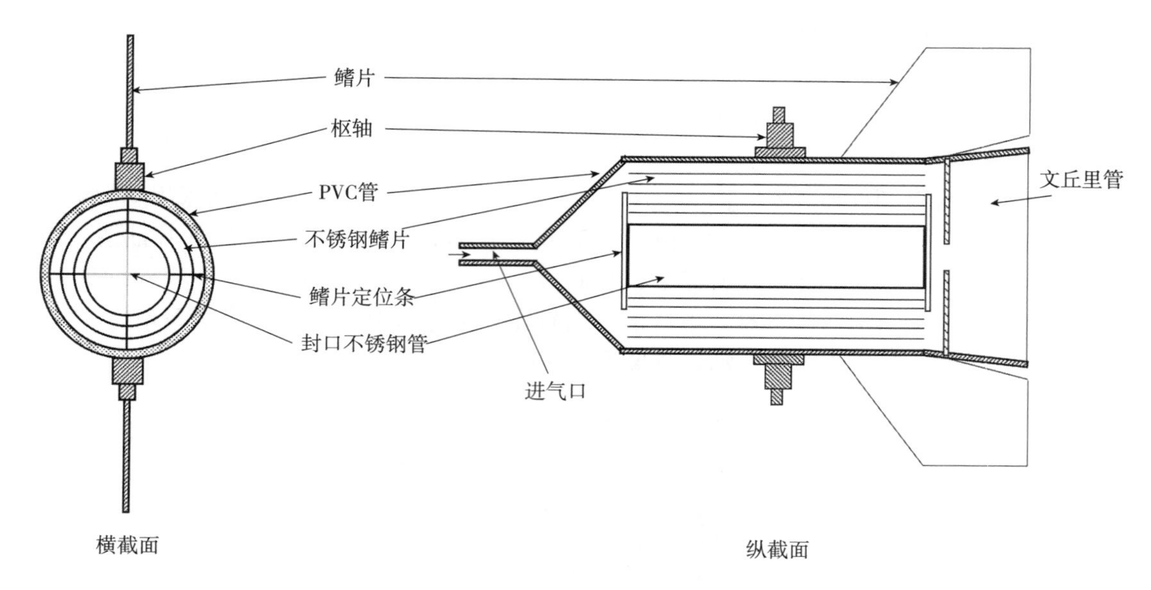

图 D.1 采样器示意

(二）装置工作原理

根据微气象学原理在不同高度设置氨采样器，氨采样器尾部装有随风转动的风标，螺旋状不锈钢鳍片内层的表面浸润 2% 草酸吸收液（称量 20g 草酸溶于 950mL 热蒸馏水，定容至 1 L 制成），吸附田间气流中所含的氨，以靛酚蓝分光光度法测定氨挥发量。

附录5　初级农产品中农药最大残留限量值

针对农田系统中有毒有害化学/生物污染，提出化学污染物的治理方案，最终目标是保证农产品安全，因此首先应参考初级农产品中农药最大残留限量值（MRL）标准。耕地污染治理以实现治理区域内食用农产品可食部位中目标农药含量降低到最大残留限量标准以下为目标。

参考标准：GB 2763—2019　食品安全国家标准 食品中农药最大残留限量。

一、杀虫剂

（一）有机氯农药

1. 六六六、α-六六六、β-六六六、γ-六六六

食品类别	食品名称	MRL（mg/kg）
谷物	稻谷、麦类、旱粮类、杂粮类（大豆除外）	0.05
油料和油脂	大豆	0.05
蔬菜	鳞茎类蔬菜、芸薹属类蔬菜、叶菜类蔬菜、茄果类蔬菜、瓜类蔬菜、豆类蔬菜、茎类蔬菜、根茎类和薯芋类蔬菜、水生类蔬菜、芽菜类蔬菜、其他类蔬菜	0.05
水果	柑橘类水果、仁果类水果、核果类水果、浆果和其他小型水果、热带和亚热带水果、瓜果类水果	0.05
饮料类	茶叶	0.2

2. 滴滴涕

食品类别	食品名称	MRL（mg/kg）
谷物	稻谷、麦类	0.1
	杂粮类（大豆除外）	0.05
油料和油脂	大豆	0.05
蔬菜	鳞茎类蔬菜、芸薹属类蔬菜、叶菜类蔬菜、茄果类蔬菜、瓜类蔬菜、豆类蔬菜、茎类蔬菜、根茎类（胡萝卜除外）和薯芋类蔬菜、水生类蔬菜、芽菜类蔬菜、其他类蔬菜	0.05
	胡萝卜	0.2
水果	柑橘类水果、仁果类水果、核果类水果、浆果和其他小型水果、热带和亚热带水果、瓜果类水果	0.05
饮料类	茶叶	0.2

（二）有机磷农药

1. 毒死蜱

食品类别	食品名称	MRL（mg/kg）
谷物及其制品	稻谷、小麦	0.5
	玉米	0.05
	小麦粉	0.1
油料和油脂	棉籽	0.3
	大豆	0.1
	花生仁、玉米油	0.2
	大豆油	0.03
	棉籽油	0.05
蔬菜	韭菜、菠菜、普通白菜、叶用莴苣、大白菜、黄瓜	0.1
	结球甘蓝、花椰菜、菜豆、萝卜、胡萝卜、根芹菜、芋	1
	芹菜、莴笋、朝鲜蓟、	0.05
	番茄	0.5
	食荚豌豆	0.01
水果	柑、橘、佛手柑、金橘、苹果、梨、山楂、枇杷、榅桲、越橘、荔枝、龙眼	1
	橙、柠檬、柚、香蕉	2
	桃	3
	李子、葡萄	0.5
	草莓	0.3
干制水果	李子干	0.5
	葡萄干	0.1
坚果	杏仁、核桃、山核桃	0.05
饮料类	茶叶	2
	咖啡豆	0.05
糖料	甜菜	1
	甘蔗	0.05
调味料	果类、根茎类调味料	1
	种子类调味料	5

2. 三唑磷

食品类别	食品名称	MRL（mg/kg）
谷物	稻谷、小麦、大麦、燕麦、黑麦、小黑麦、旱粮类	0.05
	大米	0.6

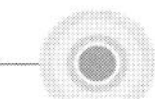

（续）

食品类别	食品名称	MRL（mg/kg）
油料和油脂	棉籽	0.1
	棉籽毛油	1
蔬菜	结球甘蓝、节瓜	0.1
水果	柑、橘、橙、苹果、荔枝	0.2
调味料	果类调味料	0.07
	根茎类调味料	0.1

（三）氨基甲酸酯类农药

丁硫克百威

食品类别	食品名称	MRL（mg/kg）
谷物	稻谷、糙米	0.5
	小麦、玉米、高粱、粟	0.1
油料和油脂	棉籽、花生仁	0.05
	大豆	0.1
蔬菜	韭菜、菠菜、普通白菜、芹菜、大白菜	0.05
	结球甘蓝、节瓜、甘薯	1
	番茄、茄子、辣椒、甜椒、黄秋葵、菜用大豆	0.1
	黄瓜	0.2
水果	柑、橘	1
	橙、柠檬、柚	0.1
	苹果	0.2
糖料	甘蔗	0.1
	甜菜	0.3
调味料	根茎类调味料	0.1
	果类调味料	0.07

（四）菊酯类农药

高效氯氰菊酯

食品类别	食品名称	MRL（mg/kg）
谷物	谷物（单列的除外）	0.3
	稻谷、大麦、黑麦、燕麦	2
	小麦	0.2
	杂粮类（鲜食玉米除外）	0.05
	鲜食玉米	0.5

（续）

食品类别	食品名称	MRL（mg/kg）
油料和油脂	小型油籽类、大型油籽类（大豆除外）	0.1
	棉籽	0.2
	大豆	0.05
	初榨橄榄油、精炼橄榄油	0.5
蔬菜	洋葱、根茎类和薯芋类蔬菜	0.01
	韭菜、芸薹属蔬菜（结球甘蓝、菜薹除外）、芹菜	1
	葱、菠菜、普通白菜、叶用莴苣、大白菜、樱桃番茄、甜椒	2
	韭葱、玉米笋	0.05
	结球甘蓝、菜薹、茎用莴苣叶	5
	叶菜类蔬菜（单列的除外）、豆类蔬菜（单列的除外）	0.7
	苋菜	3
	茼蒿、油麦菜	7
	番茄、茄子、辣椒、黄秋葵、豇豆、菜豆、食荚豌豆、扁豆、蚕豆、豌豆	0.5
	瓜类蔬菜（黄瓜除外）	0.07
	黄瓜	0.2
	芦笋	0.4
	朝鲜蓟	0.1
	茎用莴苣	0.3
水果	柑橘类水果（柑、橘、橙、柠檬、柚除外）	0.3
	柑、橘、桃、榴莲	1
	橙、柠檬、柚、苹果、梨、核果类水果（桃除外）	2
	仁果类水果（苹果、梨除外）、芒果	0.7
	葡萄、杨桃	0.2
	草莓、瓜果类水果	0.07
	橄榄	0.05
	荔枝、龙眼、番木瓜	0.5
干制水果	葡萄干	0.5
	枸杞（干）	2
坚果		0.05
糖料	甘蔗	0.2
	甜菜	0.1
饮料类	茶叶	20
	咖啡豆	0.05
食用菌	蘑菇类（鲜）	0.5

（续）

食品类别	食品名称	MRL（mg/kg）
调味料	干辣椒	10
	果类调味料	0.1
	根茎类调味料	0.2

（五）烟碱类农药

1. 吡虫啉

食品类别	食品名称	MRL（mg/kg）
谷物	糙米、小麦、玉米、鲜食玉米、高粱、粟	0.05
	杂粮类	2
油料和油脂	棉籽、花生仁	0.5
	大豆、葵花籽	0.05
蔬菜	洋葱、苦瓜、菜豆、菜用大豆、竹笋	0.1
	韭菜、结球甘蓝、花椰菜、青花菜、芥蓝、叶用莴苣、番茄、茄子、辣椒、黄瓜、西葫芦	1
	葱	2
	菜薹、普通白菜、节瓜、丝瓜、根茎类蔬菜（胡萝卜除外）、马铃薯	0.5
	菠菜、萝卜叶、芹菜、食荚豌豆	5
	结球莴苣、豆类蔬菜（蚕豆、菜用大豆、菜豆和食荚豌豆除外）	2
	大白菜、甜椒、胡萝卜	0.2
	莲子（鲜）、莲藕	0.05
水果	柑、橘、橙、柠檬、柚、佛手柑、金橘、葡萄、石榴	1
	苹果、梨、桃、油桃、杏、樱桃、草莓	0.5
	李子、芒果、瓜果类水果	0.2
	浆果和其他小型水果（越橘、葡萄和草莓除外）	5
	越橘	0.05
干制水果	枸杞（干）	1
坚果		0.01
糖料	甘蔗	0.2
饮料类	茶叶	0.5
	咖啡豆、菊花（鲜）	1
	啤酒花	10
	菊花（干）	2
调味料	干辣椒	10

2. 啶虫脒

食品类别	食品名称	MRL（mg/kg）
谷物	糙米、小麦	0.5
油料和油脂	棉籽	0.1
蔬菜	鳞茎类蔬菜（葱除外）	0.02
	葱、芥蓝、菠菜、茎用莴苣叶	5
	结球甘蓝、花椰菜、萝卜	0.5
	头状花序芸薹属类蔬菜（花椰菜、青花菜除外）、荚可食豆类蔬菜（食荚豌豆除外）	0.4
	青花菜	0.1
	菜薹、芹菜	3
	叶菜类蔬菜（菠菜、普通白菜、茎用莴苣叶、芹菜、大白菜除外）	1.5
	普通白菜、大白菜、番茄、茄子、黄瓜、茎用莴苣	1
	茄果类蔬菜（番茄、茄子除外）、节瓜	0.2
	食荚豌豆、荚不可食豆类蔬菜	0.3
	莲子（鲜）、莲藕	0.05
水果	柑橘类水果（柑、橘、橙除外）、仁果类水果（苹果除外）、核果类水果、浆果和其他小型水果［枸杞（鲜）除外］、热带和亚热带水果、瓜果类水果（西瓜除外）	2
	柑、橘、橙	0.5
	苹果	0.8
	枸杞（鲜）	1
	西瓜	0.2
干制水果	李子干	0.6
	枸杞（干）	2
坚果		0.06
糖料	甘蔗	0.2
饮料类	茶叶	10
调味料	干辣椒	2

3. 噻虫嗪

食品类别	食品名称	MRL（mg/kg）
谷物	糙米、小麦	0.1
	大麦	0.4
	玉米、鲜食玉米	0.05
油料和油脂	油籽类（油菜籽、花生仁除外）	0.02
	油菜籽、花生仁	0.05

（续）

食品类别	食品名称	MRL（mg/kg）
蔬菜	芸薹属类蔬菜（结球甘蓝除外）、菠菜	5
	结球甘蓝、丝瓜、马铃薯	0.2
	叶菜类蔬菜（菠菜、芹菜除外）	3
	菠菜	5
	芹菜、番茄、辣椒、节瓜	1
	茄果类蔬菜（番茄、茄子、辣椒除外）	0.7
	茄子、黄瓜、朝鲜蓟	0.5
	根茎类蔬菜	0.3
	荚不可食豆类蔬菜、玉米笋	0.01
水果	柑橘类水果（柑、橘、橙除外）、浆果和其他小型水果（葡萄除外）、鳄梨	0.5
	苹果、梨、山楂、枇杷、榅桲	0.3
	核果类水果	1
	香蕉	0.02
	番木瓜、菠萝	0.01
	西瓜	0.2
坚果	山核桃	0.01
糖料	甘蔗	0.1
饮料类	茶叶	10
	咖啡豆	0.2
	可可豆	0.02
	啤酒花	0.09
调味料	薄荷	1.5
	干辣椒	7

4. 烯啶虫胺

食品类别	食品名称	MRL（mg/kg）
谷物	稻谷	0.5*
	糙米	0.1*
	棉籽	0.05*
蔬菜	结球甘蓝	0.2*
水果	柑、橘、橙	0.5*
* 该限量为临时限量		

二、杀菌剂

（一）三唑类杀菌剂

1. 苯醚甲环唑

食品类别	食品名称	MRL（mg/kg）
谷物	糙米	0.5
	小米、玉米	0.1
	杂粮类	0.02
油料和油脂	油菜籽、大豆	0.05
	棉籽	0.1
	花生仁	0.2
	葵花籽	0.02
蔬菜	大蒜、结球甘蓝、抱子甘蓝、花椰菜、腌制用小黄瓜、西葫芦、胡萝卜、	0.2
	洋葱、青花菜、番茄、菜豆、根芹菜	0.5
	葱、韭葱	0.3
	叶用莴苣、结球莴苣	2
	芹菜	3
	大白菜、辣椒、黄瓜	1
	茄果类蔬菜（番茄、辣椒除外）	0.6
	食荚豌豆	0.7
	芦笋	0.03
	马铃薯	0.02
水果	柑橘类水果（柑、橘、橙除外）	0.6
	柑、橘、橙、李子、樱桃、芒果、番木瓜	0.2
	苹果、梨、山楂、枇杷、榅桲、桃、油桃、葡萄、荔枝	0.5
	西番莲	0.05
	橄榄	2
	石榴、西瓜	0.1
	香蕉	1
	瓜果类水果（西瓜除外）	0.7
干制水果	李子干	0.2
	葡萄干	6
坚果		0.03
糖料	甜菜	0.2
饮料类	茶叶	10
调味料	干辣椒	5

（续）

食品类别	食品名称	MRL（mg/kg）
药用植物	人参	0.5
	三七块根（干）、三七须根（干）	5
	三七花（干）	10

2. 戊唑醇

食品类别	食品名称	MRL（mg/kg）
谷物	糙米	0.5
	小麦、高粱	0.05
	大麦、燕麦	2
	黑麦、小黑麦	0.15
	杂粮类（高粱除外）	0.3
油料和油脂	油菜籽	0.3
	棉籽	2
	花生仁	0.1
	大豆	0.05
蔬菜	大蒜、洋葱、茄子	0.1
	韭葱	0.7
	结球甘蓝、甜椒、黄瓜	1
	抱子甘蓝	0.3
	花椰菜	0.05
	青花菜、西葫芦	0.2
	结球莴苣	5
	大白菜	7
	番茄、辣椒、苦瓜	2
	朝鲜蓟、玉米笋	0.6
	胡萝卜	0.4
水果	柑、橘、橙、苹果、桃、油桃、杏、葡萄、番木瓜	2
	梨、山楂、枇杷、榅桲	0.5
	李子	1
	樱桃	4
	桑葚	1.5
	西番莲、西瓜	0.1
	橄榄、芒果	0.05
	香蕉	3
	甜瓜类水果	0.15

（续）

食品类别	食品名称	MRL（mg/kg）
干制水果	李子干	3
坚果		0.05
饮料类	咖啡豆	0.1
	啤酒花	40
调味料	干辣椒	10
药用植物	三七块根（干）、三七须根（干）	15

3. 丙环唑

食品类别	食品名称	MRL（mg/kg）
谷物	糙米	0.1
	小麦、玉米	0.05
	大麦	0.2
	黑麦、小黑麦	0.02
油料和油脂	油菜籽	0.02
	大豆	0.2
	花生仁	0.1
蔬菜	番茄	3
	茭白	0.1
	蒲菜、莲子（鲜）、菱角、芡实、莲藕、荸荠、慈姑、玉米笋	0.05
水果	橙	9
	苹果	0.1
	桃、枣（鲜）	5
	李子	0.6
	越橘	0.3
	香蕉	1
	菠萝	0.02
干制水果	李子干	0.6
坚果	山核桃	0.02
糖料	甘蔗、甜菜	0.02
饮料类	咖啡豆	0.02
药用植物	人参（鲜）、人参（干）	0.1

(二) 其他杀菌剂

1. 嘧菌酯

食品类别	食品名称	MRL (mg/kg)
谷物	稻谷	1
	糙米、小麦	0.5
	大麦、燕麦	1.5
	黑麦、小黑麦	0.2
	玉米	0.02
油料和油脂	棉籽	0.05
	大豆、花生仁、葵花籽	0.5
	玉米油	0.1
蔬菜	鳞茎类蔬菜、花椰菜、瓜类蔬菜（黄瓜、丝瓜除外）、根茎类蔬菜	1
	芸薹属类蔬菜（花椰菜除外）、芹菜、朝鲜蓟	5
	蕹菜	10
	叶用莴苣、茄果类蔬菜（辣椒除外）、豆类蔬菜	3
	菊苣	0.3
	辣椒、丝瓜	2
	黄瓜	0.5
	芦笋	0.01
	马铃薯	0.1
	芋	0.2
	莲子（鲜）、莲藕	0.05
水果	柑、橘、橙、芒果、西瓜	1
	枇杷、桃、油桃、杏、枣（鲜）、李子、樱桃、青梅、香蕉	2
	浆果和其他小型水果（越橘、草莓除外）	5
	越橘、荔枝	0.5
	草莓	10
	杨桃	0.1
	番木瓜	0.3
坚果	坚果（开心果除外）	0.01
	开心果	1
饮料类	咖啡豆	0.03
	啤酒花	30
调味料	干辣椒	30
药用植物	人参	1

2. 多菌灵

食品类别	食品名称	MRL（mg/kg）
谷物	大米	2
	小麦、大麦、杂粮类	0.5
	黑麦	0.05
油料和油脂	油菜籽、棉籽、花生仁	0.1
	大豆	0.2
蔬菜	韭菜、辣椒、黄瓜	2
	抱子甘蓝、西葫芦、菜豆、芦笋	0.5
	结球甘蓝	5
	番茄、茄子	3
	腌制用小黄瓜	0.05
	菜用大豆、胡萝卜、莲子（鲜）、莲藕	0.2
	食荚豌豆	0.02
水果	柑、橘、橙、苹果	5
	柠檬、柚、李子、樱桃、枣（鲜）、黑莓、醋栗、草莓、猕猴桃、橄榄、无花果、荔枝、芒果、菠萝	0.5
	梨、山楂、枇杷、榅桲、葡萄	3
	桃、油桃、杏、香蕉、西瓜	2
	浆果和其他小型水果（黑莓、醋栗、葡萄、草莓、猕猴桃除外）	1
干制水果	李子干	0.5
坚果		0.1
糖料	甜菜	0.1
饮料类	茶叶	5
	咖啡豆	0.1
调味料	干辣椒	20
	果类调味料、根茎类调味料	0.1
药用植物	三七块根（干）、三七须根（干）	1

3. 百菌清

食品类别	食品名称	MRL（mg/kg）
谷物	稻谷、绿豆、赤豆	0.2
	小麦	0.1
	鲜食玉米	5
	杂粮类（鲜食玉米、绿豆、赤豆除外）	1

（续）

食品类别	食品名称	MRL（mg/kg）
油料和油脂	大豆	0.2
	花生仁	0.05
蔬菜	洋葱	10
	抱子甘蓝	6
	头状花序芸薹属蔬菜、菠菜、普通白菜、叶用莴苣、芹菜、番茄、茄子、辣椒、甜椒、黄瓜、西葫芦、节瓜、苦瓜、丝瓜、冬瓜、南瓜、笋瓜、豇豆、菜豆	5
	樱桃番茄、食荚豌豆	7
	腌制用小黄瓜	3
	菜用大豆	2
	根茎类蔬菜	0.3
	马铃薯	0.2
水果	柑橘类水果（柑、橘、橙除外）	10
	柑、橘、橙、苹果、梨	1
	桃、荔枝、香蕉	0.2
	樱桃	0.5
	越橘、草莓、西瓜、甜瓜类水果	5
	醋栗、番木瓜	20
	葡萄	10
糖料	甜菜	50
饮料类	茶叶	10
食用菌	蘑菇类（鲜）	5
调味料	干辣椒	70

三、除草剂

（一）酰胺类除草剂

1. 甲草胺

食品类别	食品名称	MRL（mg/kg）
谷物	糙米	0.05
	玉米	0.2
油料和油脂	棉籽	0.02
	大豆	0.2
	花生仁	0.05
蔬菜	葱、姜	0.05

2. 乙草胺

食品类别	食品名称	MRL（mg/kg）
谷物	糙米、玉米	0.05
油料和油脂	大豆、花生仁	0.1
	油菜籽	0.2
蔬菜	大蒜、姜	0.05
	马铃薯	0.1

3. 丁草胺

食品类别	食品名称	MRL（mg/kg）
谷物	大米、玉米	0.5
油料和油脂	棉籽	0.2

4. 异丙甲草胺

食品类别	食品名称	MRL（mg/kg）
谷物	糙米、玉米	0.1
	高粱	0.05
油料和油脂	油菜籽、芝麻、棉籽	0.1
	大豆、花生仁	0.5
蔬菜	结球甘蓝、番茄、菜用大豆	0.1
	南瓜、菜豆	0.05
水果	枣（鲜）	0.05
糖料	甘蔗	0.05
	甜菜	0.1

（二）磺酰脲类除草剂

1. 甲磺隆

食品类别	食品名称	MRL（mg/kg）
谷物	糙米、小麦	0.05

2. 苯磺隆

食品类别	食品名称	MRL（mg/kg）
谷物	小麦	0.05

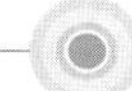

（三）二苯醚类除草剂

1. 乙氧氟草醚

食品类别	食品名称	MRL（mg/kg）
谷物	糙米	0.05
油料和油脂	棉籽	0.05
蔬菜	大蒜、姜	0.05
	青蒜、蒜薹	0.1
水果	苹果	0.05

2. 氟磺胺草醚

食品类别	食品名称	MRL（mg/kg）
谷物	绿豆	0.05
油料和油脂	大豆	0.1
	花生仁	0.2

（四）其他类除草剂

1. 莠去津

食品类别	食品名称	MRL（mg/kg）
谷物	玉米、高粱、黍	0.05
油料和油脂	棉籽	0.05
蔬菜	葱、姜	0.05
水果	苹果、梨、葡萄	0.05
糖料	甘蔗	0.05
饮料类	茶叶	0.1

2. 二甲戊灵

食品类别	食品名称	MRL（mg/kg）
谷物	稻谷	0.2
	糙米、玉米	0.1
油料和油脂	棉籽、花生仁	0.1
蔬菜	大蒜、叶用莴苣	0.1
	韭菜、结球甘蓝、普通白菜、菠菜、芹菜、大白菜	0.2
	马铃薯	0.3

附录6 农业有机废弃物无害化综合利用技术评价指标体系表

	评价维度	评价维度说明	评价主要指标	评价细分指标	评价赋分值（初步）	备注说明
基础类研究（100分）	创新度（65分）	主要考察基础研究成果先进性、前瞻性及学术的前沿动态把控、洞察力，包括原始创新、吸收消化集成创新	论文	CNS及相当期刊（代表性论文1篇）	10分	查新报告，以出版为准
				QI（代表性论文2篇）	6分	查新报告，以JCR统计为准
				TOP5（中文）（代表性论文10篇）	5分	查新报告，以CNKI统计为准
			专著	英文（代表性著作1部）	6分	查新报告，以出版为准
				中文（代表性著作1部）	2分	查新报告，以出版为准
			发明专利	国际发明专利（代表性1项）	5分	查新报告，以授权为准
				国内发明专利（代表性1项）	3分	查新报告，以授权为准
			标准	国家标准（1项）	6分	查新报告，以颁布实施为准
				地方或行业标准（1项）	4分	查新报告，以颁布实施为准
			方法、原理	原始创新（代表性成果1项）	10分	查新报告
				集成、吸收再创新并改进提高效率30%以上，或对第二、三类项目实施提供的技术支撑	8分	查新报告
	成果传播与影响力（35分）	主要考察成果在行业领域的影响力与扩散度，以及对第二、第三类项目的关联度	代表性论文累积被引用频次	CNS（代表性论文1篇）5次	10分	科技引证报告
				QI（代表性论文5篇）10次	4分	科技引证报告
				TOP5（中文）(代表性论文10篇）50次	4分	科技引证报告
			代表性专著被应用程度	被高校课本采用或者被行业领域主管部门采用作为指导性文件、技术推广1次及以上。或在第二、第三类项目实施中为解决相关机理机制问题被采纳应用	5分	查新报告，相关证明，专家判断

（续）

	评价维度	评价维度说明	评价主要指标	评价细分指标	评价赋分值（初步）	备注说明
基础类研究（100分）	成果传播与影响力（35分）	主要考察成果在行业领域的影响力与扩散度，以及对第二、第三类项目的关联度	专利对衍生新技术的指导作用	衍生产生新技术2项及以上或在第二、第三类项目中技术应用5次及以上	5分	查新报告，相关证明，专家判断
			方法或原理普及情况	在解决理论性问题中应用或被引用3次以上（包括形成国家标准），或在为有效解决第二、第三类项目实施中遇到的机理机制问题提供支撑	7分	查新报告，相关证明，专家判断
共性技术与产品研发（100分）	创新度（38分）	主要考察关键技术和产品的创新维度、创新指数和前瞻性、创新性等以及产业发展的关联度	材料与产品	原始性创新研发的材料/产品1件及以上	5分	查新报告
				集成创新研发的材料/产品1件及以上	3分	查新报告
			关键共性技术	原始性创新研发的关键技术1项及以上	5分	查新报告
				集成创新研发的关键技术1项及以上	3分	查新报告
			工艺	原始创新研发的新工艺1套（件）及以上，比国际同类工艺效率提高10%	5分	查新报告，工作效能由国家标准检测，经济效益由第三方市场测定
				集成创新研发的工艺1套（件）及以上，比国内同类工艺效率提高15%	5分	查新报告，工作效能由国家标准检测，经济效益由第三方市场测定
			装备或设施设备、装置	原始创新研发的装备或设施设备、装置1台（套、件），比国际同类工作效率提高10%，经济成本下降10%以上	7分	查新报告，工作效能由国家标准检测，经济效益由第三方市场测定
				集成创新研发的装备或设施设备、装置1台（套、件），比国内同类工作效率提高15%，经济成本下降10%以上	5分	查新报告，工作效能由国家标准检测，经济效益由第三方市场测定

（续）

	评价维度	评价维度说明	评价主要指标	评价细分指标	评价赋分值（初步）	备注说明
共性技术与产品研发（100分）	经济性（20分）	主要考察关键技术或产品的经济成本和适用度，以及产业发展的关联度等	材料与产品	使用或生产比同类（或者接近）的材料、产品成本降低20%及以上	5分	用户提供，经济效益由第三方市场测定
			关键共性技术	实际使用比同类（或接近）共性技术经济成本降低15%及以上	5分	用户提供，经济效益由第三方市场测定
			工艺	实际使用比同类（或接近）工艺经济成本降低15%及以上	5分	用户提供，经济效益由第三方市场测定
			装备或设施设备、装置	实际使用比同类（或接近）装备、设备或装置等经济成本降低15%及以上	5分	用户提供，经济效益由第三方市场测定
	成熟度（42分）	主要考察关键技术或产品本身的技术成熟度、可靠性、成果转化、潜在的市场服务能力，以及产业发展的关联度等情况	材料与产品	已经专利固化的原始性创新研发的材料/产品1件以上	4分	查新报告，工作效能由国家标准检测，经济效益由第三方市场测定
				已经专利固化的集成创新研发的材料/产品1件以上	2分	查新报告，工作效能由国家标准检测，经济效益由第三方市场测定
				已经专利固化并注册或登记的原始性创新研发形成年度收入10万元以上的材料/产品	5分	查新报告，工作效能由国家标准检测，经济效益由第三方市场测定
				已经专利固化并注册或登记的集成创新研发形成年度收入10万元以上的材料/产品	4分	查新报告，工作效能由国家标准检测，经济效益由第三方市场测定
			关键共性技术	原始性创新研发的关键技术1项，已经被10家以上用户成果转化应用	5分	查新报告，用户
				集成创新研发的关键技术1项，已经被15家以上用户成果转化应用	4分	查新报告，用户

（续）

	评价维度	评价维度说明	评价主要指标	评价细分指标	评价赋分值（初步）	备注说明
共性技术与产品研发（100分）	成熟度（42分）	主要考察关键技术或产品本身的技术成熟度、可靠性、成果转化、潜在的市场服务能力，以及产业发展的关联度等情况	工艺	原始创新研发的新工艺1套（件），已经被应用，10家以上用户采用，并产生经济效益10万元以上	5分	用户提供，经济效益由第三方市场测定
				集成创新研发的工艺1套（件），已经被应用，5家以上用户采用，并产生经济效益15万元以上	4分	用户提供，经济效益由第三方市场测定
			装备或设施设备、装置	原始创新研发的装备或设施设备、装置，已经形成知识产权并已经转化，企业年生产能力30台（套、件）以上，产生经济效益10万元以上	5分	用户，经济效益由第三方市场测定
				集成创新研发的装备或设施设备、装置1台（套、件），已经形成知识产权并已经转化，企业年生产能力50台（套、件）以上，产生经济效益15万元以上	4分	用户提供，经济效益由第三方市场测定
集成示范与应用（100分）	技术或模式集成度（21分）	主要考察项目成果对第一、第二类研究技术或者其他技术的集成度、技术或模式集成度等。体现三类项目之间的关联度	技术集成度	在示范区中采用第一、第二类项目研发的技术10项，并已经示范推广应用	11分	现场查看、用户提供
			创新模式集成度	已经形成解决区域性的具有推广价值的模式3套以上，其中至少包含第一、第二类项目研发的技术5项以上	10分	现场查看、用户提供
	推广应用情况（21分）	主要考察技术或模式的推广应用情况，包括技术或模式的经济收益，主要考察产业发展的贡献度	技术推广	在全国推广30处以上，促成产业发展，年度创收在100万元及以上	11分	现场查看、用户提供
			模式推广	建成推广示范工程5处以上，使用和辐射面积5 000亩及以上，或带动产业发展形成产业经济模式，年度创收在100万元以上	10分	现场查看、用户提供

（续）

	评价维度	评价维度说明	评价主要指标	评价细分指标	评价赋分值（初步）	备注说明
集成示范与应用（100分）	应用效果（58分）	主要考查对社会发展的贡献度和应用效果，包括生态环境效果、经济收益效果等	生态环境效益	核心示范区农业废弃物资源化无害化消纳率100%	10分	现场查看、用户提供
				辐射区农业废弃物资源化无害化消纳率95%以上	8分	现场查看、用户提供
				农业废弃物资源化产品病菌、虫卵去除率100%	5分	国家标准方法检测
				农业废弃物资源化产品重金属去除率100%	5分	国家标准方法检测
				使用该产品使土壤有机质含量增加5%以上	5分	国家标准方法检测
				示范区农业生态环境明显好转，农产品质量合格率100%	5分	国家标准方法检测
			经济收益	实际使用比同类（或接近）产品经济成本降低15%及以上	10分	用户提供，经济效益由第三方市场测定
				实际使用比同类（或接近）产品农业收入增长5%及以上	10分	用户提供，经济效益由第三方市场测定

附录 7　农业有机废弃物资源化利用产出物评价标准

一、检测监测标准

项目	执行标准	说明
作物秸秆生物有机肥	《有机肥料》（NY/T 525—2012）	主要指标要求：有机质含量（以干基计）≥45%；总养分（$N+P_2O_5+K_2O$）含量（以干基计）≥5%，水分（游离水）含量≤30%；pH 为 5.5～8.0。有机肥料中的重金属含量、蛔虫卵死亡率按 GB/T 19524.1 规定要求执行，大肠杆菌值指标按 GB/T 19524.2 规定要求执行
作物秸秆有机无机复合肥	《有机-无机复混肥料》（GB 18877—2009）	
作物秸秆沼肥	《有机肥料》（NY/T 525—2012）	
秸秆直接还田	《有机肥料》（NY/T 525—2012）	
秸秆堆沤还田	《有机肥料》（NY/T 525—2012）	
秸秆饲料化	《有机肥料》（NY/T 525—2012）	
畜禽粪便直接还田	《畜禽粪便还田技术规范》（GB/T 25246—2010）	
畜禽粪便无害化处理生产有机肥	《有机肥料》（NY/T 525—2012）	
畜禽粪便无害化处理生产有机无机复混肥	《有机-无机复混肥料》（GB 18877—2009）	
作物废弃物食用菌栽培基质	《食用菌栽培基质质量安全要求》（NY/T 1935—2010）	
有机质的测定	铬酸氧还原滴定外热原法	碳折算因数为 1.724，即有机质＝TOC＊1.724
堆肥发酵温度	最佳温度 55～65℃	极限温度 80～90℃
畜禽养殖粪便堆肥处理与利用设备	《畜禽养殖粪便堆肥处理与利用设备》（GB/T 28740—2012）	
秸秆粉碎还田机	《保护性耕作机械　秸秆粉碎还田机》（GB/T 24675.6—2009）	
畜禽粪便还田	《畜禽粪便还田技术规范》（GB/T 25246—2010）	
畜禽粪便无害化卫生要求	《粪便无害化卫生要求》（GB 7959—2012）	
肥料中蛔虫卵死亡率的测定	《肥料中粪大肠菌群的测定》（GB 19524.1—2004）	堆肥蛔虫卵检查法

（续）

项目	执行标准	说明
肥料中寄生虫卵沉降率的测定	《粪便无害化卫生要求》（GB 7959—2012）	粪稀蛔虫卵检查法
肥料中粪大肠菌群数的测定	《肥料中蛔虫卵死亡率的测定》（GB 19524.2—2004）	多管发酵法
食用粳米	《食用粳米》（NY/T 594—2013）	
食用籼米	《食用籼米》（NY/T 595—2013）	
蔬菜产地环境（无公害）	《无公害农产品　种植业产地环境条件》（NY/T 5010—2016）	
绿色食品	《绿色食品　肥料使用准则》（NY/T 394—2013）	

二、工艺控制参数

1. 条垛堆肥工艺过程控制参数

一次发酵	
发酵周期	25～30d
翻堆	每天 1 次
发酵温度/持续时间	55℃以上；≥15d
产品	含水率≤50%，温度≤40℃，无蝇、无虫卵
陈化	
陈化周期	30～35d
翻堆	每 2d 1 次
成品	含水率≤45%，温度≤35℃，无臭味

2. 槽式堆肥工艺过程控制参数

项目	参数	项目	参数
一次发酵			
发酵周期	10～20d	发酵温度	55℃以上高温期≥7d
翻堆	1～2 次/d	供氧	氧气浓度≥5%
发酵后含水率	≤50%	发酵后温度	≤40℃
卫生要求	无蝇虫卵	臭气浓度	恶臭污染物排放标准
陈化			
陈化周期	15～30d	陈化温度	≤50℃
翻堆	2～3d/次	供氧	根据发酵情况调整
陈化后含水率	≤45%	陈化后温度	≤35℃
卫生要求	无臭味	臭气浓度	恶臭污染物排放标准

3. 反应器堆肥工艺参数

项目	参数	项目	参数
发酵周期	7～12d	发酵温度	60℃以上高温期≥5d
翻堆	1～2 次/d	供氧	氧气浓度≥5%
发酵后含水率	≤40%	发酵后温度	≤40℃
卫生要求	无蝇虫卵		

4. 厌氧堆肥的工艺参数

项目	参数	项目	参数
发酵温度	30～40℃	发酵总固体（TS）浓度	4%～10%
HRT	29d 左右		
卫生要求	无蝇虫卵		

三、比率说明

1. 增长率=（本年度生产量－上年度生产量）/上年度生产量。

2. 成本降低率=（上次购买本产品价格－本次购买本产品价格）/本次购买本产品价格。

3. 废弃物资源化无害化消纳率=本区域农业废弃物资源化无害化消纳总量/本区域农业废弃物总量。

附录8　农田土壤环境质量监测技术规范

中华人民共和国农业行业标准

NY/T 395—2012
代替 NY/T 395—2000

农田土壤环境质量监测技术规范

Technical rules for monitroing of environmental quality of farmland soil

2012-06-06 发布　　2012-09-01 实施

中华人民共和国农业农村部　发布

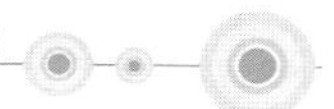

前　言

本标准按照 GB/T 1.1—2009 给出的规则起草。

本标准由中华人民共和国农业部提出并归口。

本标准起草（修订）单位：农业部环境保护科研监测所。

本标准主要起草（修订）人：刘凤枝、李玉浸、刘素云、徐亚平、蔡彦明、刘岩、战新华、刘传娟、王玲、王晓男。

本标准所代替标准的历次版本发布情况为：

——NY/T 395—2000。

农田土壤环境质量监测技术规范

1 范围

本标准规定了农田土壤环境质量监测的布点采样、分析方法、质控措施、数理统计、结果评价、成果表达与资料整编等技术内容。

本标准适用于农田土壤环境质量监测。

2 规范性引用文件

下列文件对于本文件的应用是必不可少的。凡是注日期的引用文件，仅注日期的版本适用于本文件。凡是不注日期的引用文件，其最新版本（包括所有的修改单）适用于本文件。

GB 6260 土壤中氧化稀土总量的测定 对马尿酸偶氮氯膦分光光度法
GB 8170 数值修约规则
GB 9836 土壤全钾测定法
GB 12298 土壤有效硼的测定
GB 13198 六种多环芳烃测定 高效液相色谱法
GB/T 14550 土壤质量 六六六和滴滴涕的测定 气相色谱法
GB/T 14552 水、土中有机磷农药测定的气相色谱法
GB/T 15555.11 固体废弃物氟化物的测定 离子选择电极法
GB/T 17134 土壤质量 总砷的测定 二乙基二硫代氨基甲酸银分光光度法
GB/T 17135 土壤质量 总砷的测定 硼氢化钾-硝酸银分光光度法
GB/T 17136 土壤质量 总汞的测定 冷原子吸收分光光度法
GB/T 17137 土壤质量 总铬的测定 火焰原子吸收分光光度法
GB/T 17138 土壤质量 铜、锌的测定 火焰原子吸收分光光度法
GB/T 17139 土壤质量 镍的测定 火焰原子吸收分光光度法
GB/T 17140 土壤质量 铅、镉的测定 KI-MIBK 萃取火焰原子吸收分光光度法
GB/T 17141 土壤质量 铅、镉的测定 石墨炉原子吸收分光光度法
GB/T 22104 土壤质量 氟化物的测定 离子选择电极法
GB/T 22105 土壤质量 总汞、总砷、总铅的测定 原子荧光光谱法
GB/T 23739 土壤质量 有效态铅和镉的测定 原子吸收法
NY/T 52 土壤水分测定法（原 GB 7172—1987）
NY/T 53 土壤全氮测定法（半微量凯氏法）（原 GB 7173—1987）
NY/T 85 土壤有机质测定法（原 GB 9834—1988）
NY/T 88 土壤全磷测定法（原 GB 9837—1988）
NY/T 148 石灰性土壤有效磷测定方法（原 GB 12297—1990）

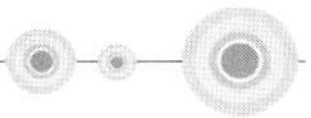

NY/T 296　土壤全量钙、镁、钠的测定

NY/T 889　土壤速效钾和缓效钾含量的测定

NY/T 890　土壤有效锌、锰、铁、铜含量的测定-二乙三胺五乙酸（DTPA）浸提法

NY/T 1104　土壤中全硒的测定

NY/T 1121.2　土壤检测　第 2 部分：土壤 pH 的测定

NY/T 1121.3　土壤检测　第 3 部分：土壤机械组成的测定

NY/T 1121.4　土壤检测　第 4 部分：土壤容重的测定

NY/T 1121.5　土壤检测　第 5 部分：石灰性土壤阳离子交换量的测定

NY/T 1121.6　土壤检测　第 6 部分：土壤有机质的测定

NY/T 1121.7　土壤检测　第 7 部分：酸性土壤有效磷的测定

NY/T 1121.9　土壤检测　第 9 部分：土壤有效钼的测定

NY/T 1121.10　土壤检测　第 10 部分：土壤总汞的测定

NY/T 1121.12　土壤检测　第 12 部分：土壤总铬的测定

NY/T 1121.13　土壤检测　第 13 部分：土壤交换性钙和镁的测定

NY/T 1121.14　土壤检测　第 14 部分：土壤有效硫的测定

NY/T 1121.16　土壤检测　第 16 部分：土壤水溶性盐总量的测定

NY/T 1121.17　土壤检测　第 17 部分：土壤氯离子含量的测定

NY/T 1121.18　土壤检测　第 18 部分：土壤硫酸根离子含量的测定

NY/T 1121.21　土壤检测　第 21 部分：土壤最大吸湿量的测定

NY/T 1377　土壤 pH 的测定

NY/T 1616　土壤中 9 种磺酰脲类除草剂残留量的测定　液相色谱-质谱法

HJ 491　土壤　总铬的测定　火焰原子吸收分光光度法

HJ 605　土壤和沉积物　挥发性有机物的测定吹扫捕集　气相色谱-质谱法

HJ 613　土壤　干物质和水分的测定　重量法

HJ 615　土壤　有机碳的测定　重铬酸钾氧化-分光广度法

3　术语和定义

下列术语和定义适用于本文件。

3.1

农田土壤　farmland soil

用于种植各种粮食作物、蔬菜、水果、纤维和糖料作物、油料作物、花卉、药材、草料等作物的农业用地土壤。

3.2

区域土壤背景点　regional soil background site

在调查区域内或附近，相对未受污染，而母质、土壤类型及农作历史与调查区域土壤相似的土壤样点。

3.3

农田土壤监测点　soil monitoring site of farmland

人类活动产生的污染物进入土壤并累积到一定程度引起或怀疑引起土壤环境质量恶化的土壤样点。

3.4

农田土壤剖面样品　profile sample of farmland soil

按土壤发生学的主要特征把整个剖面划分成不同的层次，在各层中部位多点取样，等量混匀后的A、B、C层或A、C等层的土壤样品。

3.5

农田土壤混合样　mixture sample of farmland soil

在耕作层采样点的周围采集若干点的耕层土壤、经均匀混合后的土壤样品，组成混合样的分点数要在5个～20个。

4　农田土壤环境质量监测采样技术

4.1　采样前现场调查与资料收集

4.1.1　区域自然环境特征

水文、气象、地形地貌、植被、自然灾害等。

4.1.2　农业生产土地利用状况

农作物种类、布局、面积、产量、耕作制度等。

4.1.3　区域土壤地力状况

成土母质、土壤类型、层次特点、质地、pH、阳离子交换量、盐基饱和度、土壤肥力等。

4.1.4　土壤环境污染状况

工业污染源种类及分布、主要污染物种类及排放途径、排放量、农灌水污染状况、大气污染状况、农业固体废弃物投入、农业化学物质使用情况、土壤污染状况、农产品污染状况等。

4.1.5　土壤生态环境状况

水土流失现状、土壤侵蚀类型、分布面积、侵蚀模数、沼泽化、潜育化、盐渍化、酸化等。

4.1.6　土壤环境背景资料

区域土壤元素背景值、农业土壤元素背景值、农产品中污染元素背景值。

4.1.7　其他相关资料和图件

土地利用总体规划、农业资源调查规划、行政区划图、土壤类型图、土壤环境质量图、交通图、地质图、水系图等。

4.2　监测单元的划分

农田土壤监测单元按土壤接纳污染物的途径划分为基本单元，结合参考土壤类型、农作物种类、耕作制度、商品生产基地、保护区类别、行政区划等要素，由当地农业环境监

测部门根据实际情况进行划定。同一单元的差别应尽可能缩小。

4.2.1　**大气污染型土壤监测单元**

土壤中的污染物主要来源于大气污染沉降物。

4.2.2　**灌溉水污染型土壤监测单元**

土壤中的污染物主要来源于农灌用水。

4.2.3　**固体废弃堆污染型土壤监测单元**

土壤中的污染物主要来源于集中堆放的固体废弃物。

4.2.4　**农用固体废弃物污染型土壤监测单元**

土壤中的污染物主要来源于农用固体废弃物。

4.2.5　**农用化学物质污染型土壤监测单元**

土壤中的污染物主要来源于农药、化肥、农膜、生长素等农用化学物质。

4.2.6　**综合污染型土壤监测单元**

土壤中的污染物主要来源于上述两种或两种以上途径。

4.3　**监测点的布设**

4.3.1　**布点原则与方法**

4.3.1.1　**区域土壤背景点布点原则与方法**

a）以获取区域土壤背景值为目的的布点，坚持“哪里不污染在哪里布点的原则”。实际工作中，一般在调查区域内或附近，找寻没有受到人为污染或相对未受污染，而成土母质、土壤类型及农作历史等一致的区域布点。

b）布点方法在满足上述条件的前提下，尽量将监测点位布设在成土母质或土壤类型所代表区域的中部位置。

4.3.1.2　**农田土壤环境质量监测布点原则与方法**

a）农田土壤环境质量监测主要指土壤环境质量现状监测，如禁产区划分监测、污染事故调查监测、无公害农产品基地监测等。布点原则应坚持“哪里有污染就在哪里布点”，即将监测点位布设在已经证实受到污染的或怀疑受到了污染的地方。

b）布点方法根据污染类型特征确定。

1）大气污染型土壤监测点：以大气污染源为中心，采用放射状布点法。布点密度由中心起由密渐稀，在同一密度圈内均匀布点。此外，在大气污染源主导风下风方向应适当延长监测距离和增加布点数量。

2）灌溉水污染型土壤监测点：在纳污灌溉水体两侧，按水流方向采用带状布点法。布点密度自灌溉水体纳污口起由密渐稀，各引灌段相对均匀。

3）固体废物堆污染型土壤监测点：地表固体废物堆可结合地表径流和当地常年主导风向，采用放射布点法和带状布点法；地下填埋废物堆根据填埋位置可采用多种形式的布点法。

4）农用固体废弃物污染型土壤监测点：在施用种类、施用量、施用时间等基本一致的情况下采用均匀布点法。

5）农用化学物质污染型土壤监测点：采用均匀布点法。

6） 综合污染型土壤监测点：以主要污染物排放途径为主，综合采用放射布点法、带状布点法及均匀布点法。

c） 农田土壤环境质量监测对照点的布设原则与方法。在污染事故调查等监测中，需要布设对照点以考察监测区域的污染程度。选择与监测区域土壤类型、耕作制度等相同而且相对未受污染的区域采集对照点；或在监测区域内采集不同深度的剖面样品作为对照点。

4.3.1.3 农田土壤长期定点定位监测布点原则与方法

a） 农田土壤长期定点定位监测，一般为国家或地方制定中长期政策所进行的监测。布点应当在农业环境区划的基础上进行，以客观、真实反映各级区划单元环境质量整体状况变化和污染特征为原则。

b） 布点方法在反映污染特征的前提下，在各级区划单元（如污水灌区、工矿企业周边区、大中城市郊区、一般农区等）内部，可采用均匀布点法。

c） 国家和省级长期定点定位监测点的设置、变更、撤销应当通过专家论证，并建立档案。

4.3.2 布点数量

4.3.2.1 基本原则

土壤监测的布点数量要根据调查目的、调查精度和调查区域环境状况等因素确定。一般原则是：

a） 以最少点数达到目的为最好。

b） 精度越高，布点数越多，反之越少。

c） 区域环境条件越复杂，布点越多，反之越少。

d） 污染越严重，布点越多，反之越少。

e） 无论何种情况，每个监测单元最少应设 3 个点。

4.3.2.2 点代表面积

根据不同的调查目的，每个点的代表面积可按以下情况掌握，如有特殊情况可做适当调整：

a） 农田土壤背景值调查：每个点代表面积 200 hm^2～1 000 hm^2。

b） 农产品产地污染普查：污染区每个点代表面积 10 hm^2～300 hm^2，一般农区每个点代表面积 200 hm^2～1 000 hm^2。

c） 农产品产地安全质量划分：污染区每个点代表面积 5 hm^2～100 hm^2，一般农区每个点代表面积 150 hm^2～800 hm^2。

d） 禁产区确认：每个点代表面积 10 hm^2～100 hm^2。

e） 污染事故调查监测：每个点代表面积 1 hm^2～50 hm^2。

4.3.2.3 布点数量

a） 农田土壤背景值调查、农产品产地污染普查、农产品产地安全质量划分以及污染事故调查监测等，根据上述布点原则、点代表面积以及监测单元的具体情况，确定布点数量。如情况复杂需要提高监测精度，可适当增加布点数量。

b） 农田土壤长期定点定位监测：根据监测区域类型不同，确定监测点的数量。工矿企业周边农产品生产区监测，每个区 5 个～12 个点；污水灌溉区农产品生产区监测，每个区 10 个～12 个点；大中城市郊区农产品生产区，每个区 10 个～15 个点；重要农产品生产区，每个区 5 个～15 个点。

4.4 样品采集

4.4.1 采样准备

4.4.1.1 采样物质准备

包括采样工具、器材、文具及安全防护用品等。

a） 工具类：铁铲、铁镐、土铲、土钻、土刀、木片及竹片等。

b） 器材类：GPS 定位仪、罗盘、高度计、卷尺、标尺、容重圈、铝盒、样品袋、标本盒、照相机以及其他特殊仪器和化学试剂。

c） 文具类：样品标签、记录表格、文具夹、记号笔等小型用品。

d） 安全防护用品：工作服、雨衣、防滑登山鞋、安全帽、常用药品等。

e） 运输工具：越野车、样品箱、保温设备等。

4.4.1.2 组织准备

组织具有一定野外调查经验、熟悉土壤采样技术规程、工作负责的专业人员组成采样组。采样前组织学习有关业务技术工作方案。

4.4.1.3 技术准备

a） 样点位置图（或工作图）。

b） 样点分布一览表，内容包括编号、位置、土类和母质母岩等。

c） 各种图件：交通图、地质图、土壤图、大比例的地形图（标有居民点、村庄等）。

4.4.1.4 现场踏勘，野外定点，确定采样地块

a） 样点位置图上确定的样点受现场情况干扰时，要做适当的修正。

b） 采样点应距离铁路或主要公路 300 m 以上。

c） 不能在住宅、路旁、沟渠、粪堆、废物堆及坟堆附近设采样点。

d） 不能在坡地、洼地等具有从属景观特征的地方设采样点。

e） 采样点应设在土壤自然状态良好，地面平坦，各种因素都相对稳定，并具代表性的面积在 1 hm^2～2 hm^2 的地块。

f） 采样点一经选定，应用 GPS 定位并做标记，建立样点档案供长期监控用。

4.4.2 采集阶段

4.4.2.1 土壤污染监测、土壤污染事故调查及土壤污染纠纷的法律仲裁的土壤采样一般要按以下三个阶段进行：

a） 前期采样。对于潜在污染和存在污染的土壤，可根据背景资料和现场考察结果，在正式采样前采集一定数量的样品进行分析测试，用于初步验证污染物扩散方式和判断土壤污染程度，并为选择布点方法和确定测试项目等提供依据。前期采样可与现场调查同时进行。

b) 正式采样。在正式采样前，应首先制订采样计划。采样计划应包括布点方法、样品类型、样点数量、采样工具、质量保证措施、样品保存及测试项目等内容。按照采样计划实施现场采样。

c) 补充采样。正式采样测试后，发现布设的样点未满足调查的需要，则要进行补充采样。例如，在污染物高浓度的区域适当增加点位。

4.4.2.2 土壤环境质量现状调查、面积较小的土壤污染调查和时间紧急的污染事故调查可采取一次采样方式。

4.4.3 样品采集

4.4.3.1 农田土壤剖面样品采集

a) 土壤剖面点位不得选在土类和母质交错分布的边缘地带或土壤剖面受破坏的地方。

b) 土壤剖面规格为宽 1m，深 1m～2m，视土壤情况而定。久耕地取样至 1m，新垦地取样至 2m，果林地取样至 1.5m～2m；盐碱地地下水位较高，取样至地下水位层；山地土层薄，取样至母岩风化层（图 1）。

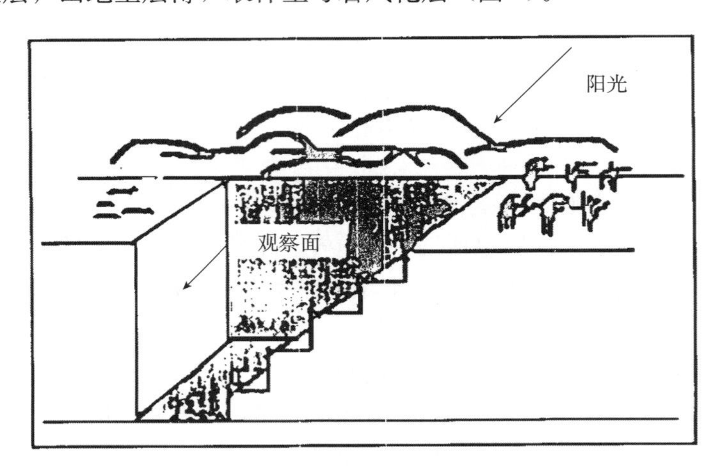

图 1 土壤规格剖面示意

c) 用剖面刀将观察面修整好，自上至下削去 5cm 厚、10cm 宽呈新鲜剖面。准确划分土层，分层按梅花法，自下而上逐层采集中部位置土壤。分层土壤混合均匀各取 1 kg 样，分层装袋记卡。

d) 采样注意事项：挖掘土壤剖面要使观察面向阳，表土与底土分放土坑两侧，取样后按原层回填。

4.4.3.2 农田土壤混合样品采集

4.4.3.2.1 混合样采集方法

a) 每个土壤单元至少由 3 个采样点组成，每个采样点的样品为农田土壤混合样。

b) 对角线法：适用于污水灌溉的农田土壤，由田块进水口向出水口引一对角线，至少五等分，以等分点为采样分点。土壤差异性大，可再等分，增加分点数。

c) 梅花点法：适用于面积较小、地势平坦、土壤物质和受污染程度均匀的地块，

设分点 5 个左右。

d）棋盘式法：适用于中等面积、地势平坦、土壤不够均匀的地块，设分点 10 个左右；但受污泥、垃圾等固体废弃物污染的土壤，分点应在 20 个以上。

e）蛇形法：适宜面积较大、土壤不够均匀且地势不平坦的地块，设分点 15 个左右，多用于农业污染型土壤。

4.4.3.2.2　必要时，土壤与农产品同步采集。

4.4.4　采样深度及采样量

种植一般农作物，每个分点处采 0cm～20cm 耕作层土壤；种植果林类农作物，每个分点处采 0cm～60cm 耕作层土壤。了解污染物在土壤中的垂直分布时，按土壤发生层次采土壤剖面样。各分点混匀后取 1kg，多余部分用四分法弃去。

4.4.5　采样时间及频率

4.4.5.1　一般土壤样品在农作物成熟或收获后与农作物同步采集。

4.4.5.2　污染事故监测时，应在收到事故报告后立即组织采样。

4.4.5.3　科研性监测时，可在不同生育期采样或视研究目的而定。

4.4.5.4　采样频率根据工作需要确定。

4.4.6　采样现场记录

4.4.6.1　采样同时，专人填写土壤标签、采样记录、样品登记表，并汇总存档。土壤标签见图 2；采样记录、样品登记表见附录 A 中表 A.1、表 A.2。

土壤样品标签

样品编号__________业务代号__________

样品名称____________________

土壤类型____________________

监测项目____________________

采样地点____________________

采样深度____________________

采样人__________采样时间__________

图 2　土壤样品标签

4.4.6.2　填写人员根据明显地物点的距离和方位，将采样点标记在野外实际使用地形图上，并与记录卡和标签的编号统一。

4.4.7　采样注意事项

4.4.7.1　测定重金属的样品，尽量用竹铲、竹片直接采取样品；或用铁铲、土钻挖掘后，用竹片刮去与金属采样器接触的部分，再用竹片采取样品。

4.4.7.2　所采土样装入塑料袋内，外套布袋。填写土壤标签一式两份，一份放入袋内，一份扎在袋口或用不干胶标签直接贴在塑料袋上。

4.4.7.3　采样结束应在现场逐项逐个检查。如采样记录表、样品登记表、样袋标签、土壤样品、采样点位图标记等有缺项、漏项和错误，及时补齐和修正后方可撤离现场。

4.5 样品编号

4.5.1 农田土壤样品编号是由类别代号、顺序号组成。

4.5.1.1 类别代号：用环境要素关键字中文拼音的大写字母表示，即“T”表示土壤。

4.5.1.2 顺序号用阿拉伯数字表示不同地点采集的样品，样品编号从 T001 号开始，一个顺序号为一个采集点的样品。

4.5.2 对照点和背景点样，在编号后加“CK”。

4.5.3 样品登记的编号、样品运转的编号均与采集样品的编号一致，以防混淆。

4.6 样品运输

4.6.1 样品装运前必须逐件与样品登记表、样品标签和采样记录进行核对，核对无误后分类装箱。

4.6.2 样品在运输中严防样品的损失、混淆或污染，并派专人押运，按时送至实验室。接受者与送样者双方在样品登记表上签字，样品记录由双方各存一份备查。

4.7 样品制备

4.7.1 制样工作场地

应设风干室、磨样室。房间向阳（严防阳光直射土样），通风、整洁、无扬尘、无易挥发化学物质。

4.7.2 制样工具与容器

4.7.2.1 晾干用白色搪瓷盘及木盘。

4.7.2.2 磨样用玛瑙研磨机、玛瑙研钵、白色瓷研钵、木滚、木棒、木锤、有机玻璃棒、有机玻璃板、硬质木板、无色聚乙烯薄膜等。

4.7.2.3 过筛用尼龙筛，规格为 20 目～100 目。

4.7.2.4 分装用具塞磨口玻璃瓶、具塞无色聚乙烯塑料瓶，无色聚乙烯塑料袋或特制牛皮纸袋，规格视量而定。

4.7.3 制样程序

4.7.3.1 土样交接：采样组填写送样单一式三份，交样品管理人员、加工人员各一份，采样组自存一份。三方人员核对无误签字后开始磨样。

4.7.3.2 湿样晾干：在晾干室将湿样放置晾样盘，摊成 2cm 厚的薄层，并间断地压碎、翻拌，拣出碎石、沙砾及植物残体等杂质。

4.7.3.3 样品粗磨：在磨样室将风干样倒在有机玻璃板上，用捶、滚、棒再次压碎，拣出杂质并用四分法分取压碎样，全部过 20 目尼龙筛。过筛后的样品全部置于无色聚乙烯薄膜上，充分混合直至均匀。经粗磨后的样品用四分法分成两份，一份交样品库存放，另一份做样品的细磨用。粗磨样可直接用于土壤 pH、土壤阳离子交换量、土壤速测养分含量、元素有效性含量分析。

4.7.3.4 样品细磨：用于细磨的样品用四分法进行第二次缩分，分成两份，一份备用，一份研磨至全部过 60 目或 100 目尼龙筛，过 60 目（孔径 0.25 mm）土样，用于农药或土壤有机质、土壤全氮量等分析；过 100 目（孔径 0.149 mm）土样，用于土壤元素全量分析。

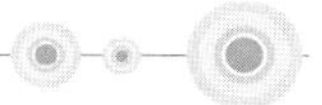

4.7.3.5 样品分装：经研磨混匀后的样品，分装于样品袋或样品瓶。填写土壤标签一式两份（土壤标签格式见图2），瓶内或袋内放1份，外贴1份。

4.7.4 制样注意事项

4.7.4.1 制样中，采样时的土壤标签与土壤样始终放在一起，严禁混错。

4.7.4.2 每个样品经风干、磨碎、分装后送到实验室的整个过程中，使用的工具与盛样容器的编码始终一致。

4.7.4.3 制样所用工具每处理一份样品后擦洗一次，严防交叉污染。

4.7.4.4 分析挥发性、半挥发有机污染物（酚、氰等）或可萃取有机物无须制样，新鲜样测定，同时测定水分。

4.8 样品保存

4.8.1 风干土样按不同编号、不同粒径分类存放于样品库，保存半年至1年。或分析任务全部结束，检查无误后，如无须保留可弃去。

4.8.2 新鲜土样用于挥发性、半挥发有机污染物（酚、氰等）或可萃取有机物分析，新鲜土样选用玻璃瓶置于冰箱，小于4℃，保存半个月。

4.8.3 土壤样品库经常保持干燥、通风，无阳光直射、无污染；要定期检查样品，防止霉变、鼠害及土壤标签脱落等。

4.8.4 农田土壤定点监测的样品应长期保存。

5 农田土壤环境质量监测项目及分析方法

5.1 监测项目确定的原则

5.1.1 根据当地环境污染状况（如农区大气、农灌水、农业投入品等），选择在土壤中累积较多，影响范围广，毒性较强且难降解的污染物。

5.1.2 根据农作物对污染物的敏感程度，优先选择对农作物产量、安全质量影响较大的污染物。如重金属、农药、除草剂等。

5.2 分析方法选择的原则

5.2.1 优先选择国家标准、行业标准的分析方法。

5.2.2 其次选择由权威部门规定或推荐的分析方法。

5.2.3 根据各地实际情况，自选等效分析方法。但应做比对实验，其检出限、准确度、精密度不低于相应的通用方法要求水平或待测物准确定量的要求。

5.3 农田土壤监测分析方法

根据不同的监测目的、监测能力，选择监测项目。表1列出了常见的监测项目及监测方法，监测方法优先选择国家标准、行业标准或其他等同推荐方法。

表1 农田土壤监测项目及分析方法

序号	监测项目	监测方法	方法来源
1	总铜	火焰原子吸收分光光度法	GB/T 17138

（续）

序号	监测项目	监测方法	方法来源
2	有效态铜	二乙三胺五乙酸（DTPA）浸提法	NY/T 890
3	总锌	火焰原子吸收分光光度法	GB/T 17138
4	有效态锌	二乙三胺五乙酸（DTPA）浸提法	NY/T 890
5	总铅	KI-MIBK 萃取火焰原子吸收分光光度法 石墨炉原子吸收分光光度法	GB/T 17140 GB/T 17141
6	总铬	土壤总铬的测定 土壤　总铬的测定　火焰原子吸收分光光度法	NY/T 1121.12 HJ 491
7	总镍	火焰原子吸收分光光度法	GB/T 17139
8	总镉	KI-MIBK 萃取火焰原子吸收分光光度法 石墨炉原子吸收分光光度法	GB/T 17140 GB/T 17141
9	总汞	冷原子吸收分光光度法 原子荧光法	GB/T 22105 NY/T 1121.10
10	总砷	二乙基二硫代氨基甲酸银分光光度法 硼氢化钾-硝酸银分光光度法 土壤质量　总汞、总砷、总铅　原子荧光法	GB/T 17134 GB/T 17135 GB/T 22105
11	pH	土壤 pH 的测定	NY/T 1377
12	水分	土壤水分测定法 土壤　干物质和水分的测定　重量法	NY/T 52 HJ 613
13	阳离子交换量	石灰性土壤阳离子交换量的测定	NY/T 1121.5
14	水溶性盐	土壤水容性盐总量的测定	NY/T 1121.16
15	容重	土壤容重的测定	NY/T 1121.4
16	机械组成	土壤机械组成的测定	NY/T 1121.3
17	氯化物	土壤氯离子含量的测定	NY/T 1121.17
18	总氮	土壤全氮测定法（半微量凯氏法）	NY/T 53
19	总磷	土壤全磷测定法	NY/T 88
20	有效磷	石灰性土壤有效磷测定方法	NY/T 148
21	有机质	土壤有机质的测定	NY/T 1121.6
22	氟化物	土壤质量　氟化物的测定　离子选择电极法	GB/T 22104
23	硫酸根离子	土壤硫酸根离子含量的测定	NY/T 1121.18
24	有效态铁	土壤有效态锌、锰、铁、铜含量的测定二乙三胺五乙酸（DTPA）浸提法	NY/T 890
25	有效态锰	土壤有效态锌、锰、铁、铜含量的测定二乙三胺五乙酸（DTPA）浸提法	NY/T 890
26	有机碳	土壤　有机碳的测定　重铬酸钾氧化-分光光度法	HJ 615
27	挥发性有机物	土壤和沉积物　挥发性有机物的测定　吹扫补集/气相色谱-质谱法	HJ 605
28	最大吸湿量	土壤最大吸湿量的测定	NY/T 1121.21
29	硒	土壤中全硒的测定	NY/T 1104
30	全钾	土壤全钾测定法	GB 9836
31	速效钾	土壤速效钾和缓效钾含量的测定	NY/T 889
32	钙	土壤全量钙、镁、钠的测定	NY/T 296
33	镁	土壤全量钙、镁、钠的测定	NY/T 296
34	钠	土壤全量钙、镁、钠的测定	NY/T 296
35	交换性钙	土壤交换性钙和镁的测定	NY/T 1121.13
36	交换性镁	土壤交换性钙和镁的测定	NY/T 1121.13
37	有效态铁	二乙三胺五乙酸（DTPA）浸提法	NY/T 890

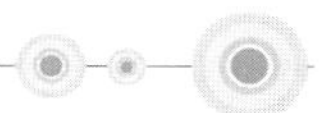

（续）

序号	监测项目	监测方法	方法来源
38	有效态锰	二乙三胺五乙酸（DTPA）浸提法	NY/T 890
39	有效钼	土壤有效钼的测定	NY/T 1121.9
40	有效硼	土壤有效硼的测定	GB 12298
41	硫酸盐	土壤硫酸根离子含量的测定	NY/T 1121.18
42	有效硫	土壤有效硫的测定	NY/T 1121.14
43	六六六	气相色谱法	GB/T 14550
44	滴滴涕	气相色谱法	GB/T 14550
45	六种多环芳烃	高效液相色谱法	GB 13198
46	稀土总量	分光光度法	GB 6260
47	有效态铅	土壤质量　有效态铅和镉的测定	GB/T 23739
48	有效态镉	土壤质量　有效态铅和镉的测定	GB/T 23739
49	磺酰脲类除草剂	液相色谱-质谱法	NY/T 1616
50	有机磷农药	气相色谱法	GB/T 14552

5.4　实验记录

a）标准溶液配制表，见表 A. 4。

b）标准溶液标定原始登记表，见表 A. 5。

c）标准溶液（稀释）原始记录表，见表 A. 6。

d）原子荧光分析原始记录表，见表 A. 7。

e）原子吸收火焰法实验原始记录表，见表 A. 8。

f）原子吸收石墨炉法实验原始记录表，见表 A. 9。

g）重量分析原始记录表，见表 A. 10。

h）容量分析原始记录表，见表 A. 11。

i）离子计分析原始记录表，见表 A. 12。

j）pH 原始记录表，见表 A. 13。

k）分光光度法测定原始记录表，见表 A. 14。

l）ICP/ MS 实验原始记录表，见表 A. 15。

m）气相色谱测定有机磷农药残留原始记录表，见表 A. 16-1～表 A. 16-4。

n）液相色谱-荧光法测定氨基甲酸酯类农药残留原始记录表，见表 A. 17-1～表 A. 17-4。

o）气相色谱-质谱联用法测定农药残留原始记录表，见表 A. 18-1～表 A. 18-3。

p）气相色谱测定有机氯及拟除虫菊脂类农药残留原始记录表，见表 A. 19-1～表 A. 19-4。

6　农田土壤环境质量监测实验室分析质量控制与质量保证

6.1　实验室内部质量控制

6.1.1　分析质量控制基础实验

6.1.1.1　全程序空白值测定

全程序空白值是指用某一方法测定某物质时，除样品中不含该测定物质外，整个分析过程的全部因素引起的测定信号值或相应浓度值。全程序空白响应值计算见式（1）。

$$x_l = \bar{x}_i + ks \tag{1}$$

式中：

x_l——全程序空白响应值；

$\bar{x}_i$——测定 n 次空白溶液的平均值（$n \geqslant 20$）；

s——标准偏差，计算公式见式（2）；

k——根据一定置信度确定的系数，一般为 3。

$$s = \sqrt{\frac{\sum_{i=1}^{n}(x_i - \bar{x})^2}{m(n-1)}} \tag{2}$$

式中：

n——每天测定平行样个数；

m——测定天数。

6.1.1.2 检出限

检出限是指对某一特定的分析方法，在给定的置信水平内，可以从样品中检测待测物质的最小浓度或最小量。一般将 3 倍空白值的标准偏差（测定次数 $n \geqslant 20$）相对应的质量或浓度称为检出限。

a） 吸收法和荧光法（包括分子吸收法、原子吸收法、荧光法等）检出限计算公式见式（3）。

$$L = \frac{x_l - \bar{x}_i}{b} = \frac{ks}{b} \tag{3}$$

式中：

L——检出限；

b——标准曲线的斜率。

b） 色谱法（包括 GC、HPLC）：气相色谱法以最小检出量或最小检出浓度表示。最小检出量系指检测器恰能产生一般为 3 倍噪声的响应信号时，所需进入色谱柱的物质最小量；最小检出浓度系指最小检出量与进样量（体积）之比。

检出限计算公式见式（4）。

$$L = \frac{s_b}{b} \tag{4}$$

式中：

s_b——为仪器噪音的 3 倍，即仪器能辨认的最小的物质信号。

c） 离子选择电极法：以校准曲线的直线部分外延的延长线与通过空白电位平行于浓度轴的直线相交时，其交点所对应的浓度值。

测得的空白值计算出的 L 值不应大于分析方法规定的检出限。如大于方法规定值时，必须找出原因降低空白值，重新测定计算直至合格。

6.1.2　校准曲线的绘制、检查与使用

6.1.2.1　校准曲线的绘制

按分析方法的步骤，设置6个以上标准系列浓度点，各浓度点的测量信号值减去零浓度点的测量信号值，经回归方程计算后绘制校正曲线。校准曲线的相关系数接近或达到0.999（根据测定成分浓度、使用的方法等确定）。

6.1.2.2　校准曲线的检查

当校准曲线的相关系数r＜0.990，应对校准曲线各点测定值进行检验或重新测定；当r接近或达到0.999时即符合要求。

6.1.2.3　校准曲线的使用

校准曲线不合格，不能使用；使用时，不得随意超出标准系列浓度范围；不得长期使用。

6.1.3　精密度控制

6.1.3.1　测定率

凡可以进行平行双样分析的项目，每批样品每个项目分析时均须做10%～15%平行样品。5个样品以下，应增加到50%以上。

6.1.3.2　测定方式

由分析者自行编入的明码平行样或由质控员在采样现场或实验室编入的密码平行样，二者等效，不必重复。

6.1.3.3　合格要求

平行双样测定结果的误差在允许误差范围之内者为合格。允许误差范围见表2。对未列出容允误差的方法，当样品的均匀和稳定性较好时，参考表3的规定。当平行双样测定全部不合格者，重新进行平行双样的测定；平行双样测定合格率＜95%时，除对不合格者重新测定外，再增加10%～20%的测定率，如此累进，直至总合格率≥95%。

表2　土壤监测平行双样测定值的精密度和准确度允许误差

监测项目	样品含量范围（mg/kg）	精密度		准确度			适用的分析方法
		室内相对偏差（%）	室间相对偏差（%）	加标回收率（%）	室内相对误差（%）	室间相对误差（%）	
镉	＜0.1 0.1～0.4 ＞0.4	±30 ±20 ±10	±40 ±30 ±20	75～110 85～110 90～105	±30 ±20 ±10	±40 ±30 ±20	石墨炉原子吸收光谱法、电感耦合等离子体质谱法（ICP-MS）
汞	＜0.1 0.1～0.4 ＞0.4	±20 ±15 ±10	±30 ±20 ±15	75～110 85～110 90～105	±20 ±15 ±10	±30 ±20 ±15	冷原子吸收法、氢化物发生-原子荧光光谱法、ICP-MS法
砷	＜10 10～20 20～100 ＞100	±15 ±10 ±5 ±5	±20 ±15 ±10 ±10	85～105 90～105 90～105	±15 ±10 ±5	±20 ±15 ±10	氢化物发生-原子荧光光谱法、分光光度法、ICP-MS法
铜	＜20 20～30 ＞30	±10 ±10 ±10	±15 ±15 ±15	85～105 90～105 90～105	±10 ±10 ±10	±15 ±15 ±15	火焰原子吸收光谱法、ICP-MS法、电感耦合等离子体原子发射光谱法（ICP-AES）

（续）

监测项目	样品含量范围（mg/kg）	精密度		准确度			适用的分析方法
		室内相对偏差（%）	室间相对偏差（%）	加标回收率（%）	室内相对误差（%）	室间相对误差（%）	
铅	<20 20～40 >40	±20 ±10 ±5	±30 ±20 ±15	80～110 85～110 90～105	±20 ±10 ±5	±30 ±20 ±15	原子吸收光谱法（火焰或石墨炉法）、ICP-MS法、ICP-AES法
铬	<50 50～90 >90	±15 ±10 ±5	±20 ±15 ±10	85～110 85～110 90～105	±15 ±10 ±5	±20 ±15 ±10	原子吸收光谱法
锌	<50 50～90 >90	±10 ±10 ±5	±15 ±15 ±10	85～110 85～110 90～105	±10 ±10 ±5	±15 ±15 ±10	火焰原子吸收光谱法、ICP-MS法、ICP-AES法
镍	<20 20～40 >40	±15 ±10 ±5	±20 ±15 ±10	80～110 85～110 90～105	±15 ±10 ±5	±20 ±15 ±10	火焰原子吸收光谱法、ICP-MS法、ICP-AES法

表3　土壤监测平行双样最大允许相对偏差

元素含量范围（mg/kg）	最大允许相对偏差（%）	元素含量范围（mg/kg）	最大允许相对偏差（%）
>100	±5	0.1～1.0	±25
10～100	±10	<0.1	±30
1.0～10	±20		

6.1.4　准确度控制

6.1.4.1　使用标准物质和质控样品

例行分析中，每批要带测质控平行双样，在测定的精密度合格的前提下，质控样测定值必须落在质控样保证值（在95%的置信水平）范围之内，否则本批结果无效，需重新分析测定。

6.1.4.2　加标回收率的测定

当选测的项目无标准物质或质控样品时，可用加标回收实验来检查测定准确度。

a）加标率：在一批试样中，随机抽取10%～20%试样进行加标回收测定。样品数不足10个时，适当增加加标比率。每批同类型试样中，加标试样至少1个。

b）加标量：加标量视被测组分含量而定，含量高的加入被测组分含量的0.5倍～1.0倍，含量低的加2倍～3倍，但加标后被测组分的总量不得超出方法的测定上限。加标浓度宜高，体积应小，不应超过原试样体积的1%。

c）合格要求：加标回收率应在加标回收率允许范围之内。加标回收率允许范围见表2。当加标回收合格率小于70%时，对不合格者重新进行回收率的测定，并另增加10%～20%的试样作加标回收率测定，直至总合格率大于或等于70%。

6.1.5　质量控制图

a）必测项目应作准确度质控图，用质控样的保证值 x 与标准偏差 s，在95%的置

信水平，以 X 作为中心线、$X\pm2s$ 作为上下警告线、$X\pm3s$ 作为上下控制线的基本数据，绘制准确度质控图，用于分析质量的自控。

b) 每批所带质控样的测定值落在中心附近、上下警告线之内，则表示分析正常，此批样品测定结果可靠；如果测定值落在上下控制线之外，表示分析失控，测定结果不可信，检查原因，纠正后重新测定；如果测定值落在上下警告线和上下控制线之间，虽分析结果可接受，但有失控倾向，应予以注意。如果测定值落在中心附近、上下警告线之内，但落在中心线一侧，表示有系统误差，应予以检查原因，进行调整。

6.1.6 监测数据异常时的质量控制

a) 首先检查实验室检测质量，对实验的准确度、精密度等按照（6.1）进行检查。证实实验室工作质量可靠后，进行前一步的工作检查。若有疑问，则需重新检测。

b) 检查样品制备工作质量，对样品的整个制备过程进行详细检查，看是否会发生污染。证实工作的可靠后，可再进行前一步的检查。若有疑问，则需重新进行样品制备。

c) 查看该采样点以前监测记录，若与该样点以前的数据相吻合，则可确认此次检测结果的可靠性，否则需重新采样监测。

d) 用 GPS 定位仪及现场标记，按照原方法再次进行采样。检测结果与前次测定结果进行对比，若结果吻合，则证实超标点位的测试结果可靠。

6.2 实验室间的质量控制

在多个试验室参加协作项目监测时，为确保实验室检测能力和水平，保证出具数据的可靠性和可比性，应对实验室间进行比对和能力验证，具体可采用以下六步质量控制法：

a) 技术培训：包括采样方法、分析方法、数据处理方法和报告格式。

b) 现场考核：包括仪器性能指标考核、人员操作考核、盲样考核、报告格式及内容考核。

c) 加标质控：全部样品加平行密码质控样，跟踪质控。

d) 中期抽查：实验中期对数据进行抽检，发现不符合要求的，及时进行纠正。

e) 抽检互检：对实验样品进行抽检与互检，以保证检测结果的可信性、可比性。

f) 最终审核：对全部数据进行汇总、审核，确保工作质量。

7 农田土壤环境质量监测数理统计

7.1 实验室分析结果数据处理

7.1.1 几个基本统计量

7.1.1.1 平均值（算术）计算公式见式（5）。

$$\bar{x}=\frac{\sum_{i=1}^{n}x_i}{n} \tag{5}$$

式中：$\bar{x}$—— n 次重复测定结果的算术平均值；

n—— 重复测定次数；

x_i——n 次测定中第 i 个测定值。

7.1.1.2 中位值计算公式见式（6）、式（7）。

$$中位值=\frac{第\frac{n}{2}个数的值+第（\frac{n}{2}+1）个数的值}{2}（n 为偶数时） \tag{6}$$

$$中位值=第\frac{n+1}{2}个数的值（n 为奇数时） \tag{7}$$

7.1.1.3 范围偏差（R）也称极差，计算公式见式（8）。

$$R=x_{\max}-x_{\min} \tag{8}$$

式中：$x_{\max}$——最大数值；

$x_{\min}$——最小数值。

7.1.1.4 平均偏差（$\bar{d}$）计算公式见式（9）。

$$\bar{d}=\frac{\sum_{i=1}^{n}|x_i-\bar{x}|}{n}$$

$$\bar{d}=\frac{1}{n}\sum_{i=1}^{n}|x_i-\bar{x}| \tag{9}$$

式中：x_i——某一测量值；

$\bar{x}$—— 多次测量值的均值。

7.1.1.5 相对平均偏差 $\bar{\bar{d}}$（%）计算公式见式（10）：

$$\bar{\bar{d}}=\frac{\bar{d}}{\bar{x}}\times100 \tag{10}$$

式中：$\bar{\bar{d}}$——相对平均偏差；

$\bar{d}$——平均偏差。

7.1.1.6 **标准偏差**

a） 实验室内平行性精密度，此时标准偏差 s 计算公式见式（11）。

$$s=\sqrt{\frac{\sum_{i=1}^{n}(x_i-\bar{x})^2}{n-1}} \tag{11}$$

式中：s—— 标准偏差；

x_i——第 i 个样品的测定值；

$\bar{x}$—— n 个样品测定结果的平均值。

b） 实验室内的重复性精密度或多次测量的精密度，此时标准偏差 s_r 计算公式见式（12）。

$$s_r=\sqrt{\frac{\sum_{j=1}^{m}\sum_{i=1}^{n}(x_{ij}-\bar{x})^2}{m(n-1)}} 或 s_r=\sqrt{\frac{\sum_{j=1}^{m}s_j^2}{m}} \tag{12}$$

式中：s_r——实验室内重复性标准偏差（重复性精密度）；

m—— 重复测量次数；

x_{ij}——第 j 次重复测第 i 个样品的测量值。

c） 各实验室平均值的标准偏差，用 $s_{\bar{X}j}$ 表示，计算公式见式（13）。

$$s_{\bar{X}j}=\sqrt{\frac{\sum_{j=1}^{p}(\bar{x}_j-\bar{x})^2}{p-1}} \tag{13}$$

式中：$s_{\bar{X}j}$——实验室间平均值的标准偏差；

$\bar{x}_j$——第 j 个实验室的平均值；

$\bar{x}$——所有实验室测量结果的总平均值；

p——实验室个数。

d） 实验室间的重现性精密度，标准偏差用 s_r 表示，计算公式见式（14）。

$$s_r=\sqrt{s_{\bar{X}j}^2+s_r^2\cdot\frac{n-1}{n}} \tag{14}$$

式中：s_r—— 实验室间重复性精密度；

$s_{\bar{X}j}^2$——实验室间平均值标准偏差的平方；

s_r^2——实验室内重复性标准偏差的平方。

根据监测对精密度的要求选择相应的计算公式。

7.1.1.7 相对标准偏差 RSD 计算公式见式（15）：

$$RSD=\frac{s}{\bar{x}}\times100 \tag{15}$$

式中：s——标准偏差；

$\bar{x}$——测定平均值。

7.1.1.8 误差计算公式见式（16）。

$$\varepsilon=\bar{x}-\mu \tag{16}$$

式中：ε——绝对误差；

μ——真值。

7.1.1.9 相对误差（RE）计算公式见式（17）。

$$RE=\frac{\bar{x}-\mu}{\mu}\times100 \tag{17}$$

7.1.1.10 方差（s^2）计算公式见式（18）。

$$s^2=\frac{\sum_{i=1}^{n}(x_i-\bar{x})^2}{n-1} \tag{18}$$

7.1.2 有效数字的计算修约规则

按 GB 8170 的规定执行。

7.1.3 可疑数据的取舍

由于非标准布点采样或由运输、储存、分析的失误所造成的离群数据和可疑数据，无须检验就应剔除。在确认没有失误的情况下，应用 Grubbs、Dixon 法检验剔除。

7.2 监测结果的表示

a） 平行样的测定结果用平均值表示。

b） 一组测定数据用 Grubbs、Dixon 法检验剔除离群值后以平均值报出。

c） 低于分析方法检出限的测定值按“未检出”报出，但应注明检出限。参加统计时，按二分之一检出限计算；但在计算检出限时，按未检出统计。

7.3 监测数据录入的位数

a） 表示分析结果的有效数字一般保留 3 位，但不能超过方法检出限的有效数字位数。

b） 表示分析结果精密度的数据，只取 1 位有效数字。当测定次数很多时，最多只取 2 位有效数字。

7.4 监测结果统计

样品测定完后，要进行登记统计。农田土壤环境质量监测结果报表，见表 A.20；农田土壤环境质量监测结果统计表，见表 A.21。

8 农田土壤环境质量监测结果评价

首先根据不同的监测目的，选择适当的评价依据及评价方法，对监测点位进行评价；在此基础上对整个监测区域土壤环境质量状况作出评价，包括：计算出不同环境质量土壤的面积（或产量）、不同污染物的分担率等，并最终得出监测区域土壤环境质量划分等级，以便合理利用。

8.1 评价依据

8.1.1 累积性评价

以当地同一种类土壤背景值或对照点测定值为累积性评价指标值。

8.1.2 适宜性评价

以同一种土壤类型，同一作物种类，同一污染物有效态安全临界值作为适宜性评价指标值。对目前尚无临界值的污染物，可通过土壤中的污染物对其上种植的农产品产量和安全质量构成的威胁程度作出判定。

8.2 评价方法

8.2.1 累积性评价

比较单一污染物累积程度，用单项累积指数法；比较多种污染物综合累积程度用综合累积指数法。具体按照《耕地土壤重金属污染评价技术规程》3.1 执行。

累积指数等级划分见《耕地土壤重金属污染评价技术规程》3.1.5 表 1 和表 2。

8.2.2 适宜性评价

根据种植农作物对土壤中污染物的适宜性评价指数以及土壤中污染物对农产品产量和安全质量构成的威胁程度，作出适宜性判定。具体按照《耕地土壤重金属污染评价技术规程》3.2 中表 3 执行。

8.3 评价方法的选择

8.3.1 区域背景监测

用累积性评价方法。

8.3.2　**土壤污染普查监测**

以累积性评价方法为主，在污染严重、累积指数较高的区域，仍需做适宜性评价。

8.3.3　**产地安全质量划分**

用适宜性评价方法。

8.3.4　**土壤污染事故调查**

根据具体要求进行。一般首先用累积性评价，在污染严重，怀疑可能对农产品产量和安全质量造成危害的区域，仍需用适宜性评价。

8.3.5　**农田土壤定点监测**

用累积性评价方法。

8.4　**各类参数计算方法**

8.4.1　**土壤中污染物单项累积指数**

见《耕地土壤重金属污染评价技术规程》3.1 公式（1）。

8.4.2　**土壤中污染物综合累积指数**

见《耕地土壤重金属污染评价技术规程》3.1 公式（2）。

8.4.3　**土壤中污染物适宜性评价指数**

见《耕地土壤重金属污染评价技术规程》3.2 公式（3）。

8.4.4　**农产品超标率**

见《耕地土壤重金属污染评价技术规程》3.2 公式（4）。

8.4.5　**土壤样本超标率**

土壤中污染物适宜性评价指数大于 1 的样本数除以土壤总样本数。

8.4.6　**土壤面积超标率**

土壤中污染物适宜性评价指数大于 1 的样本代表面积除以土壤监测总面积。

8.4.7　**土壤累积性污染分担率**

土壤某项累积性污染指数除以土壤中各项累积性污染指数之和。

8.4.8　**土壤适宜性污染分担率**

土壤某项污染物适宜性评价指数除以土壤中各项污染物适宜性评价指数之和。

8.4.9　**土壤（不同）累积程度污染区域计算**

分别用土壤监测点位不同累积性评价结果（包括单项累积指数和综合累积指数）乘以监测点代表面积（或产量），计算出不同累积程度的区域面积（或产量）。

8.4.10　**土壤（不同）安全质量区域计算**

用土壤环境质量适宜性等级划分结果乘以监测点代表面积（或产量），计算出不同土壤环境质量等级的面积（或产量）。

8.5　**农田土壤环境质量适宜性等级划分**

按照《耕地土壤重金属污染评价技术规程》3.3 表 4 和《农产品产地适宜性评价技术规范》8 执行。

9 资料整编

9.1 监测的目的和意义及监测背景。

9.2 资料的收集及监测区域的描述包括监测区的自然环境（地形地貌、气候、土壤、地质、水文等）、自然资源条件（光热资源、水资源、生物资源等）、基础设施条件、土地利用方式、土地利用总体规划、污染源分布及污染物排放情况、人文社会条件等。

9.3 布点采样方法的选择及解释。

9.4 样品保存运输。

9.5 监测项目及分析测试方法。

9.6 监测结果统计及评价。

9.7 结果分析及环境质量评价。

9.8 产地安全质量评价图及评价表。

a) 图件的分类：可分为点位分布图、点位环境质量评价图、监测区单元素环境质量评价图及多元素综合环境质量评价图及环境质量趋势分析图等。具体图件名称及图件数量可视监测任务及监测点位多少而定。

b) 图件必须注明编制方法及评价标准。

c) 图件基础要素包括居民地、河流及水库、等高线、公路及铁路、区域内污染源、监测区界线、国界、省界及县界、比例尺、指北针等。各种要素在图上标注的详细程度视图件比例尺大小而定。一般的基础图件比例尺越大，则标注的要素应越详细。省级的土壤环境质量调查基础底图比例尺应不小于 1∶25 万，县级土壤环境质量调查基础底图比例尺应不小于 1∶5 万。

d) 如监测点位较少或监测区面积较小，可只制作点位环境质量评价图。

10 建立数据库

将各监测区域的取样点位、监测任务来源、相关污染源、污染历史、代表面积、监测数据、评价结果等导入数据库存档。

附　录　A
（规范性附录）
各种记录表格

表 A.1　土壤及农副产品采样记录单

采样日期：　　年　　月　　日　　天气　　　　　　　　　　　　　共　　页第　　页

<table>
<tr><td colspan="2">项目名称</td><td colspan="2"></td><td>受检单位</td><td colspan="3"></td></tr>
<tr><td colspan="2">采样地点</td><td colspan="2"></td><td>经 度</td><td></td><td>纬度</td><td></td></tr>
<tr><td rowspan="4">土壤采样</td><td>土样编号</td><td colspan="2"></td><td colspan="4">农副产品采样</td></tr>
<tr><td>采土深度</td><td colspan="2"></td><td>样品名称</td><td colspan="3"></td></tr>
<tr><td>土壤类型</td><td colspan="2"></td><td>样品编号</td><td colspan="3"></td></tr>
<tr><td>成土母质</td><td colspan="2"></td><td>采样部位</td><td colspan="3"></td></tr>
<tr><td colspan="2">地形地貌</td><td colspan="2"></td><td rowspan="4">主要农产品种类、播种面积、产量、所处生长期、生长情况等</td><td colspan="3" rowspan="4"></td></tr>
<tr><td colspan="2">地下水位</td><td colspan="2"></td></tr>
<tr><td colspan="2">地力水平</td><td colspan="2"></td></tr>
<tr><td colspan="2">耕作制度</td><td colspan="2"></td></tr>
<tr><td colspan="2">灌溉水源、方式、灌水时间、用水量等</td><td colspan="2"></td><td>废水、废气、废渣污染历史及现状</td><td colspan="3"></td></tr>
<tr><td colspan="2">施用化肥、农药及其他化学品情况</td><td colspan="2"></td><td>农用固体废弃物污染</td><td colspan="3"></td></tr>
<tr><td colspan="3">现场采样记录</td><td colspan="5">采样点位示意图</td></tr>
</table>

校对人____________　　　　记录人____________　　　　采样人____________

表 A.2　土壤（固体废弃物）样品登记表

共　　页第　　页

样品编号	样品名称	采样深度	土壤类型	采样地点	采样时间	待测项目	备注

收样人________　　送样人________　　采样人________
收样时间：　　送样时间：　　采样时间：

表 A.3　农副产品样品登记表

共　　页第　　页

样品编号	样品名称	采样部位	采样地点	采样时间	待测项目	备注

收样人________　　送样人________　　采样人________

收样时间：　　送样时间：　　采样时间：

表 A.4　标准溶液配制记录表

标准溶液名称：　　　　　　　　　　标准溶液编号：　　　　　　　　　　第　　页

标准样品/储备液编号	标准样品/储备液名称	标准样品/储备液浓度，mg/L	用量，mL	定容体积，mL	最终浓度，mg/L
配制溶剂				溶剂等级	
温度，℃				湿度，%	
配制人				校核人	
配制时间				有效期	
备注					

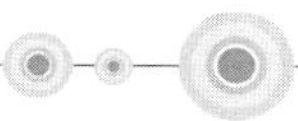

表 A.5　标准溶液标定原始记录表

第　　页

<table>
<tr><td>被标液名称</td><td></td><td colspan="2">基准物（液）名称</td><td></td><td>天平编号</td><td></td><td>方法依据</td><td colspan="3"></td></tr>
<tr><td>浓度，mol/L</td><td></td><td colspan="2">浓度 Cs，mol/L</td><td></td><td>滴定管编号</td><td></td><td>标定日期</td><td></td><td>室温，℃</td><td></td></tr>
<tr><td>重复号</td><td>1</td><td>2</td><td>3</td><td>4</td><td>空白 V_0</td><td>1</td><td>2</td><td>3</td><td>4</td><td>空白 V_0</td></tr>
<tr><td>基准物质量 m，g/标准液取用量 Vs，mL</td><td></td><td></td><td></td><td></td><td></td><td></td><td></td><td></td><td></td><td></td></tr>
<tr><td>被标液消耗量 V，mL</td><td></td><td></td><td></td><td></td><td></td><td></td><td></td><td></td><td></td><td></td></tr>
<tr><td>被标液浓度，mol/L</td><td></td><td></td><td></td><td></td><td></td><td></td><td></td><td></td><td></td><td></td></tr>
<tr><td>平均值，mol/L</td><td></td><td></td><td></td><td></td><td></td><td></td><td></td><td></td><td></td><td></td></tr>
<tr><td>相对极差，%（≤0.2%）</td><td></td><td></td><td></td><td></td><td></td><td></td><td></td><td></td><td></td><td></td></tr>
<tr><td>两人结果相对极差，%</td><td></td><td></td><td></td><td></td><td></td><td></td><td></td><td></td><td></td><td></td></tr>
<tr><td colspan="2">计算公式</td><td colspan="3"></td><td colspan="2">最终确定浓度，mol/L</td><td colspan="4"></td></tr>
<tr><td colspan="2">备注</td><td colspan="9"></td></tr>
</table>

审核人：　　　　　　　　复标人：　　　　　　　　标定人：

表 A.6 标准溶液配制（稀释）原始记录表

配制日期：　　年　　月　　日　　　　　　　　　　　　　　第　　页共　　页

<table>
<tr><td colspan="2">标准溶液或基准物质名称</td><td></td><td>浓（纯）度（ ）</td><td></td><td>等级</td><td></td></tr>
<tr><td colspan="2">分子式</td><td></td><td>生产或研制单位</td><td></td><td>生产日期</td><td></td></tr>
<tr><td colspan="2">分子量</td><td></td><td>批（编）号</td><td></td><td>有效期</td><td></td></tr>
<tr><td colspan="2">简要配制操作过程</td><td colspan="3"></td><td>配制方法依据</td><td></td></tr>
<tr><td colspan="2" rowspan="2">计算公式</td><td colspan="3" rowspan="2"></td><td>温度</td><td></td></tr>
<tr><td>湿度</td><td></td></tr>
<tr><td colspan="2">原始标准或基准物质</td><td>折合目标元素</td><td rowspan="2">加入溶剂种类</td><td rowspan="2">定容体积，mL</td><td rowspan="2">新配标液浓度（ ）</td><td rowspan="2">备注</td></tr>
<tr><td>名称</td><td>取用量（ ）</td><td>折纯量（ ）</td></tr>
<tr><td colspan="3"></td><td></td><td></td><td></td><td></td></tr>
<tr><td colspan="3"></td><td></td><td></td><td></td><td></td></tr>
<tr><td colspan="3"></td><td></td><td></td><td></td><td></td></tr>
<tr><td colspan="3"></td><td></td><td></td><td></td><td></td></tr>
<tr><td colspan="3"></td><td></td><td></td><td></td><td></td></tr>
<tr><td colspan="3"></td><td></td><td></td><td></td><td></td></tr>
</table>

室主任________　　　　　　校核人________　　　　　　配制人________

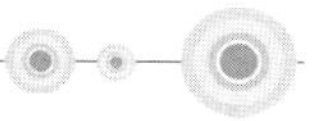

表 A.7　原子荧光分析原始记录表

分析日期：　　年　　月　　日　　　　　　　　　　　　　　　　　　共　　页第　　页

样品名称		分析项目		方法依据	
仪器名称及编号					
测样地点		室温,℃		湿度,%	
还原剂		负高压，V		灯电流，mA	
屏蔽气流量，mL/min		载气流量，mL/min		加热温度,℃	
标准曲线	浓度 C,μg/L				
	荧光强度,I				
回归方程		相关系数			
计算公式		备注			
前处理及定容分取简要过程					
分析质量控制审核	校准曲线 合　格□ 不合格□	准确度 合　格□ 不合格□	精密度 合　格□ 不合格□		

样品编号	分析编号	取样量，mL	定容体积，mL	分取倍数	扣除空白荧光值	样品含量，mg/L	平均值，mg/L	相对标准差，%
备注								

室主任：　　　　　　　校核者：　　　　　　　分析者：

　年　月　日　　　　　年　月　日　　　　　年　月　日

表 A.8　原子吸收火焰法实验原始记录表

分析日期：　　年　　月　　日　　　　　　　　　　　　　　　　　　　　共　　页第　　页

<table>
<tr><td colspan="2">样品名称</td><td colspan="2"></td><td colspan="2">分析项目</td><td colspan="2"></td><td colspan="2">方法依据</td><td></td></tr>
<tr><td colspan="2">仪器名称</td><td colspan="9">原子吸收分光光度计 SpectrAA 220FS YG-004/电子天平 AE240 YZ-001</td></tr>
<tr><td colspan="2" rowspan="4">仪器条件</td><td colspan="2">波长，nm</td><td colspan="2"></td><td colspan="2" rowspan="4">环境条件</td><td colspan="2" rowspan="2">检测地点</td><td rowspan="2"></td></tr>
<tr><td colspan="2">狭缝，nm</td><td colspan="2"></td></tr>
<tr><td colspan="2">灯电流，mA</td><td colspan="2"></td><td colspan="2">室温，℃</td><td></td></tr>
<tr><td colspan="2">火焰类型</td><td colspan="2">空气/乙炔</td><td colspan="2">湿度，%</td><td></td></tr>
<tr><td colspan="2">前处理步骤简述</td><td colspan="9"></td></tr>
<tr><td colspan="2" rowspan="3">标准曲线信息</td><td colspan="2">浓度 C，mg/L</td><td colspan="7"></td></tr>
<tr><td colspan="2">吸光度 A，Abs</td><td colspan="7"></td></tr>
<tr><td colspan="2">回归方程</td><td colspan="4"></td><td colspan="2">相关系数</td><td></td></tr>
<tr><td colspan="4">计算公式</td><td colspan="4">$\omega \geqslant C \times V/m$</td><td>备注</td><td colspan="2"></td></tr>
<tr><td>样品编号</td><td>分析编号</td><td>取样量 m（ ）</td><td>定容体积 V，mL</td><td>稀释倍数 D</td><td>吸光度，Abs</td><td>测定浓度 $C_0 \times D$，mg/L</td><td>扣除空白浓度 C，mg/L</td><td>样品含量 ω（ ）</td><td>平均值（ ）</td><td>相对偏差 %</td></tr>
<tr><td></td><td></td><td></td><td></td><td></td><td></td><td></td><td></td><td></td><td></td><td></td></tr>
<tr><td></td><td></td><td></td><td></td><td></td><td></td><td></td><td></td><td></td><td></td><td></td></tr>
<tr><td></td><td></td><td></td><td></td><td></td><td></td><td></td><td></td><td></td><td></td><td></td></tr>
<tr><td></td><td></td><td></td><td></td><td></td><td></td><td></td><td></td><td></td><td></td><td></td></tr>
<tr><td></td><td></td><td></td><td></td><td></td><td></td><td></td><td></td><td></td><td></td><td></td></tr>
<tr><td></td><td></td><td></td><td></td><td></td><td></td><td></td><td></td><td></td><td></td><td></td></tr>
<tr><td></td><td></td><td></td><td></td><td></td><td></td><td></td><td></td><td></td><td></td><td></td></tr>
<tr><td>备注</td><td colspan="10"></td></tr>
</table>

室主任：　　　　　　　校核者：　　　　　　　分析者：
　　年　月　日　　　　　年　月　日　　　　　年　月　日

表 A.9　原子吸收石墨炉实验原始记录表

分析日期：　　年　　月　　日　　　　　　　　　　　　　　　　　　　　　　　共　　页第　　页

样品名称		分析项目		方法依据	
仪器名称	原子吸收分光光度计 SpectrAA 220Z YG-005/电子天平 AE240 YZ-001				

仪器条件			环境条件		
	波长，nm			检测地点	
	狭缝，nm				
	灰化温度，℃				
	原子化温度，℃			室温，℃	
	灯电流，mA			湿度，%	
前处理步骤简述					

标准曲线信息				
	浓度 C，μg/L			
	吸光度 A，Abs			
	回归方程		相关系数	
计算公式		$\omega \geqslant C \times V/m$	备注	

样品编号	分析编号	取样量 m（　）	定容体积 V，mL	稀释倍数 D	吸光度，Abs	测定浓度 $C_0 \times D$，mg/L	扣除空白浓度 C，mg/L	样品含量 ω（　）	平均值（　）	相对偏差，%
备注										

室主任：　　　　　　　　校核者：　　　　　　　　分析者：

　　年　月　日　　　　　　年　月　日　　　　　　年　月　日

表 A. 10　重量分析原始记录表

分析日期：　　年　　月　　日　　　　　　　　　　　　　　　　共　　页第　　页

样品名称					分析项目			
测试地点					温、湿度			
计算公式						方法依据		
样品编号	分析编号	取样量（　）	重量（　）		样品重（　）	样品含量（　）	平均值（　）	备注
			载体	载体＋样品				

室主任：　　　　　　　　校核者：　　　　　　　　分析者：
年　月　日　　　　　　年　月　日　　　　　　年　月　日

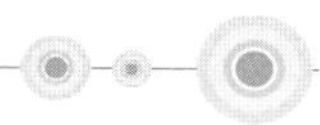

表 A. 11　容量分析原始记录表

分析日期：　　年　　月　　日　　　　　　　　　　　　　　共　　页第　　页

<table>
<tr><td>样品名称</td><td colspan="5"></td><td colspan="2">分析项目</td><td colspan="2"></td></tr>
<tr><td>测试地点</td><td colspan="5"></td><td colspan="2">温、湿度</td><td colspan="2"></td></tr>
<tr><td colspan="3">标准溶液名称及浓度</td><td colspan="7"></td></tr>
<tr><td>计算公式</td><td colspan="6"></td><td>方法依据</td><td colspan="2"></td></tr>
<tr><td rowspan="2">样品编号</td><td rowspan="2">分析编号</td><td rowspan="2">取样量
（　）</td><td colspan="3">标液用量（　）</td><td rowspan="2">扣除空白</td><td rowspan="2">样品含量
（　）</td><td rowspan="2">平均值
（　）</td><td rowspan="2">备注</td></tr>
<tr><td>初读数</td><td>终读数</td><td>消耗量</td></tr>
<tr><td>分析质量
控制审核</td><td colspan="2">标准曲线
合　格□
不合格□</td><td colspan="2">准确度
合　格□
不合格□</td><td colspan="2">精密度
合　格□
不合格□</td><td colspan="3">审核意见</td></tr>
<tr><td></td><td></td><td></td><td></td><td></td><td></td><td></td><td></td><td></td><td></td></tr>
<tr><td></td><td></td><td></td><td></td><td></td><td></td><td></td><td></td><td></td><td></td></tr>
<tr><td></td><td></td><td></td><td></td><td></td><td></td><td></td><td></td><td></td><td></td></tr>
<tr><td></td><td></td><td></td><td></td><td></td><td></td><td></td><td></td><td></td><td></td></tr>
<tr><td></td><td></td><td></td><td></td><td></td><td></td><td></td><td></td><td></td><td></td></tr>
<tr><td></td><td></td><td></td><td></td><td></td><td></td><td></td><td></td><td></td><td></td></tr>
<tr><td></td><td></td><td></td><td></td><td></td><td></td><td></td><td></td><td></td><td></td></tr>
<tr><td></td><td></td><td></td><td></td><td></td><td></td><td></td><td></td><td></td><td></td></tr>
<tr><td></td><td></td><td></td><td></td><td></td><td></td><td></td><td></td><td></td><td></td></tr>
</table>

室主任：　　　　　　校核者：　　　　　　分析者：

年　月　日　　　　年　月　日　　　　年　月　日

表 A. 12 离子（酸度）计分析原始记录表

分析日期：　　年　　月　　日　　　　　　　　　　　　　　　　　　共　　页第　　页

<table>
<tr><td>样品名称</td><td colspan="2"></td><td>分析项目</td><td colspan="2"></td><td>方法依据</td><td colspan="3"></td></tr>
<tr><td>缓冲液</td><td colspan="2"></td><td>仪器名称</td><td colspan="2"></td><td>仪器编号</td><td colspan="3"></td></tr>
<tr><td>测试地点</td><td colspan="2"></td><td>电极型号</td><td colspan="2"></td><td>温、湿度</td><td colspan="3"></td></tr>
<tr><td rowspan="2">标准曲线</td><td colspan="5"></td><td>回归方程</td><td colspan="3"></td></tr>
<tr><td colspan="5"></td><td>相关系数</td><td colspan="3"></td></tr>
<tr><td>计算公式</td><td colspan="5"></td><td>备注</td><td colspan="3"></td></tr>
<tr><td>样品编号</td><td>分析编号</td><td>取样量
（ ）</td><td>定容体积
（ ）</td><td>测定值
（ ）</td><td>测定浓度
（ ）</td><td>扣除空白
（ ）</td><td>样品含量
（ ）</td><td>平均值
（ ）</td><td>备注</td></tr>
<tr><td colspan="10">分析质量控制审核　　标准曲线 合　格□ 不合格□　　准确度 合　格□ 不合格□　　精密度 合　格□ 不合格□　　审核意见</td></tr>
<tr><td></td><td></td><td></td><td></td><td></td><td></td><td></td><td></td><td></td><td></td></tr>
<tr><td></td><td></td><td></td><td></td><td></td><td></td><td></td><td></td><td></td><td></td></tr>
<tr><td></td><td></td><td></td><td></td><td></td><td></td><td></td><td></td><td></td><td></td></tr>
<tr><td></td><td></td><td></td><td></td><td></td><td></td><td></td><td></td><td></td><td></td></tr>
<tr><td></td><td></td><td></td><td></td><td></td><td></td><td></td><td></td><td></td><td></td></tr>
<tr><td></td><td></td><td></td><td></td><td></td><td></td><td></td><td></td><td></td><td></td></tr>
<tr><td></td><td></td><td></td><td></td><td></td><td></td><td></td><td></td><td></td><td></td></tr>
<tr><td></td><td></td><td></td><td></td><td></td><td></td><td></td><td></td><td></td><td></td></tr>
</table>

室主任：　　　　　　　　校核者：　　　　　　　　分析者：

　　年　月　日　　　　　　年　月　日　　　　　　年　月　日

表 A.13　pH 原始记录表

分析日期：　　年　　月　　日　　　　　　　　　　　　共　　页第　　页

样品名称				方法依据		
仪器名称				仪器编号		
电极型号				温、湿度		
标准缓冲溶液				斜率		
测试地点				备注		
样品编号	取样量（　）	加水体积（　）	pH		平均值	备 注
			1 次	2 次		

室主任：　　　　　　校核者：　　　　　　分析者：

年　月　日　　　　年　月　日　　　　年　月　日

表 A.14 分光光度法测定原始记录表

分析日期：　　年　　月　　日　　　　　　　　　　　　　　　　　　共　　页第　　页

样品名称		分析项目		方法依据	
仪器名称		仪器编号		温、湿度	
参比液		比色皿	cm	测定波长	nm
标准曲线				回归方程	
				相关系数	
计算公式				分析地点	

样品编号	分析编号	取样量（ ）	定容体积（ ）	吸光度（ ）	扣除空白（ ）	测定浓度（ ）	样品含量（ ）	平均值（ ）	备注
分析质量控制审核		标准曲线 合　格□ 不合格□		准确度 合　格□ 不合格□	精密度 合　格□ 不合格□	审核意见			

室主任：　　　　　　　　校核者：　　　　　　　　分析者：

　　年　月　日　　　　　　年　月　日　　　　　　年　月　日

表 A.15 ICP-MS 实验原始记录表

分析日期：　　年　　月　　日　　　　　　　　　　　　　　共　　页第　　页

<table>
<tr><td>样品名称</td><td colspan="2"></td><td>方法依据</td><td></td></tr>
<tr><td>仪器名称</td><td colspan="2">ICP-MS 7500i</td><td>仪器编号</td><td>YS-008</td></tr>
<tr><td>温、湿度</td><td colspan="2"></td><td>测试地点</td><td></td></tr>
<tr><td rowspan="2">仪器条件信息</td><td>发射功率，W</td><td></td><td>采样深度，mm</td><td></td></tr>
<tr><td>载气流量，L/min</td><td></td><td>进样泵速，0.1 rps</td><td></td></tr>
<tr><td>分析项目元素</td><td colspan="2"></td><td>元素对应内标</td><td></td></tr>
<tr><td rowspan="3">标准曲线信息</td><td>浓度 X，μg/L</td><td colspan="3"></td></tr>
<tr><td>信号值 Y（Ratio）</td><td colspan="3"></td></tr>
<tr><td>回归方程</td><td></td><td>相关系数</td><td></td></tr>
<tr><td>样品前处理方法概述</td><td colspan="4"></td></tr>
</table>

样品编号	分析编号	取样质量，g	定容体积，mL	稀释倍数	测定浓度（ ）	样品含量（ ）	平均值（ ）	相对偏差，%

室主任：　　　　　　校核者：　　　　　　分析者：
　　年　月　日　　　　　年　月　日　　　　　年　月　日

表 A.16-1 气相色谱法测定有机磷类农药残留原始记录表

仪器条件　　　　　　　　　　　　　　　　　　　　　　　　　　　共　　页第　　页

<table>
<tr><td>样品名称</td><td colspan="4"></td><td colspan="2">检测日期</td><td colspan="2"></td></tr>
<tr><td>检测地点</td><td></td><td>室温,℃</td><td colspan="2"></td><td colspan="2">湿度,%</td><td colspan="2"></td></tr>
<tr><td>仪器名称编号</td><td colspan="8"></td></tr>
<tr><td>色谱柱</td><td colspan="4"></td><td colspan="2">检测依据</td><td colspan="2"></td></tr>
<tr><td>检测器</td><td></td><td rowspan="6">柱室温度</td><td rowspan="2"></td><td colspan="2" rowspan="2">升温速率,℃/min</td><td colspan="2" rowspan="2">达到温度,℃</td><td rowspan="2">保持时间,min</td></tr>
<tr><td>进样口温度</td><td></td></tr>
<tr><td>检测器温度</td><td></td><td>初始温度</td><td colspan="2"></td><td colspan="2"></td><td></td></tr>
<tr><td>定量方式</td><td></td><td>1</td><td colspan="2"></td><td colspan="2"></td><td></td></tr>
<tr><td rowspan="2">载气 N_2,mL/min</td><td rowspan="2"></td><td>2</td><td colspan="2"></td><td colspan="2"></td><td></td></tr>
<tr><td>3</td><td colspan="2"></td><td colspan="2"></td><td></td></tr>
<tr><td>燃气 H_2,mL/min</td><td></td><td>助燃气 Air,mL/min</td><td colspan="2"></td><td colspan="2">提取液体积 V_1,mL</td><td colspan="2"></td></tr>
<tr><td>进样方式</td><td></td><td>分流比</td><td colspan="2"></td><td colspan="2">分取体积 V_2,mL</td><td colspan="2"></td></tr>
<tr><td>定容体积 V_3,mL</td><td></td><td>样品进样体积 V_4,μL</td><td colspan="2"></td><td colspan="2">标样进样体积 V_5,μL</td><td colspan="2"></td></tr>
<tr><td>前处理步骤概述</td><td colspan="8"></td></tr>
<tr><td>计算公式</td><td colspan="8">$\omega=\frac{C\times V_1\times V_3\times V_5\times A}{m\times V_2\times V_4\times As}$</td></tr>
<tr><td>检测项目</td><td colspan="8"></td></tr>
<tr><td>检测结果</td><td colspan="8"></td></tr>
<tr><td>备 注</td><td colspan="8"></td></tr>
</table>

室主任：　　　　　　　　校核者：　　　　　　　　分析者：

　　　年　月　日　　　　　　年　月　日　　　　　　年　月　日

表 A.16-2　气相色谱法测定有机磷类农药残留原始记录表

标准样品　　　　　　　　　　　　　　　　　　　　　　共　　页第　　页

标准溶液原始记录							
标样谱图　　　　号				标样谱图　　　　号			
组分	质量浓度 C，mg/L	保留时间 RT，min	峰面积 As	组分	质量浓度 C，mg/L	保留时间 RT，min	峰面积，As
备注							

室主任：　　　　　　　校核者：　　　　　　　分析者：

　　　年　月　日　　　　　年　月　日　　　　　年　月　日

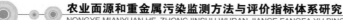

表 A. 16-3　气相色谱法测定有机磷类农药残留原始记录表

检测样品　　　　　　　　　　　　　　　　　　　　共　　页第　　页

样品名称				
样品编号				
称样量 m，g				
计算使用标样谱图编号				
	保留时间，min			
	样品峰面积 A			
	测定含量 ω，mg/kg			
	平均值，mg/kg			
	相对相差，%			
	保留时间，min			
	样品峰面积 A			
	测定含量 ω，mg/kg			
	平均值，mg/kg			
	相对相差，%			
	保留时间，min			
	样品峰面积 A			
	测定含量 ω，mg/kg			
	平均值，mg/kg			
	相对相差，%			
	保留时间，min			
	样品峰面积 A			
	测定含量 ω，mg/kg			
	平均值，mg/kg			
	相对相差，%			
	保留时间，min			
	样品峰面积 A			
	测定含量 ω，mg/kg			
	平均值，mg/kg			
	相对相差，%			
	保留时间，min			
	样品峰面积 A			
	测定含量 ω，mg/kg			
	平均值，mg/kg			
	相对相差，%			
备　　注	环境条件、仪器条件、前处理步骤概述和计算公式见标准样品表。计算公式中 As 为上述两个计算使用标样峰面积的平均值。			

室主任：　　　　　　　　校核者：　　　　　　　　分析者：

年　月　日　　　　　　年　月　日　　　　　　年　月　日

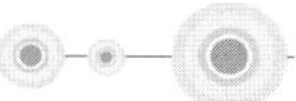

表 A. 16-4 气相色谱法测定有机磷类农药残留原始记录表

质控样品　　　　　　　　　　　　　　　　　　　　　　　　　　　　共　　页第　　页

基质名称或基质样品编号			称样量 m，g			
质控样品编号						
计算使用标样谱图编号						
组分						
添加标样浓度 C_T，mg/L						
添加体积 V_6，mL						
质控添加浓度，mg/kg						
样品空白峰面积 A_{CK}						
保留时间，min						
峰面积 A_{ZK}						
测定含量 ω，mg/kg						
回收率 R,%						
平均值,%						
相对相差,%						
组分						
添加标样浓度 C_T，mg/L						
添加体积 V_6，mL						
质控添加浓度，mg/kg						
样品空白峰面积 A_{CK}						
保留时间，min						
峰面积 A_{ZK}						
测定含量 ω，mg/kg						
回收率 R,%						
平均值,%						
相对相差,%						
组分						
添加标样浓度 C_T，mg/L						
添加体积 V_6，mL						
质控添加浓度，mg/kg						
样品空白峰面积 A_{CK}						
保留时间，min						
峰面积 A_{ZK}						
测定含量 ω，mg/kg						
回收率 R,%						
平均值,%						
相对相差,%						
备　注	环境条件、仪器条件、前处理步骤概述见标准样品表。计算公式如下： $R=\frac{C\times V_1\times V_3\times V_5\times(A_{ZK}-A_{CK})}{C_T\times m\times V_2\times V_4\times V_6\times As}\times 100$，相对相差$=\frac{\mid\omega_1-\omega_2\mid}{(\omega_1+\omega_2)\div 2}\times 100$ 允许相对相差：≤15%。					

室主任：　　　　　　　校核者：　　　　　　　分析者：

　　　年　月　日　　　　　年　月　日　　　　　年　月　日

表 A. 17-1 液相色谱-荧光法测定氨基甲酸酯类农药残留原始记录表

仪器条件　　　　　　　　　　　　　　　　　　　　　　　　　　　共　　页第　　页

<table>
<tr><td>样品名称</td><td colspan="4"></td><td>检测日期</td><td></td></tr>
<tr><td>检测地点</td><td></td><td>室温,℃</td><td colspan="2"></td><td>湿度,%</td><td></td></tr>
<tr><td>仪器名称编号</td><td colspan="4"></td><td>检测依据</td><td></td></tr>
<tr><td>色谱柱</td><td colspan="4"></td><td>检测器</td><td></td></tr>
<tr><td>检测波长，nm</td><td colspan="4"></td><td>柱室温度,℃</td><td></td></tr>
<tr><td>反应室温度,℃</td><td></td><td rowspan="10">流动相
及流速</td><td rowspan="2">时间，
min</td><td colspan="2">流动相</td><td rowspan="2">流速，
mL/min</td></tr>
<tr><td>定量方式</td><td></td><td>水,%</td><td>甲醇,%</td></tr>
<tr><td rowspan="2">NaOH 溶液
流速，mL/min</td><td rowspan="2"></td><td></td><td></td><td></td><td></td></tr>
<tr><td></td><td></td><td></td><td></td></tr>
<tr><td rowspan="2">OPA 试剂流
速，mL/min</td><td rowspan="2"></td><td></td><td></td><td></td><td></td></tr>
<tr><td></td><td></td><td></td><td></td></tr>
<tr><td rowspan="2">提取液体积
V_1，mL</td><td rowspan="2"></td><td></td><td></td><td></td><td></td></tr>
<tr><td></td><td></td><td></td><td></td></tr>
<tr><td rowspan="2">分取体积
V_2，mL</td><td rowspan="2"></td><td></td><td></td><td></td><td></td></tr>
<tr><td></td><td></td><td></td><td></td></tr>
<tr><td>定容体积
V_3，mL</td><td></td><td>样品进样体积
V_4，μL</td><td></td><td>标样进样体积
V_5，μL</td><td colspan="2"></td></tr>
<tr><td>前处理步骤
概述</td><td colspan="6"></td></tr>
<tr><td>计算公式</td><td colspan="6">$\omega=\dfrac{C\times V_1\times V_3\times V_5\times A}{m\times V_2\times V_4\times As}$</td></tr>
<tr><td>检测项目</td><td colspan="6"></td></tr>
<tr><td>检测结果</td><td colspan="6"></td></tr>
<tr><td>备 注</td><td colspan="6"></td></tr>
</table>

室主任：　　　　　　　校核者：　　　　　　　分析者：

年　月　日　　　　　年　月　日　　　　　年　月　日

表 A.17-2　液相色谱-荧光法测定氨基甲酸酯类农药残留原始记录表

检测样品　　　　　　　　　　　　　　　　　　　　　　共　　页第　　页

样品名称				
样品编号				
称样量 m，g				
计算使用标样谱图编号				
	保留时间，min			
	样品峰面积 A			
	测定含量 ω，mg/kg			
	平均值，mg/kg			
	相对相差，%			
	保留时间，min			
	样品峰面积 A			
	测定含量 ω，mg/kg			
	平均值，mg/kg			
	相对相差，%			
	保留时间，min			
	样品峰面积 A			
	测定含量 ω，mg/kg			
	平均值，mg/kg			
	相对相差，%			
	保留时间，min			
	样品峰面积 A			
	测定含量 ω，mg/kg			
	平均值，mg/kg			
	相对相差，%			
	保留时间，min			
	样品峰面积 A			
	测定含量 ω，mg/kg			
	平均值，mg/kg			
	相对相差，%			
	保留时间，min			
	样品峰面积 A			
	测定含量 ω，mg/kg			
	平均值，mg/kg			
	相对相差，%			
备　注	环境条件、仪器条件、前处理步骤概述和计算公式见标准样品表。计算公式中 As 为上述两个计算使用标样峰面积的平均值。			

室主任：　　　　　　　　校核者：　　　　　　　　分析者：

　　　年　月　日　　　　　　年　月　日　　　　　　年　月　日

表 A. 17-3 液相色谱-荧光法测定氨基甲酸酯类农药残留原始记录表

标准样品　　　　　　　　　　　　　　　　　　　　　　　　共　　页第　　页

标准溶液原始记录							
标样谱图　　　　号				标样谱图　　　　号			
组分	质量浓度 C，mg/L	保留时间 RT，min	峰面积 As	组分	质量浓度 C，mg/L	保留时间 RT，min	峰面积 As
备注							

室主任：　　　　　　　校核者：　　　　　　　分析者：

　　年　月　日　　　　　年　月　日　　　　　年　月　日

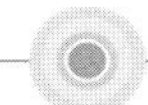

表 A. 17-4　液相色谱-荧光法测定氨基甲酸酯类农药残留原始记录表

质控样品　　　　　　　　　　　　　　　　　　　　　　　　　　　　　　　共　　页第　　页

基质名称或基质样品编号			称样量 m，g			
质控样品编号						
计算使用标样谱图编号						
组分						
添加标样浓度 C_T，mg/L						
添加体积 V_6，mL						
质控添加浓度，mg/kg						
样品空白峰面积 A_{CK}						
保留时间，min						
峰面积 A_{ZK}						
测定含量 ω，mg/kg						
回收率 R,%						
平均值,%						
相对相差,%						
组分						
添加标样浓度 C_T，mg/L						
添加体积 V_6，mL						
质控添加浓度，mg/kg						
样品空白峰面积 A_{CK}						
保留时间，min						
峰面积 A_{ZK}						
测定含量 ω，mg/kg						
回收率 R,%						
平均值,%						
相对相差,%						
组分						
添加标样浓度 C_T，mg/L						
添加体积 V_6，mL						
质控添加浓度，mg/kg						
样品空白峰面积 A_{CK}						
保留时间，min						
峰面积 A_{ZK}						
测定含量 ω，mg/kg						
回收率 R,%						
平均值,%						
相对相差,%						
备注						

室主任：　　　　　　　　校核者：　　　　　　　　分析者：

　　　年　月　日　　　　　　年　月　日　　　　　　年　月　日

表 A. 18-1　气相色谱-质谱联用法测定农药残留原始记录表

仪器条件　　　　　　　　　　　　　　　　　　　　　　　　　　　　　　共　　页第　　页

<table>
<tr><td>样品名称</td><td colspan="3"></td><td>检测日期</td><td colspan="2"></td></tr>
<tr><td>检测地点</td><td></td><td>室温,℃</td><td></td><td>湿度,%</td><td colspan="2"></td></tr>
<tr><td>仪器名称编号</td><td colspan="3"></td><td>检测依据</td><td colspan="2"></td></tr>
<tr><td>色谱柱</td><td colspan="3"></td><td>检测器</td><td colspan="2"></td></tr>
<tr><td>进样口温度</td><td></td><td rowspan="7">柱室温度</td><td rowspan="2"></td><td rowspan="2">升温速率，℃ / min</td><td rowspan="2">达到温度，℃</td><td rowspan="2">保持时间，min</td></tr>
<tr><td>离子源温度</td><td></td></tr>
<tr><td>分析器温度</td><td></td><td>初始温度</td><td></td><td></td><td></td></tr>
<tr><td>传输区温度</td><td></td><td>1</td><td></td><td></td><td></td></tr>
<tr><td>检测模式</td><td></td><td>2</td><td></td><td></td><td></td></tr>
<tr><td rowspan="2">载气 He，mL/min</td><td rowspan="2"></td><td>3</td><td></td><td></td><td></td></tr>
<tr><td>4</td><td></td><td></td><td></td></tr>
<tr><td>进样方式</td><td></td><td>分流比</td><td></td><td>提取液体积 V_1，mL</td><td colspan="2"></td></tr>
<tr><td>分取体积 V_2，mL</td><td></td><td>定容体积 V_3，mL</td><td></td><td>样品进样体积 V_4，μL</td><td colspan="2"></td></tr>
<tr><td>前处理步骤概述</td><td colspan="6"></td></tr>
<tr><td>检测项目</td><td colspan="6"></td></tr>
<tr><td>检测结果</td><td colspan="6"></td></tr>
<tr><td colspan="7">标准溶液原始记录　　标样谱图　　　　号</td></tr>
<tr><td>组分</td><td>质量浓度 C，mg/L</td><td>保留时间 RT，min</td><td>定量离子</td><td>峰面积</td><td>定性离子</td><td>最低检出限，mg/kg</td></tr>
<tr><td></td><td></td><td></td><td></td><td></td><td></td><td></td></tr>
<tr><td></td><td></td><td></td><td></td><td></td><td></td><td></td></tr>
<tr><td colspan="7">标准溶液原始记录　　标样谱图　　　　号</td></tr>
<tr><td>组分</td><td>质量浓度 C，mg/L</td><td>保留时间 RT，min</td><td>定量离子</td><td>峰面积</td><td>定性离子</td><td>最低检出限，mg/kg</td></tr>
<tr><td></td><td></td><td></td><td></td><td></td><td></td><td></td></tr>
<tr><td></td><td></td><td></td><td></td><td></td><td></td><td></td></tr>
</table>

室主任：　　　　　　　校核者：　　　　　　　分析者：

　　年　月　日　　　　　年　月　日　　　　　年　月　日

表 A. 18-2　气相色谱-质谱联用法测定农药残留原始记录表

检测样品　　　　　　　　　　　　　　　　　　　　　　　共　　页第　　页

样品名称				
样品编号				
称样量 m，g				
计算使用标样谱图编号				
	保留时间，min			
	样品峰面积 A			
	测定含量 ω，mg/kg			
	平均值，mg/kg			
	相对相差，%			
	保留时间，min			
	样品峰面积 A			
	测定含量 ω，mg/kg			
	平均值，mg/kg			
	相对相差，%			
	保留时间，min			
	样品峰面积 A			
	测定含量 ω，mg/kg			
	平均值，mg/kg			
	相对相差，%			
	保留时间，min			
	样品峰面积 A			
	测定含量 ω，mg/kg			
	平均值，mg/kg			
	相对相差，%			
	保留时间，min			
	样品峰面积 A			
	测定含量 ω，mg/kg			
	平均值，mg/kg			
	相对相差，%			
	保留时间，min			
	样品峰面积 A			
	测定含量 ω，mg/kg			
	平均值，mg/kg			
	相对相差，%			
备　注	环境条件、仪器条件、前处理步骤概述和计算公式见标准样品表。计算公式中 As 为上述两个计算使用标样峰面积的平均值。			

室主任：　　　　　　　校核者：　　　　　　　分析者：

　　　年　月　日　　　　　年　月　日　　　　　年　月　日

表 A. 18-3　气相色谱-质谱联用法测定农药残留原始记录表

质控样品　　　　　　　　　　　　　　　　　　　　共　　页第　　页

基质名称或基质样品编号			称样量 m，g			
质控样品编号						
计算使用标样谱图编号						
组分						
添加标样浓度 C_T，mg/L						
添加体积 V_6，mL						
质控添加浓度，mg/kg						
样品空白峰面积 A_{CK}						
保留时间，min						
峰面积 A_{ZK}						
测定含量 ω，mg/kg						
回收率 R,%						
平均值,%						
相对相差,%						
组分						
添加标样浓度 C_T，mg/L						
添加体积 V_6，mL						
质控添加浓度，mg/kg						
样品空白峰面积 A_{CK}						
保留时间，min						
峰面积 A_{ZK}						
测定含量 ω，mg/kg						
回收率 R,%						
平均值,%						
相对相差,%						
备注	环境条件、仪器条件、前处理步骤概述见标准样品表。计算公式如下： $R=\frac{C\times V_1\times V_3\times V_5\times(A_{ZK}-A_{CK})}{C_T\times m\times V_2\times V_4\times V_6\times As}\times 100$ $相对相差=\frac{\mid\omega_1-\omega_2\mid}{(\omega_1+\omega_2)\div 2}\times 100$ 允许相对相差：≤15%。					

室主任：　　　　　　校核者：　　　　　　分析者：

　　年　月　日　　　　年　月　日　　　　年　月　日

表 A. 19-1　气相色谱法测定有机氯及拟除虫菊酯类农药残留原始记录表

仪器条件　　　　　　　　　　　　　　　　　　　　　　共　　页第　　页

<table>
<tr><td>样品名称</td><td colspan="4"></td><td colspan="2">检测日期</td><td colspan="2"></td></tr>
<tr><td>检测地点</td><td></td><td>室温,℃</td><td colspan="2"></td><td colspan="2">湿度,%</td><td colspan="2"></td></tr>
<tr><td>仪器名称编号</td><td colspan="8"></td></tr>
<tr><td>色谱柱</td><td colspan="4"></td><td colspan="2">检测依据</td><td colspan="2"></td></tr>
<tr><td>检测器</td><td></td><td rowspan="6">柱室温度</td><td rowspan="2"></td><td colspan="2" rowspan="2">升温速率，℃/min</td><td colspan="2" rowspan="2">达到温度，℃</td><td rowspan="2">保持时间，min</td></tr>
<tr><td>进样口温度</td><td></td></tr>
<tr><td>检测器温度</td><td></td><td>初始温度</td><td colspan="2"></td><td colspan="2"></td><td></td></tr>
<tr><td>定量方式</td><td></td><td>1</td><td colspan="2"></td><td colspan="2"></td><td></td></tr>
<tr><td rowspan="2">载气 N_2，mL/min</td><td rowspan="2"></td><td>2</td><td colspan="2"></td><td colspan="2"></td><td></td></tr>
<tr><td>3</td><td colspan="2"></td><td colspan="2"></td><td></td></tr>
<tr><td>燃气 H_2，mL/min</td><td></td><td>助燃气 Air，mL/min</td><td colspan="2"></td><td colspan="2">提取液体积 V_1，mL</td><td colspan="2"></td></tr>
<tr><td>进样方式</td><td></td><td>分流比，R</td><td colspan="2"></td><td colspan="2">分取体积 V_2，mL</td><td colspan="2"></td></tr>
<tr><td>定容体积 V_3，mL</td><td></td><td>样品进样体积 V_4，μL</td><td colspan="2"></td><td colspan="2">标样进样体积 V_5，μL</td><td colspan="2"></td></tr>
<tr><td>前处理步骤概述</td><td colspan="8"></td></tr>
<tr><td>计算公式</td><td colspan="8">$\omega=\dfrac{C\times V_1\times V_3\times V_5\times A}{m\times V_2\times V_4\times As}$</td></tr>
<tr><td>检测项目</td><td colspan="8"></td></tr>
<tr><td>检测结果</td><td colspan="8"></td></tr>
<tr><td>备 注</td><td colspan="8"></td></tr>
</table>

室主任：　　　　　　　校核者：　　　　　　　分析者：

　　　年　月　日　　　　　年　月　日　　　　　年　月　日

表 A. 19-2　气相色谱法测定有机氯及拟除虫菊酯类农药残留原始记录表

标准样品　　　　　　　　　　　　　　　　　　　　　　共　　页第　　页

标准溶液原始记录							
标样谱图　　　　号				标样谱图　　　　号			
组分	质量浓度 C，mg/L	保留时间 RT，min	峰面积 As	组分	质量浓度 C，mg/L	保留时间 RT，min	峰面积 As
备注							

室主任：　　　　　　校核者：　　　　　　分析者：

　　年　月　日　　　　年　月　日　　　　年　月　日

表 A. 19-3　气相色谱法测定有机氯及拟除虫菊酯类农药残留原始记录表

检测样品　　　　　　　　　　　　　　　　　　　　　　共　　页第　　页

样品名称				
样品编号				
称样量 m，g				
计算使用标样谱图编号				
	保留时间，min			
	样品峰面积 A			
	测定含量 ω，mg/kg			
	平均值，mg/kg			
	相对相差,%			
	保留时间，min			
	样品峰面积 A			
	测定含量 ω，mg/kg			
	平均值，mg/kg			
	相对相差,%			
	保留时间，min			
	样品峰面积 A			
	测定含量 ω，mg/kg			
	平均值，mg/kg			
	相对相差,%			
	保留时间，min			
	样品峰面积 A			
	测定含量 ω，mg/kg			
	平均值，mg/kg			
	相对相差,%			
	保留时间，min			
	样品峰面积 A			
	测定含量 ω，mg/kg			
	平均值，mg/kg			
	相对相差,%			
	保留时间，min			
	样品峰面积 A			
	测定含量 ω，mg/kg			
	平均值，mg/kg			
	相对相差,%			
备　　注		环境条件、仪器条件、前处理步骤概述和计算公式见标准样品表。计算公式中 As 为上述两个计算使用标样峰面积的平均值。		

室主任：　　　　　　　　校核者：　　　　　　　　分析者：

　　　年　月　日　　　　　　年　月　日　　　　　　年　月　日

表 A. 19-4　气相色谱法测定有机氯及拟除虫菊酯类农药残留原始记录表

质控样品　　　　　　　　　　　　　　　　　　　　　　　　共　　页第　　页

基质名称或基质样品编号			称样量 m，g			
质控样品编号						
计算使用标样谱图编号						
组分						
添加标样浓度 C_T，mg/L						
添加体积 V_6，mL						
质控添加浓度，mg/kg						
样品空白峰面积 A_{CK}						
保留时间，min						
峰面积 A_{ZK}						
测定含量 ω，mg/kg						
回收率 R,%						
平均值,%						
相对相差,%						
组分						
添加标样浓度 C_T，mg/L						
添加体积 V_6，mL						
质控添加浓度，mg/kg						
样品空白峰面积 A_{CK}						
保留时间，min						
峰面积 A_{ZK}						
测定含量 ω，mg/kg						
回收率 R,%						
平均值,%						
相对相差,%						
组分						
添加标样浓度 C_T，mg/L						
添加体积 V_6，mL						
质控添加浓度，mg/kg						
样品空白峰面积 A_{CK}						
保留时间，min						
峰面积 A_{ZK}						
测定含量 ω，mg/kg						
回收率 R,%						
平均值,%						
相对相差,%						
备注	环境条件、仪器条件、前处理步骤概述见标准样品表。计算公式如下： $R=\frac{C\times V_1\times V_3\times V_5\times (A_{ZK}-A_{CK})}{C_T\times m\times V_2\times V_4\times V_6\times As}\times 100$，相对相差$=\frac{\lvert\omega_1-\omega_2\rvert}{(\omega_1+\omega_2)\div 2}\times 100$ 允许相对相差：≤15%。					

室主任：　　　　　　　　校核者：　　　　　　　　分析者：

　　　年　月　日　　　　　　年　月　日　　　　　　年　月　日

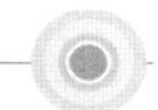

表 A.20　农田土壤环境质量监测结果报表

单位：mg/kg

序号	采样地点	采样时间年月日	土壤类型	采样深度，cm	pH	铜	锌	铅	镉	镍	汞	砷	铬	六六六	滴滴涕	氯化物	硫化物	…

表 A.21　农田土壤环境质量监测结果统计表

单位：mg/kg

地区	全区耕地面积，hm^2	全区监测耕地面积，hm^2	污染物	样本容量	测定范围	平均值	超标率，%

附录9 土壤环境质量 农用地土壤污染风险管控标准（试行）

中华人民共和国国家标准

GB 15618—2018

代替 GB 15618—1995

土壤环境质量
农用地土壤污染风险管控标准
（试行）

Soil environmental quality

Risk control standard for soil contamination of agricultural land

（发布稿）

本电子版为发布稿。请以中国环境科学出版社的正式标准文本电子版为发布稿。

2018-06-22 发布　　2018-08-01 实施

生态环境部
国家市场监督管理总局　发布

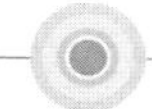

目　次

前　言

为贯彻落实《中华人民共和国环境保护法》，保护农用地土壤环境，管控农用地土壤污染风险，保障农产品质量安全、农作物正常生长和土壤生态环境，制定本标准。

本标准规定了农用地土壤污染风险筛选值和管制值，以及监测、实施与监督要求。

本标准于1995年首次发布，本次为第一次修订。

本次修订的主要内容：

——标准名称由《土壤环境质量标准》调整为《土壤环境质量　农用地土壤污染风险管控标准（试行）》；

——更新了规范性引用文件，增加了标准的术语和定义；

——规定了农用地土壤中镉、汞、砷、铅、铬、铜、镍、锌等基本项目，以及六六六、滴滴涕、苯并［a］芘等其他项目的风险筛选值；

——规定了农用地土壤中镉、汞、砷、铅、铬的风险管制值；

——更新了监测、实施与监督要求。

自本标准实施之日起，《土壤环境质量标准》（GB 15618—1995）废止。

本标准由生态环境部土壤环境管理司、科技标准司组织制订。

本标准主要起草单位：生态环境部南京环境科学研究所、中国科学院南京土壤研究所、中国农业科学院农业资源与农业区划研究所、中国环境科学研究院。

本标准生态环境部2018年5月17日批准。

本标准自2018年8月1日起实施。

本标准由生态环境部解释。

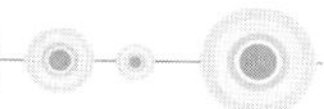

土壤环境质量
农用地土壤污染风险管控标准

1 适用范围

本标准规定了农用地土壤污染风险筛选值和管制值，以及监测、实施和监督要求。

本标准适用于耕地土壤污染风险筛查和分类。园地和牧草地可参照执行。

2 规范性引用文件

本标准内容引用了下列文件或其中的条款。凡是不注明日期的引用文件，其最新版本适用于本标准。

GB/T 14550　土壤质量　六六六和滴滴涕的测定　气相色谱法
GB/T 17136　土壤质量　总汞的测定　冷原子吸收分光光度法
GB/T 17138　土壤质量　铜、锌的测定　火焰原子吸收分光光度法
GB/T 17139　土壤质量　镍的测定　火焰原子吸收分光光度法
GB/T 17141　土壤质量　铅、镉的测定　石墨炉原子吸收分光光度法
GB/T 21010　土地利用现状分类
GB/T 22105　土壤质量　总汞、总砷、总铅的测定　原子荧光法
HJ/T 166　土壤环境监测技术规范
HJ 491　土壤　总铬的测定　火焰原子吸收分光光度法
HJ 680　土壤和沉积物　汞、砷、硒、铋、锑的测定　微波消解/原子荧光法
HJ 780　土壤和沉积物　无机元素的测定　波长色散X射线荧光光谱法
HJ 784　土壤和沉积物　多环芳烃的测定　高效液相色谱法
HJ 803　土壤和沉积物　12种金属元素的测定　王水提取-电感耦合等离子体质谱法
HJ 805　土壤和沉积物　多环芳烃的测定　气相色谱-质谱法
HJ 834　土壤和沉积物　半挥发性有机物的测定　气相色谱-质谱法
HJ 835　土壤和沉积物　有机氯农药的测定　气相色谱-质谱法
HJ 921　土壤和沉积物　有机氯农药的测定　气相色谱法
HJ 923　土壤和沉积物　总汞的测定　催化热解-冷原子吸收分光光度法

3 术语和定义

下列术语和定义适用于本标准。

3.1

土壤 soil

指位于陆地表层能够生长植物的疏松多孔物质层及其相关自然地理要素的综合体。

3.2

农用地　agricultural land

指 GB/T 21010 中的 01 耕地（0101 水田、0102 水浇地、0103 旱地）、02 园地（0201 果园、0202 茶园）和 04 草地（0401 天然牧草地、0403 人工牧草地）。

3.3

农用地土壤污染风险　soil contamination risk of agricultural land

指因土壤污染导致食用农产品质量安全、农作物生长或土壤生态环境受到不利影响。

3.4

农用地土壤污染风险筛选值　risk screening values for soil contamination of agricultural land

指农用地土壤中污染物含量等于或者低于该值的，对农产品质量安全、农作物生长或土壤生态环境的风险低，一般情况下可以忽略；超过该值的，对农产品质量安全、农作物生长或土壤生态环境可能存在风险，应当加强土壤环境监测和农产品协同监测，原则上应当采取安全利用措施。

3.5

农用地土壤污染风险管制值　risk intervention values for soil contamination of agricultural land

指农用地土壤中污染物含量超过该值的，食用农产品不符合质量安全标准等农用地土壤污染风险高，原则上应当采取严格管控措施。

4　农用地土壤污染风险筛选值

4.1　基本项目

农用地土壤污染风险筛选值的基本项目为必测项目，包括镉、汞、砷、铅、铬、铜、镍、锌，风险筛选值见表 1。

表 1　农用地土壤污染风险筛选值（基本项目）

单位：mg/kg

序号	污染物项目①②		风险筛选值			
			pH≤5.5	5.5<pH≤6.5	6.5<pH≤7.5	pH>7.5
1	镉	水田	0.3	0.4	0.6	0.8
		其他	0.3	0.3	0.3	0.6
2	汞	水田	0.5	0.5	0.6	1.0
		其他	1.3	1.8	2.4	3.4
3	砷	水田	30	30	25	20
		其他	40	40	30	25
4	铅	水田	80	100	140	240
		其他	70	90	120	170
5	铬	水田	250	250	300	350
		其他	150	150	200	250

（续）

序号	污染物项目[①②]		风险筛选值			
			pH≤5.5	5.5<pH≤6.5	6.5<pH≤7.5	pH>7.5
6	铜	果园	150	150	200	200
		其他	50	50	100	100
7	镍		60	70	100	190
8	锌		200	200	250	300

注：①重金属和类金属砷均按元素总量计。
②对于水旱轮作地，采用其中较严格的风险筛选值。

4.2　其他项目

4.2.1　农用地土壤污染风险筛选值的其他项目为选测项目，包括六六六、滴滴涕和苯并[a]芘，风险筛选值见表2。

4.2.2　其他项目由地方环境保护主管部门根据本地区土壤污染特点和环境管理需求进行选择。

表2　农用地土壤污染风险筛选值（其他项目）

单位：mg/kg

序号	污染物项目	风险筛选值
1	六六六总量[①]	0.10
2	滴滴涕总量[②]	0.10
3	苯并[a]芘	0.55

注：①六六六总量为α-六六六、β-六六六、γ-六六六、δ-六六六四种异构体的含量总和。
②滴滴涕总量为p，p′-滴滴伊、p，p′-滴滴滴、o，p′-滴滴涕、p，p′-滴滴涕四种衍生物的含量总和。

5　农用地土壤污染风险管制值

农用地土壤污染风险管制值项目包括镉、汞、砷、铅、铬，风险管制值见表3。

表3　农用地土壤污染风险管制值

单位：mg/kg

序号	污染物项目	风险筛选值			
		pH≤5.5	5.5<pH≤6.5	6.5<pH≤7.5	pH>7.5
1	镉	1.5	2.0	3.0	4.0
2	汞	2.0	2.5	4.0	6.0
3	砷	200	150	120	100
4	铅	400	500	700	1 000
5	铬	800	850	1 000	1 300

6　农用地土壤污染风险筛选值和管制值的使用

6.1　当土壤中污染物含量等于或者低于表1和表2规定的风险筛选值时，农用地土壤污染风险低，一般情况下可以忽略；高于表 1 和表 2 规定的风险筛选值时，可能存在农用地土壤污染风险，应加强土壤环境监测和农产品协同监测。

6.2 当土壤中镉、汞、砷、铅、铬的含量高于表 1 规定的风险筛选值、等于或者低于表 3 规定的风险管制值时，可能存在食用农产品不符合质量安全标准等土壤污染风险，原则上应当采取农艺调控、替代种植等安全利用措施。

6.3 当土壤中镉、汞、砷、铅、铬的含量高于表 3 规定的风险管制值时，食用农产品不符合质量安全标准等农用地土壤污染风险高，且难以通过安全利用措施降低食用农产品不符合质量安全标准等农用地土壤污染风险，原则上应当采取禁止种植食用农产品、退耕还林等严格管控措施。

6.4 土壤环境质量类别划分应以本标准为基础，结合食用农产品协同监测结果，依据相关技术规定进行划定。

7 监测要求

7.1 监测点位和样品采集

农用地土壤污染调查监测点位布设和样品采集执行 HJ/T 166 等相关技术规定要求。

7.2 土壤污染物分析

土壤污染物分析方法按表 4 执行。

表 4 土壤污染物分析方法

序号	污染物项目	分析方法	标准编号
1	镉	土壤质量 铅、镉的测定 石墨炉原子吸收分光光度法	GB/T 17141
2	汞	土壤和沉积物 汞、砷、硒、铋、锑的测定 微波消解/原子荧光法	HJ 680
		土壤质量 总汞、总砷、总铅的测定 原子荧光法第 1 部分：土壤中总汞的测定	GB/T 22105.1
		土壤质量 总汞的测定 冷原子吸收分光光度法	GB/T 17136
		土壤和沉积物 总汞的测定 催化热解-冷原子吸收分光光度法	HJ 923
3	砷	土壤和沉积物 12 种金属元素的测定 王水提取-电感耦合等离子体质谱法	HJ 803
		土壤和沉积物 汞、砷、硒、铋、锑的测定 微波消解/原子荧光法	HJ 680
		土壤质量 总汞、总砷、总铅的测定 原子荧光法第 2 部分：土壤中总砷的测定	GB/T 22105.2
4	铅	土壤质量 铅、镉的测定 石墨炉原子吸收分光光度法	GB/T 17141
		土壤和沉积物 无机元素的测定 波长色散 X 射线荧光光谱法	HJ 780
5	铬	土壤 总铬的测定 火焰原子吸收分光光度法	HJ 491
		土壤和沉积物 无机元素的测定 波长色散 X 射线荧光光谱法	HJ 780
6	铜	土壤质量 铜、锌的测定 火焰原子吸收分光光度法	GB/T 17138
		土壤和沉积物 无机元素的测定 波长色散 X 射线荧光光谱法	HJ 780

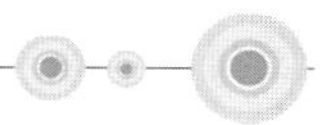

（续）

序号	污染物项目	分析方法	标准编号
7	镍	土壤质量　镍的测定　火焰原子吸收分光光度法	GB/T 17139
		土壤和沉积物　无机元素的测定　波长色散 X 射线荧光光谱法	HJ 780
8	锌	土壤质量　铜、锌的测定　火焰原子吸收分光光度法	GB/T 17138
		土壤和沉积物　无机元素的测定　波长色散 X 射线荧光光谱法	HJ 780
9	六六六总量	土壤和沉积物　有机氯农药的测定　气相色谱-质谱法	HJ 835
		土壤和沉积物　有机氯农药的测定　气相色谱法	HJ 921
		土壤质量　六六六和滴滴涕的测定　气相色谱法	GB/T 14550
10	滴滴涕总量	土壤和沉积物　有机氯农药的测定　气相色谱-质谱法	HJ 835
		土壤和沉积物　有机氯农药的测定　气相色谱法	HJ 921
		土壤质量　六六六和滴滴涕的测定　气相色谱法	GB/T 14550
11	苯并［a］芘	土壤和沉积物　多环芳烃的测定　气相色谱-质谱法	HJ 805
		土壤和沉积物　多环芳烃的测定　高效液相色谱法	HJ 784
		土壤和沉积物　半挥发性有机物的测定　气相色谱-质谱法	HJ 834
12	pH	土壤 pH 的测定　电位法	—

8　实施与监督

本标准由各级生态环境主管部门会同农业农村等相关主管部门监督实施。

附录10　食品安全国家标准　食品中污染物限量

中华人民共和国国家标准

GB 2762—2017

食品安全国家标准
食品中污染物限量

2017-03-17 发布　　　　2017-09-17 实施

中华人民共和国国家卫生和计划生育委员会
国家食品药品监督管理总局
发布

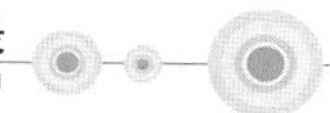

前　言

本标准代替 GB 2762—2012《食品安全国家标准　食品中污染物限量》。

本标准与 GB 2762—2012 相比，主要变化如下：

删除了稀土限量要求；

修改了应用原则；

增加了螺旋藻及其制品中铅限量要求；

调整了黄花菜中镉限量要求；

增加了特殊医学用途配方食品、辅食营养补充品、运动营养食品、孕妇及乳母营养补充食品中污染物限量要求；

更新了检验方法标准号；

增加了无机砷限量检验要求的说明；

修改了附录 A。

食品安全国家标准
食品中污染物限量

1 范围

本标准规定了食品中铅、镉、汞、砷、锡、镍、铬、亚硝酸盐、硝酸盐、苯并[a]芘、*N*-二甲基亚硝胺、多氯联苯、3-氯-1，2-丙二醇的限量指标。

2 术语和定义

2.1 污染物

食品在从生产（包括农作物种植、动物饲养和兽医用药）、加工、包装、贮存、运输、销售，直至食用等过程中产生的或由环境污染带入的、非有意加入的化学性危害物质。

本标准所规定的污染物是指除农药残留、兽药残留、生物毒素和放射性物质以外的污染物。

2.2 可食用部分

食品原料经过机械手段（如谷物碾磨、水果剥皮、坚果去壳、肉去骨、鱼去刺、贝去壳等）去除非食用部分后，所得到的用于食用的部分。

注1：非食用部分的去除不可采用任何非机械手段（如粗制植物油精炼过程）。

注2：用相同的食品原料生产不同产品时，可食用部分的量依生产工艺不同而异。如用麦类加工麦片和全麦粉时，可食用部分按100%计算；加工小麦粉时，可食用部分按出粉率折算。

2.3 限量

污染物在食品原料和（或）食品成品可食用部分中允许的最大含量水平。

3 应用原则

3.1 无论是否制定污染物限量，食品生产和加工者均应采取控制措施，使食品中污染物的含量达到最低水平。

3.2 本标准列出了可能对公众健康构成较大风险的污染物，制定限量值的食品是对消费者膳食暴露量产生较大影响的食品。

3.3 食品类别（名称）说明（附录A）用于界定污染物限量的适用范围，仅适用于本标准。当某种污染物限量应用于某一食品类别（名称）时，则该食品类别（名称）内的所有类别食品均适用，有特别规定的除外。

3.4 食品中污染物限量以食品通常的可食用部分计算，有特别规定的除外。

3.5 限量指标对制品有要求的情况下，其中干制品中污染物限量以相应新鲜食品中污染物限量结合其脱水率或浓缩率折算。脱水率或浓缩率可通过对食品的分析、生产者提供的信息以及其他可获得的数据信息等确定。有特别规定的除外。

4 指标要求

4.1 铅

4.1.1 食品中铅限量指标见表1。

表1 食品中铅限量指标

食品类别（名称）	限量（以Pb计），mg/kg
谷物及其制品[a] [麦片、面筋、八宝粥罐头、带馅（料）面米制品除外]	0.2
麦片、面筋、八宝粥罐头、带馅（料）面米制品	0.5
蔬菜及其制品	
新鲜蔬菜（芸薹类蔬菜、叶菜蔬菜、豆类蔬菜、薯类除外）	0.1
芸薹类蔬菜、叶菜蔬菜	0.3
豆类蔬菜、薯类	0.2
蔬菜制品	1.0
水果及其制品	
新鲜水果（浆果和其他小粒水果除外）	0.1
浆果和其他小粒水果	0.2
水果制品	1.0
食用菌及其制品	1.0
豆类及其制品	
豆类	0.2
豆类制品（豆浆除外）	0.5
豆浆	0.05
藻类及其制品（螺旋藻及其制品除外）	1.0（干重计）
螺旋藻及其制品	2.0（干重计）
坚果及籽类（咖啡豆除外）	0.2
咖啡豆	0.5
肉及肉制品	
肉类（畜禽内脏除外）	0.2
畜禽内脏	0.5
肉制品	0.5
水产动物及其制品	
鲜、冻水产动物（鱼类、甲壳类、双壳类除外）	1.0（去除内脏）
鱼类、甲壳类	0.5
双壳类	1.5
水产制品（海蜇制品除外）	1.0
海蜇制品	2.0
乳及乳制品(生乳、巴氏杀菌乳、灭菌乳、发酵乳、调制乳、乳粉、非脱盐乳清粉除外)	0.3
生乳、巴氏杀菌乳、灭菌乳、发酵乳、调制乳	0.05
乳粉、非脱盐乳清粉	0.5
蛋及蛋制品（皮蛋、皮蛋肠除外）	0.2
皮蛋、皮蛋肠	0.5
油脂及其制品	0.1

（续）

食品类别（名称）	限量（以 Pb 计），mg/kg
调味品（食用盐、香辛料类除外）	1.0
食用盐	2.0
香辛料类	3.0
食糖及淀粉糖	0.5
淀粉及淀粉制品	
食用淀粉	0.2
淀粉制品	0.5
焙烤食品	0.5
饮料类（包装饮用水、果蔬汁类及其饮料、含乳饮料、固体饮料除外）	0.3mg/L
包装饮用水	0.01mg/L
果蔬汁类及其饮料［浓缩果蔬汁（浆）除外］、含乳饮料	0.05mg/L
浓缩果蔬汁（浆）	0.5mg/L
固体饮料	1.0
酒类（蒸馏酒、黄酒除外）	0.2
蒸馏酒、黄酒	0.5
可可制品、巧克力和巧克力制品以及糖果	0.5
冷冻饮品	0.3
特殊膳食用食品	
婴幼儿配方食品（液态产品除外）	0.15（以粉状产品计）
液态产品	0.02（以即食状态计）
婴幼儿辅助食品	
婴幼儿谷类辅助食品（添加鱼类、肝类、蔬菜类的产品除外）	0.2
添加鱼类、肝类、蔬菜类的产品	0.3
婴幼儿罐装辅助食品（以水产及动物肝脏为原料的产品除外）	0.25
以水产及动物肝脏为原料的产品	0.3
特殊医学用途配方食品（特殊医学用途婴儿配方食品涉及的品种除外）	
10 岁以上人群的产品	0.5（以固态产品计）
1 岁～10 岁人群的产品	0.15（以固态产品计）
辅食营养补充品	0.5
运动营养食品	
固态、半固态或粉状	0.5
液态	0.05
孕妇及乳母营养补充食品	0.5
其他类	
果冻	0.5
膨化食品	0.5
茶叶	5.0
干菊花	5.0
苦丁茶	2.0

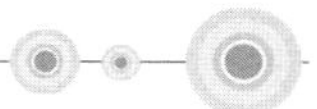

（续）

食品类别（名称）	限量（以 Pb 计），mg/kg
蜂产品	
蜂蜜	1.0
花粉	0.5
[a] 稻谷以糙米计。	

4.1.2　检验方法：按 GB 5009.12 规定的方法测定。

4.2　镉

4.2.1　食品中镉限量指标见表 2。

表 2　食品中镉限量指标

食品类别（名称）	限量（以 Cd 计），mg/kg
谷物及其制品	
谷物（稻谷[a]除外）	0.1
谷物碾磨加工品（糙米、大米除外）	0.1
稻谷[a]、糙米、大米	0.2
蔬菜及其制品	
新鲜蔬菜（叶菜蔬菜、豆类蔬菜、块根和块茎蔬菜、茎类蔬菜、黄花菜除外）	0.05
叶菜蔬菜	0.2
豆类蔬菜、块根和块茎蔬菜、茎类蔬菜（芹菜除外）	0.1
芹菜、黄花菜	0.2
水果及其制品	
新鲜水果	0.05
食用菌及其制品	
新鲜食用菌（香菇和姬松茸除外）	0.2
香菇	0.5
食用菌制品（姬松茸制品除外）	0.5
豆类及其制品	
豆类	0.2
坚果及籽类	
花生	0.5
肉及肉制品	
肉类（畜禽内脏除外）	0.1
畜禽肝脏	0.5
畜禽肾脏	1.0
肉制品（肝脏制品、肾脏制品除外）	0.1
肝脏制品	0.5
肾脏制品	1.0
水产动物及其制品	
鲜、冻水产动物	
鱼类	0.1

（续）

食品类别（名称）	限量（以 Cd 计），mg/kg
甲壳类	0.5
双壳类、腹足类、头足类、棘皮类	2.0（去除内脏）
水产制品	
鱼类罐头（凤尾鱼、旗鱼罐头除外）	0.2
凤尾鱼、旗鱼罐头	0.3
其他鱼类制品（凤尾鱼、旗鱼制品除外）	0.1
凤尾鱼、旗鱼制品	0.3
蛋及蛋制品	0.05
调味品	
食用盐	0.5
鱼类调味品	0.1
饮料类	
包装饮用水（矿泉水除外）	0.005mg/L
矿泉水	0.003mg/L
[a] 稻谷以糙米计。	

4.2.2 检验方法：按 GB 5009.15 规定的方法测定。

4.3 汞

4.3.1 食品中汞限量指标见表 3。

表 3 食品中汞限量指标

食品类别（名称）	限量（以 Hg 计），mg/kg	
	总汞	甲基汞[a]
水产动物及其制品（肉食性鱼类及其制品除外）	—	0.5
肉食性鱼类及其制品	—	1.0
谷物及其制品		
稻谷[b]、糙米、大米、玉米、玉米面（渣、片）、小麦、小麦粉	0.02	—
蔬菜及其制品		
新鲜蔬菜	0.01	—
食用菌及其制品	0.1	—
肉及肉制品		
肉类	0.05	—
乳及乳制品		
生乳、巴氏杀菌乳、灭菌乳、调制乳、发酵乳	0.01	—
蛋及蛋制品		
鲜蛋	0.05	—
调味品		
食用盐	0.1	—
饮料类		
矿泉水	0.001mg/L	—

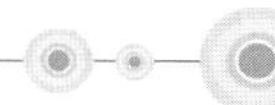

（续）

食品类别（名称）	限量（以 Hg 计），mg/kg	
	总汞	甲基汞[a]
特殊膳食用食品		
婴幼儿罐装辅助食品	0.02	—

a 水产动物及其制品可先测定总汞，当总汞水平不超过甲基汞限量值时，不必测定甲基汞；否则，需再测定甲基汞。

b 稻谷以糙米计。

4.3.2　检验方法：按 GB5009.17 规定的方法测定。

4.4　砷

4.4.1　食品中砷限量指标见表 4。

表 4　食品中砷限量指标

食品类别（名称）	限量（以 As 计），mg/kg	
	总砷	无机砷[b]
谷物及其制品		
谷物（稻谷[a] 除外）	0.5	—
谷物碾磨加工品（糙米、大米除外）	0.5	—
稻谷[a]、糙米、大米	—	0.2
水产动物及其制品（鱼类及其制品除外）	—	0.5
鱼类及其制品	—	0.1
蔬菜及其制品		
新鲜蔬菜	0.5	—
食用菌及其制品	0.5	—
肉及肉制品	0.5	—
乳及乳制品		
生乳、巴氏杀菌乳、灭菌乳、调制乳、发酵乳	0.1	—
乳粉	0.5	—
油脂及其制品	0.1	—
调味品（水产调味品、藻类调味品和香辛料类除外）	0.5	—
水产调味品（鱼类调味品除外）	—	0.5
鱼类调味品	—	0.1
食糖及淀粉糖	0.5	—
饮料类		
包装饮用水	0.01mg/L	—
可可制品、巧克力和巧克力制品以及糖果		
可可制品、巧克力和巧克力制品	0.5	—
特殊膳食用食品		
婴幼儿辅助食品		
婴幼儿谷类辅助食品（添加藻类的产品除外）	—	0.2
添加藻类的产品	—	0.3

（续）

食品类别（名称）	限量（以 As 计），mg/kg	
	总砷	无机砷[b]
婴幼儿罐装辅助食品（以水产及动物肝脏为原料的产品除外）	—	0.1
以水产及动物肝脏为原料的产品	—	0.3
辅食营养补充品	0.5	—
运动营养食品		
固态、半固态或粉状	0.5	—
液态	0.2	—
孕妇及乳母营养补充食品	0.5	—

[a] 稻谷以糙米计。
[b] 对于制定无机砷限量的食品可先测定其总砷，当总砷水平不超过无机砷限量值时，不必测定无机砷；否则，需再测定无机砷。

4.4.2 检验方法：按 GB 5009.11 规定的方法测定。

4.5 锡

4.5.1 食品中锡限量指标见表 5。

表 5 食品中锡限量指标

食品类别（名称）	限量（以 Sn 计），mg/kg
食品（饮料类、婴幼儿配方食品、婴幼儿辅助食品除外）[a]	250
饮料类	150
婴幼儿配方食品、婴幼儿辅助食品	50

[a] 仅限于采用镀锡薄板容器包装的食品。

4.5.2 检验方法：按 GB 5009.16 规定的方法测定。

4.6 镍

4.6.1 食品中镍限量指标见表 6。

表 6 食品中镍限量指标

食品类别（名称）	限量（以 Ni 计），mg/kg
油脂及其制品	
氢化植物油及氢化植物油为主的产品	1.0

4.6.2 检验方法：按 GB 5009.138 规定的方法测定。

4.7 铬

4.7.1 食品中铬限量指标见表 7。

表7　食品中铬限量指标

食品类别（名称）	限量（以Cr计），mg/kg
谷物及其制品	
谷物[a]	1.0
谷物碾磨加工品	1.0
蔬菜及其制品	
新鲜蔬菜	0.5
豆类及其制品	
豆类	1.0
肉及肉制品	1.0
水产动物及其制品	2.0
乳及乳制品	
生乳、巴氏杀菌乳、灭菌乳、调制乳、发酵乳	0.3
乳粉	2.0
[a] 稻谷以糙米计。	

4.7.2　检验方法：按GB 5009.123规定的方法测定。

4.8　亚硝酸盐、硝酸盐

4.8.1　食品中亚硝酸盐、硝酸盐限量指标见表8。

表8　食品中亚硝酸盐、硝酸盐限量指标

食品类别（名称）	限量，mg/kg	
	亚硝酸盐（以$NaNO_2$计）	硝酸盐（以$NaNO_3$计）
蔬菜及其制品		
腌渍蔬菜	20	—
乳及乳制品		
生乳	0.4	—
乳粉	2.0	—
饮料类		
包装饮用水（矿泉水除外）	0.005mg/L（以NO_2^-计）	—
矿泉水	0.1mg/L（以NO_2^-计）	45mg/L（以NO_3^-）
特殊膳食用食品		
婴幼儿配方食品		
婴儿配方食品	2.0[a]（以粉状产品计）	100（以粉状产品计）
较大婴儿和幼儿配方食品	2.0[a]（以粉状产品计）	100[b]（以粉状产品计）
特殊医学用途婴儿配方食品	2.0（以粉状产品计）	100（以粉状产品计）
婴幼儿辅助食品		
婴幼儿谷类辅助食品	2.0[c]	100[b]
婴幼儿罐装辅助食品	4.0[c]	200[b]
特殊医学用途配方食品（特殊医学用途婴儿配方食品涉及的品种除外）	2[d]（以固态产品计）	100[b]（以固态产品计）

（续）

食品类别（名称）	限量，mg/kg	
	亚硝酸盐（以 $NaNO_2$ 计）	硝酸盐（以 $NaNO_3$ 计）
辅食营养补充品	2[a]	100[b]
孕妇及乳母营养补充食品	2[c]	100[b]

[a] 仅适用于乳基产品。
[b] 不适合于添加蔬菜和水果的产品。
[c] 不适合于添加豆类的产品。
[d] 仅适用于乳基产品（不含豆类成分）。

4.8.2 检验方法：饮料类按 GB 8538 规定的方法测定，其他食品按 GB 5009.33 规定的方法测定。

4.9 苯并［a］芘

4.9.1 食品中苯并［a］芘限量指标见表 9。

表 9 食品中苯并［a］芘限量指标

食品类别（名称）	限量，μg/kg
谷物及其制品	
稻谷[a]、糙米、大米、小麦、小麦粉、玉米、玉米面（渣、片）	5.0
肉及肉制品	
熏、烧、烤肉类	5.0
水产动物及其制品	
熏、烤水产品	5.0
油脂及其制品	10

[a] 稻谷以糙米计。

4.9.2 检验方法：按 GB 5009.27 规定的方法测定。

4.10 *N*-二甲基亚硝胺

4.10.1 食品中 *N*-二甲基亚硝胺限量指标见表 10。

表 10 食品中 *N*-二甲基亚硝胺限量指标

食品类别（名称）	限量，μg/kg
肉及肉制品	
肉制品（肉类罐头除外）	3.0
熟肉干制品	3.0
水产动物及其制品	
水产制品（水产品罐头除外）	4.0
干制水产品	4.0

4.10.2　检验方法：按 GB 5009.26 规定的方法测定。

4.11　多氯联苯

4.11.1　食品中多氯联苯限量指标见表 11。

表 11　食品中多氯联苯限量指标

食品类别（名称）	限量[a]，mg/kg
水产动物及其制品	0.5

[a] 多氯联苯以 PCB28、PCB52、PCB101、PCB118、PCB138、PCB153 和 PCB180 总和计。

4.11.2　检验方法：按 GB5009.190 规定的方法测定。

4.12　3-氯-1，2-丙二醇

4.12.1　食品中 3-氯-1，2-丙二醇限量指标见表 12。

表 12　食品中 3-氯-1，2-丙二醇限量指标

食品类别（名称）	限量，mg/kg
调味品[a]	
液态调味品	0.4
固态调味品	1.0

[a] 仅限于添加酸水解植物蛋白的产品。

4.12.2　检验方法：按 GB 5009.191 规定的方法测定。

附　录　A
食品类别（名称）说明

A.1　食品类别（名称）说明见表 A.1。

表 A.1　食品类别（名称）说明

类别	说明
水果及其制品	新鲜水果（未经加工的、经表面处理的、去皮或预切的、冷冻的水果） 　浆果和其他小粒水果 　其他新鲜水果（包括甘蔗） 水果制品 　水果罐头 　醋、油或盐渍水果 　果酱（泥） 　蜜饯凉果（包括果丹皮） 　发酵的水果制品 　煮熟的或油炸的水果 　水果甜品 　其他水果制品
蔬菜及其制品（包括薯类，不包括食用菌）	新鲜蔬菜（未经加工的、经表面处理的、去皮或预切的、冷冻的蔬菜） 　芸薹类蔬菜 　叶菜蔬菜（包括芸薹类叶菜） 　豆类蔬菜 　块根和块茎蔬菜（例如薯类、胡萝卜、萝卜、生姜等） 　茎类蔬菜（包括豆芽菜） 　其他新鲜蔬菜（包括瓜果类、鳞茎类和水生类、芽菜类及竹笋、黄花菜等多年生蔬菜） 蔬菜制品 　蔬菜罐头 　腌渍蔬菜（例如酱渍、盐渍、糖醋渍蔬菜等） 　蔬菜泥（酱） 　发酵蔬菜制品 　经水煮或油炸的蔬菜 　其他蔬菜制品
食用菌及其制品	新鲜食用菌（未经加工的、经表面处理的、预切的、冷冻的食用菌） 　香菇 　姬松茸 　其他新鲜食用菌 食用菌制品 　食用菌罐头 　腌渍食用菌（例如酱渍、盐渍、糖醋渍食用菌等） 　经水煮或油炸食用菌 　其他食用菌制品

（续）

谷物及其制品（不包括焙烤制品）	谷物 　　稻谷 　　玉米 　　小麦 　　大麦 　　其他谷物［例如粟（谷子）、高粱、黑麦、燕麦、荞麦等］ 谷物碾磨加工品 　　糙米 　　大米 　　小麦粉 　　玉米面（渣、片） 　　麦片 　　其他去壳谷物（例如小米、高粱米、大麦米、黍米等） 谷物制品 　　大米制品（例如米粉、汤圆粉及其他制品等） 　　小麦粉制品 　　　　生湿面制品（例如面条、饺子皮、馄饨皮、烧卖皮等） 　　　　生干面制品 　　　　发酵面制品 　　　　面糊（例如用于鱼和禽肉的拖面糊）、裹粉、煎炸粉 　　　　面筋 　　　　其他小麦粉制品 　　玉米制品 　　其他谷物制品［例如带馅（料）面米制品、八宝粥罐头等］
豆类及其制品	豆类（干豆、以干豆磨成的粉） 豆类制品 　　非发酵豆制品（例如豆浆、豆腐类、豆干类、腐竹类、熟制豆类、大豆蛋白膨化食品、大豆素肉等） 　　发酵豆制品（例如腐乳类、纳豆、豆豉、豆豉制品等） 　　豆类罐头
藻类及其制品	新鲜藻类（未经加工的、经表面处理的、预切的、冷冻的藻类） 　　螺旋藻 　　其他新鲜藻类 藻类制品 　　藻类罐头 　　经水煮或油炸的藻类 　　其他藻类制品
坚果及籽类	生干坚果及籽类 　　木本坚果（树果） 　　油料（不包括谷物种子和豆类） 　　饮料及甜味种子（例如可可豆、咖啡豆等）
坚果及籽类	坚果及籽类制品 　　熟制坚果及籽类（带壳、脱壳、包衣） 　　坚果及籽类罐头 　　坚果及籽类的泥（酱）（例如花生酱等） 　　其他坚果及籽类制品（例如腌渍的果仁等）

（续）

肉及肉制品	肉类（生鲜、冷却、冷冻肉等） 　　畜禽肉 　　畜禽内脏（例如肝、肾、肺、肠等） 肉制品（包括内脏制品） 　　预制肉制品 　　　　调理肉制品（生肉添加调理料） 　　　　腌腊肉制品类（例如咸肉、腊肉、板鸭、中式火腿、腊肠等） 　　熟肉制品 　　　　肉类罐头 　　　　酱卤肉制品类 　　　　熏、烧、烤肉类 　　　　油炸肉类 　　　　西式火腿（熏烤、烟熏、蒸煮火腿）类 　　　　肉灌肠类 　　　　发酵肉制品类 　　　　其他熟肉制品
水产动物及其制品	鲜、冻水产动物 　　鱼类 　　　　非肉食性鱼类 　　　　肉食性鱼类（例如鲨鱼、金枪鱼等） 　　甲壳类 　　软体动物 　　　　头足类 　　　　双壳类 　　　　棘皮类 　　　　腹足类 　　　　其他软体动物 　　其他鲜、冻水产动物 水产制品 　　水产品罐头 　　鱼糜制品（例如鱼丸等） 　　腌制水产品 　　鱼子制品 　　熏、烤水产品 　　发酵水产品 　　其他水产制品
乳及乳制品	生乳 巴氏杀菌乳 灭菌乳 调制乳 发酵乳 炼乳 乳粉 乳清粉和乳清蛋白粉（包括非脱盐乳清粉） 干酪 再制干酪 其他乳制品（包括酪蛋白）

（续）

蛋及蛋制品	鲜蛋 蛋制品 　　卤蛋 　　糟蛋 　　皮蛋 　　咸蛋 　　其他蛋制品
油脂及其制品	植物油脂 动物油脂（例如猪油、牛油、鱼油、稀奶油、奶油、无水奶油等） 油脂制品 　　氢化植物油及以氢化植物油为主的产品（例如人造奶油、起酥油等） 　　调和油 　　其他油脂制品
调味品	食用盐 味精 食醋 酱油 酿造酱 调味料酒 香辛料类 　　香辛料及粉 　　香辛料油 　　香辛料酱（例如芥末酱、青芥酱等） 　　其他香辛料加工品 水产调味品 　　鱼类调味品（例如鱼露等） 　　其他水产调味品（例如蚝油、虾油等） 复合调味料（例如固体汤料、鸡精、鸡粉、蛋黄酱、沙拉酱、调味清汁等） 其他调味品
饮料类	包装饮用水 　　矿泉水 　　纯净水 　　其他包装饮用水 果蔬汁类及其饮料（例如苹果汁、苹果醋、山楂汁、山楂醋等） 　　果蔬汁（浆） 　　浓缩果蔬汁（浆） 　　其他果蔬汁（肉）饮料（包括发酵型产品） 蛋白饮料 　　含乳饮料（例如发酵型含乳饮料、配制型含乳饮料、乳酸菌饮料等） 　　植物蛋白饮料 　　复合蛋白饮料 　　其他蛋白饮料 碳酸饮料 茶饮料 咖啡类饮料

（续）

饮料类	植物饮料 风味饮料 固体饮料［包括速溶咖啡、研磨咖啡（烘焙咖啡）］ 其他饮料
酒类	蒸馏酒（例如白酒、白兰地、威士忌、伏特加、朗姆酒等） 配制酒 发酵酒（例如葡萄酒、黄酒、啤酒等）
食糖及淀粉糖	食糖 　　白糖及白糖制品（例如白砂糖、绵白糖、冰糖、方糖等） 　　其他糖和糖浆（例如红糖、赤砂糖、冰片糖、原糖、糖蜜、部分转化糖、槭树糖浆等） 乳糖 淀粉糖（例如果糖、葡萄糖、饴糖、部分转化糖等）
淀粉及淀粉制品（包括谷物、豆类和块根植物提取的淀粉）	食用淀粉 淀粉制品 　　粉丝、粉条 　　藕粉 　　其他淀粉制品（例如虾味片等）
焙烤食品	面包 糕点（包括月饼） 饼干（例如夹心饼干、威化饼干、蛋卷等） 其他焙烤食品
可可制品、巧克力和巧克力制品以及糖果	可可制品、巧克力和巧克力制品（包括代可可脂巧克力及制品） 糖果（包括胶基糖果）
冷冻饮品	冰激凌、雪糕类 风味冰、冰棍类 食用冰 其他冷冻饮品
特殊膳食用食品	婴幼儿配方食品 　　婴儿配方食品 　　较大婴儿和幼儿配方食品 　　特殊医学用途婴儿配方食品

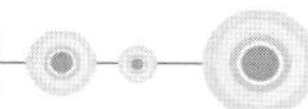

（续）

特殊膳食用食品	婴幼儿辅助食品 　　婴幼儿谷类辅助食品 　　婴幼儿罐装辅助食品 特殊医学用途配方食品（特殊医学用途婴儿配方食品涉及的品种除外） 其他特殊膳食用食品（例如辅食营养补充品、运动营养食品、孕妇及乳母营养补充食品等）
其他类（除上述食品以外的食品）	果冻 膨化食品 蜂产品（例如蜂蜜、花粉等） 茶叶 干菊花 苦丁茶

附录11　土壤调理剂　通用要求

中华人民共和国农业行业标准

NY/T 3034—2016

土壤调理剂　通用要求

Soil amendments—General regulations

2016-12-23 发布　　　　2017-04-01 实施

中华人民共和国农业部　发布

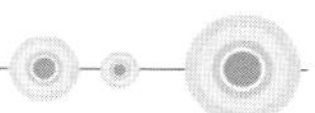

前　言

本标准按照 GB/T 1.1—2009 给出的规则起草。

本标准由中华人民共和国农业部提出并归口。

本标准起草单位：中国农业科学院农业资源与农业区划研究所、中国农学会、中国植物营养与肥料学会、土壤肥料产业联盟。

本标准主要起草人：王旭、孙蓟锋、刘红芳、范洪黎、保万魁、张曦、侯晓娜。

引　言

土壤的障碍特性是影响土壤肥力和植物生长的关键因素，而土壤调理剂是改良障碍土壤的重要生产资料。

土壤调理剂产业发展反映了矿产资源开发、废弃物循环利用、耕地质量保护、农产品质量安全等多领域综合技术水准。本标准是对近年来我国土壤调理剂产业发展的规范性总结，是不同类型土壤调理剂产品的总则性标准。

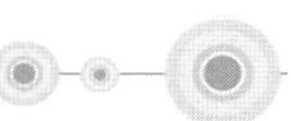

土壤调理剂　通用要求

1　范围

本标准规定了土壤调理剂通用要求、试验方法、检验规则、标识、包装、运输和储存。

本标准适用于中华人民共和国境内生产、销售、使用的，用于调理障碍土壤并使其物理、化学和/或生物性状得以改良的，以矿物原料、有机原料、化学原料等为组成成分并经标准化加工工艺生产的土壤调理剂。

本标准不适用于未经标准化生产或无害化技术处理的、存在食品安全风险和/或土壤生态环境风险的物料或废料为原料生产的土壤调理剂。

2　规范性引用文件

下列文件对于本文件的应用是必不可少的。凡是注日期的引用文件，仅注日期的版本适用于本文件。凡是不注日期的引用文件，其最新版本（包括所有的修改单）适用于本文件。

GB 190　危险货物包装标志

GB/T 191　包装储运图示标志

GB/T 6679　固体化工产品采样通则

GB/T 6680　液体化工产品采样通则

GB/T 8170　数值修约规则与极限数值的表示和判定

GB 8569　固体化学肥料包装

JJF 1070　定量包装商品净含量计量检验规则

NY/T 887　液体肥料　密度的测定

NY/T 1973　水溶肥料　水不溶物含量和 pH 的测定

NY/T 1978　肥料　汞、砷、镉、铅、铬含量的测定

NY 1979　肥料和土壤调理剂　标签及标明值判定要求

NY 1980　肥料和土壤调理剂　急性经口毒性试验及评价要求

NY/T 2271　土壤调理剂　效果试验和评价要求

NY/T 2272　土壤调理剂　钙、镁、硅含量的测定

NY/T 2273　土壤调理剂　磷、钾含量的测定

NY/T 2542　肥料　总氮含量的测定

NY/T 2876　肥料和土壤调理剂　有机质分级测定

NY/T 3035　土壤调理剂　铝、镍含量的测定

NY/T 3036　肥料和土壤调理剂　水分含量、粒度、细度的测定

国家质量技术监督局令第 4 号　产品质量仲裁检验和产品质量鉴定管理办法

3　术语和定义

下列术语和定义适用于本文件。

3.1

土壤调理剂　soil amendments/soil conditioners

指加入障碍土壤中以改善土壤物理、化学和/或生物性状的物料，适用于改良土壤结构、降低土壤盐碱危害、调节土壤酸碱度、改善土壤水分状况或修复污染土壤等。

3.1.1

农林保水剂　agro-forestry absorbent polymer

指用于改善植物根系或种子周围土壤水分性状的土壤调理剂。

3.2

障碍土壤　obstacle soil

指由于受自然成土因素或人为因素的影响，而使植物生长产生明显障碍或影响农产品质量安全的土壤。障碍因素主要包括质地不良、结构差或存在妨碍植物根系生长的不良土层、肥力低下或营养元素失衡、酸化、盐碱、土壤水分过多或不足、有毒物质污染等。

3.2.1

沙性土壤（沙质土壤）　sandy soil

指土壤质地偏沙、缺少黏粒、保水或保肥性差的障碍土壤，包括沙土和沙壤土等。

3.2.2

黏性土壤（黏质土壤）　clay soil

指土壤质地黏重、通气透水性差、耕地不良的障碍土壤，包括黏土和黏壤（重壤）土等。

3.2.3

结构障碍土壤　structural obstacle soil

指由于土壤有机质含量降低、团粒结构被破坏、通气透水性差而使土壤板结、潜育化，导致土壤生产力下降的障碍土壤。

3.2.4

酸性土壤　acid soil

指土壤呈酸性反应（pH 小于 5.5），导致植物生长受到抑制的障碍土壤。

3.2.5

盐碱土壤/盐渍土壤　salie-alkaline soil

指由于土壤含有过多可溶性盐和/或交换性钠，导致植物生长受到抑制的障碍土壤。盐碱土壤可分为盐化土壤和碱化土壤。

3.2.5.1　**盐化土壤　saline soil**

指主要由于含有过多可溶性盐而使土壤溶液的渗透压增高，导致植物生长受到抑制的障碍土壤，包括盐土。

3.2.5.2　**碱化土壤　alkaline soil**

指主要由于含有过多交换性钠而使土壤物理性质不良、呈碱性反应，导致植物生长受

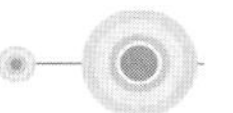

到抑制的障碍土壤，包括碱土（pH 大于 8.5）。

3.2.6

污染土壤　contaminated soil

指由于污水灌溉、大气沉降、固体废弃物排放、过量肥料与农药施用等人为因素的影响，导致其有害物质增加、肥力下降，从而影响农作物的生长、危及农产品质量安全的土壤。

3.3

土壤改良措施　measures of soil amelioration

指针对土壤障碍因素特性，基于自然和经济条件，所采取的改善土壤性状、提高土地生产能力的技术措施。

3.3.1

土壤结构改良　soil structure improvement

指通过加入土壤中一定量物料并结合翻耕措施来改良沙性土壤、黏性土壤及板结或潜育化土壤结构特性，以提高土壤生产力的技术措施。

3.3.2

酸性土壤改良　reclamation of acid soil

指通过施用一定量的物料来调节土壤酸度（pH），以减轻土壤酸性对植物危害的技术措施。

3.3.3

盐碱土壤改良　reclamation of saline-alkaline soil

指通过施用一定量的物料来降低土壤中可溶盐、交换性钠含量或 pH，以减轻盐分对植物危害的技术措施。

3.3.4

土壤保水　soil moisture preservation

指通过施用一定量的物料来保蓄水分，提高土壤含水量，以满足植物生理需要的技术措施。

3.3.5

污染土壤修复　contaminated soil remediation

指利用物理、化学、生物等方法，转移、吸收、降解或转化土壤污染物，即通过改变土壤污染物的存在形态或与土壤的结合方式，降低其在土壤环境中的可迁移性或生物可利用性等的修复技术，以使土壤污染物浓度降低到无害化水平，或将污染物转化为无害物质的技术措施。

注：本定义中土壤修复不包括改造农田土壤结构的工程修复技术。

4 要求

4.1 分类及命名要求

土壤调理剂分为矿物源土壤调理剂、有机源土壤调理剂、化学源土壤调理剂和农林保水剂 4 类，一般将其统称为土壤调理剂。其中，矿物源土壤调理剂、有机源土壤调理剂和化学源土壤调理剂则依主要原料组成来源不同冠以所属的前缀，而农林保水剂则依其保水性能而命名。

注：对于改善土壤生物性状的微生物菌剂，按现行技术法规执行。

4.2 原料要求

4.2.1 矿物源土壤调理剂一般由富含钙、镁、硅、磷、钾等矿物经标准化工艺或无害化处理加工而成的，用于增加矿质养料以改善土壤物理、化学、生物性状。

4.2.2 有机源土壤调理剂一般由无害化有机物料为原料经标准化工艺加工而成的，用于为土壤微生物提供所需养料以改善土壤生物肥力。

4.2.3 化学源土壤调理剂是由化学制剂或由化学制剂经标准化工艺加工而成的，同时改善土壤物理或化学障碍性状。

4.2.4 农林保水剂一般由合成聚合型、淀粉接枝聚合型、纤维素接枝聚合型等吸水性树脂聚合物加工而成的，用于农林业土壤保水、种子包衣、苗木移栽或肥料增加剂等。

4.3 指标要求

4.3.1 矿物源土壤调理剂：至少应标明其所含钙、镁、硅、磷、钾等主要成分及含量、pH、粒度或细度、有毒有害成分限量等。

4.3.2 有机源土壤调理剂：至少应标明其所含有机成分含量、pH、粒度或细度、有毒有害成分限量等。所明示出的成分应有明确界定，不应重复叠加。

4.3.3 化学源土壤调理剂：至少应标明其所含主要成分含量、pH、粒度或细度、有毒有害成分限量等。

注：农林保水剂按其标准规定执行。

4.4 限量要求

土壤调理剂汞、砷、镉、铅、铬元素限量应符合不同原料的产品限量要求。

4.5 毒性试验

土壤调理剂毒性试验结果应符合 NY 1980 的要求。

4.6 效果试验

土壤调理剂效果试验应具有显著且持续改良土壤障碍特性的试验结果。

5 试验方法

5.1 范围

规定了土壤调理剂中钙、镁、硅、磷、钾、总氮、有机质、铝、镍、汞、砷、镉、铅、铬等成分含量、pH、水分（固体）含量、密度（液体）、粒度或细度等的检验方法，以及毒性试验、效果试验方法。

注：具有水溶特性的土壤调理剂中未涵盖的成分含量的检验方法可按水溶肥料标准执行；农林保水剂按其标准规定执行。

5.2 测定方法

5.2.1 钙、镁、硅含量的测定

按照 NY/T 2272 的规定执行。

5.2.2 磷、钾含量的测定

按照 NY/T 2273 的规定执行。

5.2.3 总氮含量的测定

按照 NY/T 2542 的规定执行。

5.2.4 有机质分级测定

按照 NY/T 2876 的规定执行。

5.2.5 铝、镍含量的测定

按照 NY/T 3035 的规定执行。

5.2.6 汞、砷、镉、铅、铬含量的测定

按照 NY/T 1978 的规定执行。

5.2.7 pH 的测定

按照 NY/T 1973 的规定执行。

5.2.8 水分含量的测定

按照 NY/T 3036 的规定执行。

5.2.9 密度的测定

按照 NY/T 887 的规定执行。

5.2.10 粒度、细度的测定

按照 NY/T 3036 的规定执行。

5.2.11 毒性试验

按照 NY 1980 的规定执行。

5.2.12 效果试验

按照 NY/T 2271 的规定执行。

6 检验规则

6.1 产品应由企业质量监督部门进行检验，生产企业应保证所有的销售产品均符合技术要求。每批产品应附有质量证明书，其内容按标识规定执行。

6.2 产品按批检验，以一次配料为一批，最大批量为 500t。

6.3 固体或散装产品采样按照 GB/T 6679 的规定执行。液体产品采样按照 GB/T 6680 的规定执行。

6.4 将所采样品置于洁净、干燥的容器中，迅速混匀。取液体样品 1 L、固体粉剂样品 1 kg、颗粒样品 2 kg，分装于两个洁净、干燥的容器中，密封并贴上标签，注明生产企业名称、产品名称、批号或生产日期、采样日期、采样人姓名。其中，一部分用于产品质量分析；另一部分应保存至少两个月，以备复验。

6.5 按产品试验要求进行试样的制备和储存。

6.6 生产企业应按 4.3 和 4.4 要求进行出厂检验。如果检验结果有一项或一项以上指标不符合技术要求，应重新自加倍采样批中采样进行复验。复验结果有一项或一项以上指标不符合技术要求，则整批产品不应被验收合格。

6.7 产品质量合格判定，采用 GB/T 8170 中“修约值比较法”。

6.8 用户有权按本标准规定的检验规则和检验方法对所收到的产品进行核验。

6.9 当供需双方对产品质量发生异议需仲裁时，应按照国家质量技术监督局令第 4 号的规定执行。

7 标识

7.1 产品质量证明书应载明：

7.1.1 企业名称、生产地址、联系方式、行政审批证号、产品通用名称、执行标准号、主要原料名称、剂型、包装规格、批号或生产日期。

7.1.2 钙（CaO）、镁（MgO）、硅（SiO_2）、磷（P_2O_5）、钾（K_2O）、总氮、有机质等含量的最低标明值；铝、镍含量的标明值或标明值范围；其他需载明的有效成分及含量的标明值或标明值范围；pH、密度（液体）的标明值或标明值范围；水分（固体）含量、粒度或细度的最低标明值；汞、砷、镉、铅、铬元素含量的最高标明值。

7.2 产品包装标签应载明：

7.2.1 钙（CaO）、镁（MgO）、硅（SiO_2）、磷（P_2O_5）、钾（K_2O）、总氮、有机质含量的最低标明值，其测定值应符合其标明值要求。

7.2.2 铝、镍含量的标明值或标明值范围，其测定值应符合其标明值或标明值范围要求。

7.2.3 其他需载明的有效成分及含量的标明值或标明值范围，其测定值应符合其标明值或标明值范围要求。

7.2.4 pH、密度（液体）的标明值或标明值范围，其测定值应符合其标明值或标明值范围要求。

7.2.5 水分（固体）含量、粒度或细度的最低标明值，其测定值应符合其标明值要求。

7.2.6 汞、砷、镉、铅、铬元素含量的最高标明值，其测定值应符合其标明值要求。

7.2.7 主要原料名称。

7.3 其余按照 NY 1979 的规定执行。

8 包装、运输和储存

8.1 产品的销售包装应按照 GB 8569 的规定执行。净含量按照 JJF 1070 的规定执行。

8.2 在产品运输和储存过程中应防潮、防晒、防破裂，警示说明按照 GB 190 和 GB/T 191 的规定执行。

附录 12　土壤调理剂　效果试验和评价要求

中华人民共和国农业行业标准

NY/T 2271—2016
代替 NY/T 2271—2012

土壤调理剂　效果试验和评价要求

Soil amendments—
Regulations of efficiency experiment and assessment

2016-12-23 发布　　2017-04-01 实施

中华人民共和国农业部　发布

前　言

本标准按照 GB/T 1.1—2009 给出的规则起草。

本标准代替 NY/T 2271—2012《土壤调理剂　效果试验和评价要求》。与 NY/T 2271—2012 相比，除编辑性修改外，主要技术变化如下：

——增加“污染土壤”的术语和定义，并对“障碍土壤”“污染土壤修复”进行了修订；

——修改了评价指标中污染特性指标要求；

——补充增加试验记录要求中“用于污染土壤修复的土壤调理剂试验”。

本标准由中华人民共和国农业部提出并归口。

本标准起草单位：中国农业科学院农业资源与农业区划研究所、中国农学会、中国植物营养与肥料学会、土壤肥料产业联盟。

本标准主要起草人：王旭、孙蓟锋、保万魁、刘红芳、张曦、侯晓娜、闫湘、李秀英、于兆国。

本标准的历次版本发布情况为：

——NY/T 2271—2012。

土壤调理剂　效果试验和评价要求

1　范围

本标准规定了土壤调理剂效果试验相关术语、试验要求和内容、效果评价、报告撰写等要求。

本标准适用于土壤调理剂试验效果评价。

2　术语和定义

下列术语和定义适用于本文件。

2.1

土壤调理剂　soil amendments/soil conditioners

指加入障碍土壤中以改善土壤物理、化学和/或生物性状的物料，适用于改良土壤结构、降低土壤盐碱危害、调节土壤酸碱度、改善土壤水分状况或修复污染土壤等。

2.1.1

农林保水剂　agro-forestry absorbent polymer

指用于改善植物根系或种子周围土壤水分性状的土壤调理剂。

2.2

障碍土壤　obstacle soils

指由于受自然成土因素或人为因素影响，而使植物生长产生明显障碍或影响农产品质量安全的土壤。障碍因素主要包括质地不良、结构差或存在妨碍植物根系生长的不良土层、肥力低下或营养元素失衡、酸化、盐碱、土壤水分过多或不足、有毒物质污染等。

2.2.1

沙性土壤（沙质土壤）　sandy soil

指土壤质地偏沙、缺少黏粒、保水或保肥性差的障碍土壤，包括沙土和沙壤土等。

2.2.2

黏性土壤（黏质土壤）　clay soil

指土壤质地黏重、通气透水性差、耕性不良的障碍土壤，包括黏土和黏壤（重壤）土等。

2.2.3

结构障碍土壤　structural obstacle soil

指由于土壤有机质含量降低，团粒结构被破坏，通气透水性差而使土壤板结、潜育化，导致土壤生产力下降的障碍土壤。

2.2.4

酸性土壤　acid soil

指土壤呈酸性反应（pH 小于 5.5），导致植物生长受到抑制的障碍土壤。

2.2.5

盐碱土壤/盐渍土壤　saline-alkaline soil

指由于土壤含有过多可溶性盐和/或交换性纳，导致植物生长受到抑制的障碍土壤。盐碱土壤可分为盐化土壤和碱化土壤。

2.2.5.1

盐化土壤　saline soil

指主要由于含有过多可溶性盐而使土壤溶液的渗透压增高，导致植物生长受到抑制的障碍土壤，包括盐土。

2.2.5.2

碱化土壤　alkaline soil

指主要由于含有过多交换性钠而使土壤物理性质不良、呈碱性反应，导致植物生长受到抑制的障碍土壤，包括碱土（pH 大于 8.5）。

2.2.6

污染土壤　contaminated soil

指由于污水灌溉、大气沉降、固体废弃物排放、过量肥料与农药施用等人为因素的影响，导致其有害物质增加、肥力下降，从而影响农作物的生长、危及农产品质量安全的土壤。

2.3

土壤改良措施　measures of soil amelioration

指针对土壤障碍因素特性，基于自然和经济条件，所采取的改善土壤性状、提高土壤生产能力的技术措施。

2.3.1

土壤结构改良　soil structure improvement

指通过加入土壤中一定量的物料并结合翻耕措施来改良沙性土壤、黏性土壤及板结或潜育化土壤结构特性，以提高土壤生产力的技术措施。

2.3.2

酸性土壤改良　reclamation of acid soil

指通过施用一定量的物料来调节土壤酸度（pH），以减轻土壤酸性对植物危害的技术措施。

2.3.3

盐碱土壤改良　reclamation of saline-alkaline soil

指通过施用一定量的物料来降低土壤中可溶盐、交换性钠含量或 pH，以减轻盐分对植物危害的技术措施。

2.3.4

土壤保水　soil moisture preservation

指通过施用一定量的物料来保蓄水分，提高土壤含水量，以满足植物生理需要的技术

措施。

2.3.5

污染土壤修复　contaminated soil remediation

指利用物理、化学、生物等方法，转移、吸收、降解或转化土壤污染物，即通过改变土壤污染物的存在形态或与土壤的结合方式，降低其在土壤环境中的可迁移性或生物可利用性等的修复技术，以使土壤污染物浓度降低到无害化水平，或将污染物转化为无害物质的技术措施。

注：本定义中土壤修复不包括改造农田土壤结构的工程修复技术。

3　一般要求

3.1　试验内容

3.1.1　基于土壤调理剂特性、施用量和施用方法，有针对性地选择适宜土壤（类型）或区域，对土壤障碍性状、试验作物的生物学性状进行试验效果分析评价。

3.1.2　一般应采用小区试验和示范试验方式进行效果评价。必要时，以盆栽试验（见附录 A）或条件培养试验（见附录 B）方式进行补充评价。

3.2　试验周期

每个效果试验应至少进行连续 2 个生长季（6 个月）的试验。若需要评价土壤调理剂后效，应延长试验时间或增加生长季。

3.3　试验处理

土壤调理剂按剂型分为固体和液体两类。固体类土壤调理剂主要用于拌土、撒施的土壤调理剂；液体类土壤调理剂主要用于地表喷洒、浇灌的土壤调理剂。

3.3.1　试验应至少设以下 2 个处理：

a)　空白对照（液体类应施用与处理等量的清水对照）。

b)　供试土壤调理剂推荐施用量。

3.3.2　必要时，可增设其他试验处理：

a)　供试土壤调理剂其他施用量（最佳施用量）。

b)　供试土壤调理剂与常规肥料最佳配合施用量。

c)　针对土壤调理剂所含主要养分所设的对照处理，如仅含主要养分的对照处理，或仅不含主要养分的对照处理等。

3.3.3　除空白对照外，其他试验处理均应明确施用量和施用方法。

3.3.4　小区试验各处理应采用随机区组排列方式，重复次数不少于 3 次。

3.4　试验准备

3.4.1　试验地选择

a)　应选择地势平坦、形状整齐、地力水平相对均匀的试验地。

b)　应满足供试作物生长发育所需的条件，如排灌系统等。

c)　应避开居民区、道路、堆肥场所和存在其他人为活动影响等特殊地块。

3.4.2　供试土壤和土壤调理剂分析

a） 试验地土壤基本性状分析应根据试验要求进行。

b） 供试土壤调理剂技术指标分析。

3.5 试验管理

除试验处理不同外，其他管理措施应一致且符合生产要求。

3.6 试验记录

应按照附录C的规定执行。

3.7 统计分析

试验结果统计学检验应根据试验设计选择执行 t 检验、F 检验、新复极差检验、LSR检验、SSR检验、LSD检验或PLSD检验等。

4 小区试验

4.1 试验内容

小区试验是在多个均匀且等面积田块上通过设置差异处理及试验重复而进行的效果试验，以确定最佳施用量和施用方式。

4.2 小区设置要求

4.2.1 小区应设置保护行，小区划分尽可能降低试验误差。

4.2.2 小区沟渠设置应单灌单排，避免串灌串排。

4.3 小区面积要求

小区面积应一致，宜为 $20m^2 \sim 200m^2$。密植作物（如水稻、小麦、谷子等）小区面积宜为 $20m^2 \sim 30m^2$；中耕作物（如玉米、高粱、棉花、烟草等）小区面积宜为 $40m^2 \sim 50m^2$；果树小区面积宜为 $50m^2 \sim 200m^2$。

注：处理较多，小区面积宜小些；处理较少，小区面积宜大些。在丘陵、山地、坡地，小区面积宜小些；而在平原、平畈田，小区面积宜大些。

4.4 小区形状要求

小区形状一般应为长方形。小区面积较大时，长宽比以（3～5）：1为宜；小区面积较小时，长宽比以（2～3）：1为宜。

4.5 试验结果要求

4.5.1 根据土壤调理剂的试验目的，确定土壤性状评价指标的变化情况。

4.5.2 各小区应进行单独收获，计算产量。

4.5.3 按小区统计节肥省工情况，计算纯收益和产投比。

4.5.4 分析作物品质时应按检验方法要求采样。

5 示范试验

5.1 试验内容

示范试验是在广泛代表性区域农田上进行的效果试验，以展示和验证小区试验效果的安全性、有效性和适用性，为推广应用提供依据。

5.2 示范面积要求

5.2.1　经济作物应不小于3 000m²，对照应不小于500m²。

5.2.2　大田作物应不小于10 000m²，对照应不小于1 000m²。

5.2.3　花卉、苗木、草坪等示范试验应考虑其特殊性，试验面积应不小于经济作物要求。

5.3　试验结果要求

应根据土壤调理剂的试验效果，划分等面积区域进行土壤性状、增产率和经济效益评价。

6　评价要求

6.1　评价内容

根据供试土壤调理剂特点和施用效果，应对不同处理土壤性状、试验作物产量及增产率等试验效果差异进行评价。必要时，还应对试验作物的其他生物学性状（生长性状、品质、抗逆性等）、经济效益、环境效益等进行评价。

6.2　评价指标

6.2.1　土壤性状：根据土壤调理剂特点和施用效果选择下列指标进行评价，黑体字项目为必选项。

a)　改良沙性土壤障碍特性：田间持水量、容重、水稳性团聚体、萎蔫系数、阳离子交换量等。

b)　改良黏性土壤障碍特性：田间持水量、容重、水稳性团聚体、萎蔫系数、阳离子交换量等。

c)　改良土壤结构障碍特性：田间持水量、容重、萎蔫系数、氧化还原电位等。

d)　改良酸性土壤障碍特性：土壤pH、交换性铝、有效锰、盐基饱和度等。

e)　改良盐化土壤障碍特性：土壤pH、土壤全盐量及离子组成、脱盐率、阳离子交换量等。

f)　改良碱化土壤障碍特性：土壤pH、总碱度、碱化度、阳离子交换量等。

g)　改良土壤水分障碍特性：田间持水量、萎蔫系数、氧化还原电位等。

h)　修复污染土壤障碍特性：汞、砷、镉、铅、铬、有机污染物的全量或有效态含量等。

i)　土壤养分指标：有机质、全氮、全磷、全钾、有效磷、速效钾、中量元素、微量元素等。

j)　土壤生物指标：脲酶、磷酸酶、蔗糖酶、过氧化氢酶、细菌、真菌、放线菌、蚯蚓数量等。

6.2.2　植物生物学性状：根据试验作物选择下列指标进行评价。

a)　生长性状指标：出苗率、株高、叶片数、地上（下）部鲜（干）重等。

b)　生物量指标：产量、果重、千粒重等。

c)　品质指标：糖分、总酸度、蛋白质、维生素C、氨基酸、纤维素、硝酸盐、污染物吸收量等。

6.3　效果评价

土壤调理剂效果试验效果评价应基于试验周期内施用土壤调理剂对土壤障碍性状和生物学性状影响效果而得出，应包括试验处理中不同性状指标与对照比较试验效果的统计学检验结论（差异极显著、差异显著或差异不显著）。

7 试验报告

试验报告的撰写应采用科技论文格式，主要内容包括试验来源、试验目的和内容、试验地点和时间、试验材料和设计、试验条件和管理措施、试验数据统计与分析、试验效果评价、试验主持人签字及承担单位盖章等。其中，试验效果评价应涉及以下内容：

a） 不同处理对土壤物理、化学和生物学性状的影响效果评价。

b） 不同处理对作物产量及增产率的影响效果评价。

c） 必要时，应进行作物生长性状、品质或抗逆性影响效果评价。

d） 必要时，应进行纯收益、产投比、节肥、省工情况等经济效益评价。

e） 必要时，应进行保护和改善生态环境影响效果评价。

f） 其他效果评价分析。

附　录　A
（规范性附录）
土壤调理剂　盆栽试验要求

A.1　试验内容

盆栽试验适用于较小区试验更为精准地评价某些土壤障碍性状指标差异性的效果试验。

a）　通过人工控制试验处理和环境条件，使试验容器中土壤温度、水分、供试土壤调理剂均匀度、作物种植等试验管理一致性得到保障。

b）　盆栽试验供试土壤为非自然结构土壤，某些土壤性状会有所改变。

A.2　试验要求

试验应满足以下要求，其他按照第3章要求执行。

A.2.1　供试土壤采集和制备

A.2.1.1　土壤采集地点和取样点数的确定应考虑农作区的代表性，采样深度一般为0cm～20cm。土壤采集和制备过程应避免污染。

A.2.1.2　将所采集土壤过2mm孔径的筛子，并充分混匀。

A.2.1.3　将制备好的供试土壤标明土壤名称、采集地点、采集时间及主要土壤性状。

A.2.2　盆钵选择

A.2.2.1　试验盆钵可选用玻璃盆、搪瓷盆、陶土盆和塑料盆等。

A.2.2.2　盆钵规格可选择20cm×20cm、25cm×25cm、30cm×30cm等。

A.2.3　各处理应随机排列，重复次数不少于3次。

A.2.4　试验记载

应记载盆栽试验取土、过筛、装盆等试验操作以及试验场所温度、湿度等试验情况。其他按照附录C要求执行。

A.2.5　试验结果要求

试验结果应按照4.5要求执行。

A.3　效果评价

应按照试验内容要求并按照第6章要求执行。

A.4　试验报告

应按照试验内容要求并按照第7章要求执行。

附 录 B
（规范性附录）
土壤调理剂 条件培养试验要求

B.1 试验内容

条件培养试验适用于对多个土壤调理剂产品差异性效果试验的综合评价。

a） 在人工培养箱恒温、恒湿条件下，试验容器中土壤性状试验效果更为精准，统计学结果更为可信。

b） 条件培养试验供试土壤为非自然结构土壤，某些土壤性状有所改变。

B.2 试验要求

试验应满足以下要求，其他按照第3章要求执行。

B.2.1 供试土壤采集与制备

应按照A.2.1的要求执行。

B.2.2 试验设备和容器

B.2.2.1 恒温培养箱：温度在0℃～50℃可调，具有换气功能。

B.2.2.2 培养盒：培养盒可选择玻璃盒、塑料盒等，规格可选择10cm×20cm或20cm×30cm等。

B.2.3 试验条件

B.2.3.1 温度条件：应控制在（25±2）℃范围内。

B.2.3.2 土壤水分含量：应保持在土壤最大田间持水量的40%～60%范围。

B.2.3.3 通气条件：培养盒盖应设置通气孔，一般应占盒盖面积3%～5%。

B.2.4 试验实施

B.2.4.1 各处理应随机排列，重复次数不少于3次。

B.2.4.2 保证试验物料均匀性：将供试土壤调理剂与土壤准确称量并充分混合均匀后装入培养盒。

B.2.4.3 控制土壤含水量：通过称重及时补充水分，保持土壤水分含量符合试验条件要求。

B.2.5 取样时间点选择

应至少设置7个取样点。一般应分别于培养前以及培养后的7d、14d、21d、35d、63d、91d等时间点进行取样。必要时，可根据供试土壤调理剂特性调整取样时间点。

a） 对于作用效果周期短的土壤调理剂，应设置7个取样点，但时间可缩短。

b） 对于作用效果周期长的土壤调理剂，应增加取样点，以完整验证其试验效果。

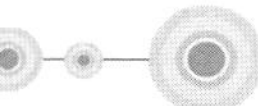

B.2.6 试验结果获取

试验结果应按照 4.5 的要求执行。

B.3 效果评价

应按照试验内容要求并按照第 6 章的要求执行。

B.4 试验报告

应按照试验内容要求并按照第 7 章的要求执行。

附　录　C
(规范性附录)
土壤调理剂　试验记录要求

C.1　试验时间及地点

应记录信息包括：试验起止时间（年月日）、试验地点（省、县、乡、村、地块等）、试验期间气候及灌排水情况、试验地前茬农作情况等农田管理信息等。其中，试验地前茬农作情况应包括前茬作物名称、前茬作物产量、前茬作物施肥量、有机肥施用量、氮（N）肥施用量、磷（P_2O_5）肥施用量、钾（K_2O）肥施用量等。

C.2　供试土壤

应记录信息包括：试验地地形、土壤类型（土类名称）、土壤质地、肥力等级、代表面积（hm^2）、供试土壤分析结果（土壤机械组成、土壤容重、土壤水分、有机质、全氮、有效磷、速效钾、pH）等。

用于污染土壤修复的土壤调理剂试验，应记录土壤的污染状况。

C.3　供试土壤调理剂和作物

应记录信息包括：土壤调理剂技术指标、作物及品种名称等。

C.4　试验设计

应记录信息包括：试验处理、重复次数、试验方法设计、小区长（m）、小区宽（m）、小区面积（m^2）、小区排列图示等。

C.5　试验管理

应记录信息包括：播种期和播种量、施肥时间和数量（基肥、追肥）、灌溉时间和数量、土壤性状、植物学性状、试验环境条件及灾害天气、病虫害防治、其他农事活动、所用工时等。

C.6　试验结果

应记录信息包括：不同处理及重复间的土壤性状结果，产量（kg/hm^2）和增产率（%）结果、其他效果试验结果等。其中产量记录应按照下列要求执行。

a)　对于一般谷物，应晒干脱粒扬净后再计重。在天气不良情况下，可脱粒扬净后计重，混匀取 1kg 烘干后计重，计算烘干率。

b)　对于甘薯、马铃薯等根茎作物，应去土随收随计重。若土地潮湿，可晾晒后去

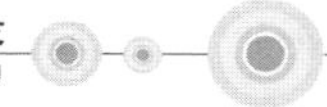

土计重。

c）　对于棉花、番茄、黄瓜、西瓜等作物，应分次收获，每次收获时各小区的产量都要单独记录并注明收获时间，最后将产量累加。

C.7　分析样品采集和制备

试验应按下列要求进行土壤或植物样品采集与制备，并记录样品采集和制备信息。

C.7.1　土壤样品采集和制备：采集深度一般为0cm～20cm。测定土壤盐分时应分层采至底土；测定土壤碱化度时应采集心土的碱化层。采集次数和采集点数量应能满足评价障碍土壤性状指标变化的评价要求。一般应在作物收获同时采集；必要时，根据土壤调理剂特性增加采集次数和采集点数量。样品制备应符合土壤分析和性状评价要求，避免混淆或污染。

C.7.2　植物样品采集和制备：根据试验目的和内容，选定具有代表性的植株及取样部位或组织器官。样品制备应符合植物分析和性状评价要求，避免混淆或污染。

用于污染土壤修复的土壤调理剂试验，应采集根与地上植株结合部进行样品中污染物吸收增减量的评价。必要时，可分别采集根、秸秆、叶片、籽粒或果实等部位样品，应确保采样部位的可比性。

注：用于硝态氮、氨基态氮、无机磷、水溶性糖、维生素等分析的植株在采集后即时保鲜冷藏。

附录 13　污染地块风险管控与土壤修复效果评估技术导则（试行）

中华人民共和国国家环境保护标准

HJ 25.5—2018

污染地块风险管控与土壤修复效果评估技术导则（试行）

Technical Guideline for Verification of Risk Control and Soil Remediation of Contaminated Site

（发布稿）

2018-12-29 发布　　　　2018-12-29 实施

生　态　环　境　部　发布

目 次

前　言

根据《中华人民共和国环境保护法》和《中华人民共和国土壤污染防治法》，保护生态环境，保障人体健康，加强污染地块环境监督管理，规范污染地块风险管控与土壤修复效果评估工作，制定本标准。

本标准与以下标准同属污染地块系列环境保护标准：

《场地环境调查技术导则》（HJ 25.1—2014）；

《场地环境监测技术导则》（HJ 25.2—2014）；

《污染场地风险评估技术导则》（HJ 25.3—2014）；

《污染场地土壤修复技术导则》（HJ 25.4—2014）。

本标准规定了建设用地污染地块风险管控与土壤修复效果评估的内容、程序、方法和技术要求。

本标准的附录 A～附录 D 为资料性附录。

本标准为首次发布。

本标准由生态环境部土壤生态环境司、法规与标准司组织制订。

本标准主要起草单位：北京市环境保护科学研究院、中国环境科学研究院、固体废物与化学品管理技术中心、环境规划院、沈阳环境科学研究院、南方科技大学工程技术创新中心（北京）。

本标准生态环境部 2018 年 12 月 29 日批准。

本标准自 2018 年 12 月 29 日起实施。

本标准由生态环境部负责解释。

污染地块风险管控与土壤修复效果评估技术导则

1　适用范围

本标准规定了建设用地污染地块风险管控与土壤修复效果评估的内容、程序、方法和技术要求。

本标准适用于建设用地污染地块风险管控与土壤修复效果的评估。地下水修复效果评估技术导则另行公布。

本标准不适用于含有放射性物质与致病性生物污染地块治理与修复效果的评估。

2　规范性引用文件

本标准内容引用了下列文件中的条款。凡是不注明日期的引用文件，其有效版本适用于本标准。

GB 36600　土壤环境质量　建设用地土壤污染风险管控标准（试行）

GB/T 14848　地下水质量标准

HJ 25.1　场地环境调查技术导则

HJ 25.2　场地环境监测技术导则

HJ 25.3　污染场地风险评估技术导则

HJ 682　污染场地术语

3　术语和定义

下列术语和定义适用于本标准。

3.1

目标污染物　target contaminant

在地块环境中数量或浓度已达到对人体健康和环境具有实际或潜在不利影响的，需要进行风险管控与修复的污染物。

3.2

修复目标　remediation target

由地块环境调查和风险评估确定的目标污染物对人体健康和环境不产生直接或潜在危害，或不具有环境风险的污染修复终点。

3.3

评估标准　assessment criteria

评估地块是否达到环境和健康安全的标准或准则，本标准所指评估标准包括目标污染物浓度达到修复目标值、二次污染物不产生风险、工程性能指标达到规定要求等准则。

3.4

风险管控与土壤修复效果评估 verification of risk control and soil remediation

通过资料回顾与现场踏勘、布点采样与实验室检测，综合评估地块风险管控与土壤修复是否达到规定要求或地块风险是否达到可接受水平。

4 基本原则、工作内容与工作程序

4.1 基本原则

污染地块风险管控与土壤修复效果评估应对土壤是否达到修复目标、风险管控是否达到规定要求、地块风险是否达到可接受水平等情况进行科学、系统地评估，提出后期环境监管建议，为污染地块管理提供科学依据。

4.2 工作内容

污染地块风险管控与土壤修复效果评估的工作内容包括：更新地块概念模型、布点采样与实验室检测、风险管控与修复效果评估、提出后期环境监管建议、编制效果评估报告。

4.3 工作程序

4.3.1 更新地块概念模型

应根据风险管控与修复进度，以及掌握的地块信息对地块概念模型进行实时更新，为制定效果评估布点方案提供依据。

4.3.2 布点采样与实验室检测

布点方案包括效果评估的对象和范围、采样节点、采样周期和频次、布点数量和位置、检测指标等内容，并说明上述内容确定的依据。原则上应在风险管控与修复实施方案编制阶段编制效果评估初步布点方案，并在地块风险管控与修复效果评估工作开展之前，根据更新后的概念模型进行完善和更新。

根据布点方案，制定采样计划，确定检测指标和实验室分析方法，开展现场采样与实验室检测，明确现场和实验室质量保证与质量控制要求。

4.3.3 风险管控与土壤修复效果评估

根据检测结果，评估土壤修复是否达到修复目标或可接受水平，评估风险管控是否达到规定要求。

对于土壤修复效果，可采用逐一对比和统计分析的方法进行评估，若达到修复效果，则根据情况提出后期环境监管建议并编制修复效果评估报告，若未达到修复效果，则应开展补充修复。

对于风险管控效果，若工程性能指标和污染物指标均达到评估标准，则判断风险管控达到预期效果，可继续开展运行与维护；若工程性能指标或污染物指标未达到评估标准，则判断风险管控未达到预期效果，须对风险管控措施进行优化或调整。

4.3.4 提出后期环境监管建议

根据风险管控与修复工程实施情况与效果评估结论，提出后期环境监管建议。

4.3.5 编制效果评估报告

汇总前述工作内容，编制效果评估报告，报告应包括风险管控与修复工程概况、环境

保护措施落实情况、效果评估布点与采样、检测结果分析、效果评估结论及后期环境监管建议等内容。

污染地块风险管控与土壤修复效果评估工作程序见图 1。

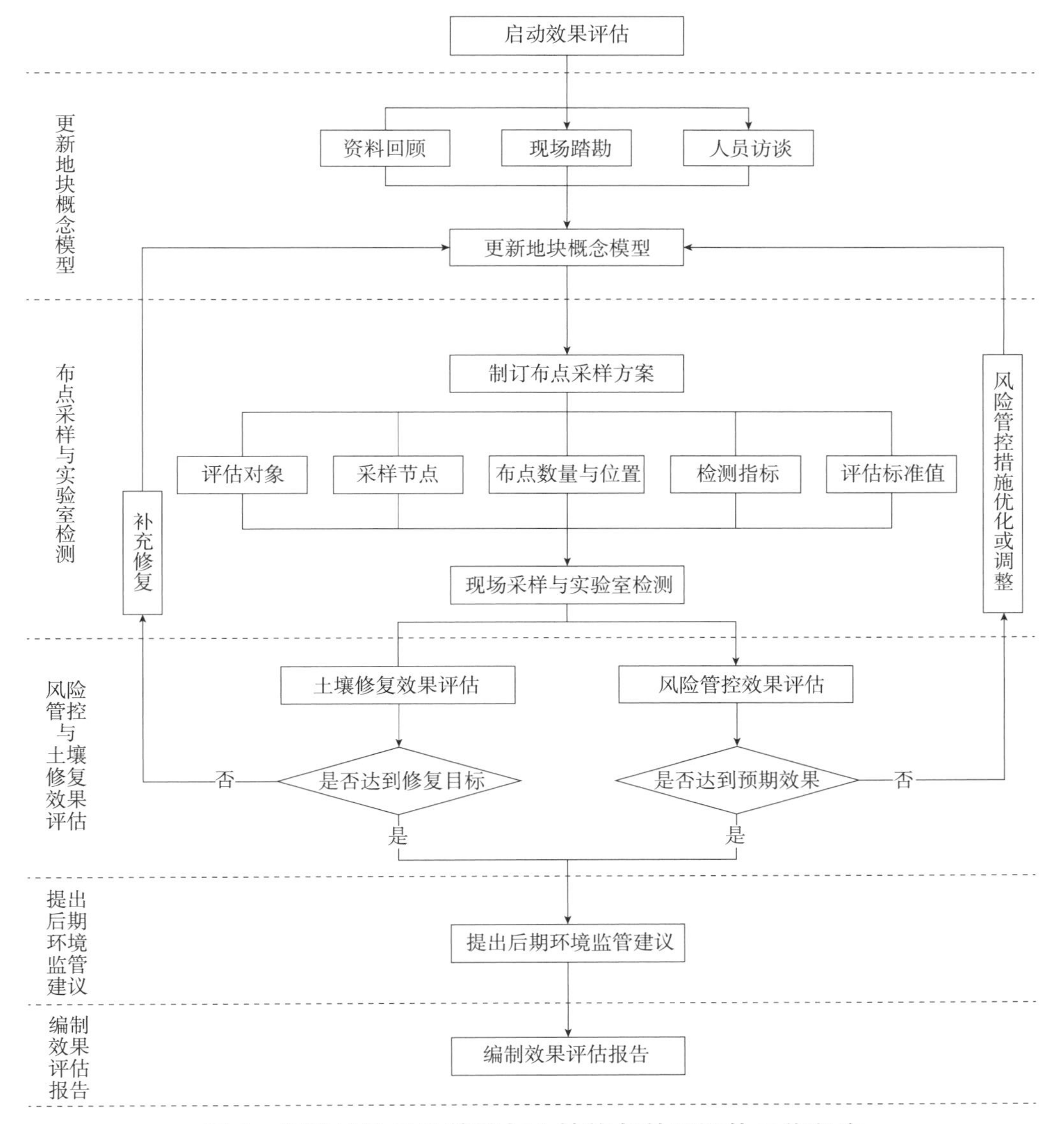

图 1 污染地块风险管控与土壤修复效果评估工作程序

5 更新地块概念模型

5.1 总体要求

效果评估机构应收集地块风险管控与修复相关资料，开展现场踏勘工作，并通过与地块责任人、施工负责人、监理人员等进行沟通和访谈，了解地块调查评估结论、风险管控与修复工程实施情况、环境保护措施落实情况等，掌握地块地质与水文地质条件、污染物空间分布、污染土壤去向、风险管控与修复设施设置、风险管控与修复过程监测数据等关键信息，更新地块概念模型。

5.2 资料回顾

5.2.1 资料回顾清单

5.2.1.1 在效果评估工作开展之前，应收集污染地块风险管控与修复相关资料。

5.2.1.2 资料清单主要包括地块环境调查报告、风险评估报告、风险管控与修复方案、工程实施方案、工程设计资料、施工组织设计资料、工程环境影响评价及其批复、施工与运行过程中监测数据、监理报告和相关资料、工程竣工报告、实施方案变更协议、运输与接收的协议和记录、施工管理文件等。

5.2.2 资料回顾要点

5.2.2.1 资料回顾要点主要包括风险管控与修复工程概况和环保措施落实情况。

5.2.2.2 风险管控与修复工程概况回顾主要通过风险管控与修复方案、实施方案以及风险管控与修复过程中的其他文件，了解修复范围、修复目标、修复工程设计、修复工程施工、修复起始时间、运输记录、运行监测数据等，了解风险管控与修复工程实施的具体情况。

5.2.2.3 环保措施落实情况回顾主要通过对风险管控与修复过程中二次污染防治相关数据、资料和报告的梳理，分析风险管控与修复工程可能造成的土壤和地下水二次污染情况等。

5.3 现场踏勘

5.3.1 应开展现场踏勘工作，了解污染地块风险管控与修复工程情况、环境保护措施落实情况，包括修复设施运行情况、修复工程施工进度、基坑清理情况、污染土暂存和外运情况、地块内临时道路使用情况、修复施工管理情况等。

5.3.2 调查人员可通过照片、视频、录音、文字等方式，记录现场踏勘情况。

5.4 人员访谈

5.4.1 应开展人员访谈工作，对地块风险管控与修复工程情况、环境保护措施落实情况进行全面了解。

5.4.2 访谈对象包括地块责任单位、地块调查单位、地块修复方案编制单位、监理单位、修复施工单位等单位的参与人员。

5.5 更新地块概念模型

5.5.1 在资料回顾、现场踏勘、人员访谈的基础上，掌握地块风险管控与修复工程情况，结合地块地质与水文地质条件、污染物空间分布、修复技术特点、修复设施布局等，对地块概念模型进行更新，完善地块风险管控与修复实施后的概念模型。

5.5.2 地块概念模型一般包括下列信息：

a）地块风险管控与修复概况：修复起始时间、修复范围、修复目标、修复设施设计参数、修复过程运行监测数据、技术调整和运行优化、修复过程中废水和废气排放数据、药剂添加量等情况；

b）关注污染物情况：目标污染物原始浓度、运行过程中的浓度变化、潜在二次污染物和中间产物产生情况、土壤异位修复地块污染源清挖和运输情况、修复技术去

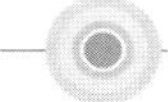

除率、污染物空间分布特征的变化以及潜在二次污染区域等情况；

c）地质与水文地质情况：关注地块地质与水文地质条件，以及修复设施运行前后地质和水文地质条件的变化、土壤理化性质变化等，运行过程是否存在优先流路径等；

d）潜在受体与周边环境情况：结合地块规划用途和建筑结构设计资料，分析修复工程结束后污染介质与受体的相对位置关系、受体的关键暴露途径等。

5.5.3　地块概念模型可用文字、图、表等方式表达，作为确定效果评估范围、采样节点、布点位置等的依据。

5.5.4　地块概念模型涉及信息及其作用见附录 A。

6　布点采样与实验室检测

6.1　土壤修复效果评估布点

6.1.1　基坑清理效果评估布点

6.1.1.1　评估对象

基坑清理效果评估对象为地块修复方案中确定的基坑。

6.1.1.2　采样节点

6.1.1.2.1　污染土壤清理后遗留的基坑底部与侧壁，应在基坑清理之后、回填之前进行采样。

6.1.1.2.2　若基坑侧壁采用基础围护，则宜在基坑清理同时进行基坑侧壁采样，或于基础围护实施后在围护设施外边缘采样。

6.1.1.2.3　可根据工程进度对基坑进行分批次采样。

6.1.1.3　布点数量与位置

6.1.1.3.1　基坑底部和侧壁推荐最少采样点数量见表 1。

6.1.1.3.2　基坑底部采用系统布点法，基坑侧壁采用等距离布点法，布点位置参见图 2。

6.1.1.3.3　当基坑深度大于 1 m 时，侧壁应进行垂向分层采样，应考虑地块土层性质与污染垂向分布特征，在污染物易富集位置设置采样点，各层采样点之间垂向距离不大于 3 m，具体根据实际情况确定。

6.1.1.3.4　基坑坑底和侧壁的样品以去除杂质后的土壤表层样为主（0cm～20cm），不排除深层采样。

6.1.1.3.5　对于重金属和半挥发性有机物，在一个采样网格和间隔内可采集混合样，采样方法参照 HJ 25.2 执行。

表 1　基坑底部和侧壁推荐最少采样点数量

基坑面积，m^2	坑底采样点数量，个	侧壁采样点数量，个
$x<100$	2	4

（续）

基坑面积，m^2	坑底采样点数量，个	侧壁采样点数量，个
$100 \leqslant x < 1\ 000$	3	5
$1\ 000 \leqslant x < 1\ 500$	4	6
$1\ 500 \leqslant x < 2\ 500$	5	7
$2\ 500 \leqslant x < 5\ 000$	6	8
$5\ 000 \leqslant x < 7\ 500$	7	9
$7\ 500 \leqslant x < 12\ 500$	8	10
$x > 12\ 500$	网格大小不超过 40 m×40 m	采样点间隔不超过 40 m

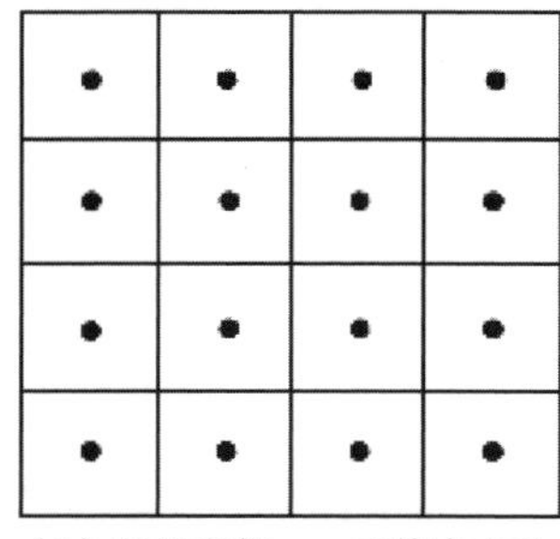
（1）基坑底部——系统布点法

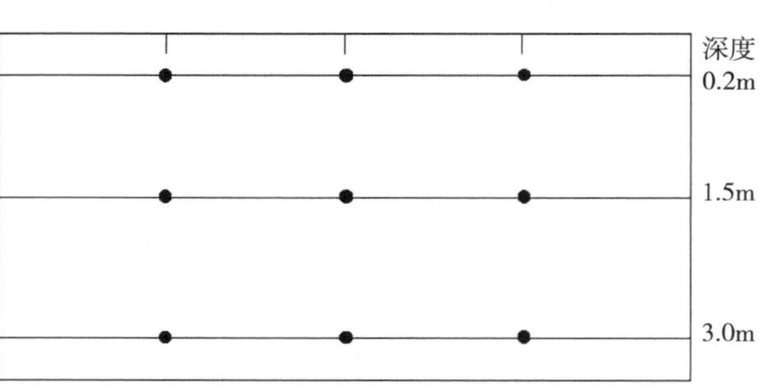

（2）基坑侧壁——等距离布点法

图 2　基坑底部与侧壁布点示意

6.1.2　土壤异位修复效果评估布点

6.1.2.1　评估对象

异位修复后土壤效果评估的对象为异位修复后的土壤堆体。

6.1.2.2　采样节点

6.1.2.2.1　异位修复后的土壤应在修复完成后、再利用之前采样。

6.1.2.2.2　按照堆体模式进行异位修复的土壤，宜在堆体拆除之前进行采样。

6.1.2.2.3　异位修复后的土壤堆体，可根据修复进度进行分批次采样。

6.1.2.3　布点数量与位置

6.1.2.3.1　修复后土壤原则上每个采样单元（每个样品代表的土方量）不应超过 500 m^3；也可根据修复后土壤中污染物浓度分布特征参数计算修复差变系数，根据不同差变系数查询计算对应的推荐采样数量（表 2），差变系数计算方法见附录 B。

6.1.2.3.2　对于按批次处理的修复技术，在符合前述要求的同时，每批次至少采集 1 个样品。

6.1.2.3.3　对于按照堆体模式处理的修复技术，若在堆体拆除前采样，在符合前述要求的同时，应结合堆体大小设置采样点，推荐数量参见表 3。

6.1.2.3.4　修复后土壤一般采用系统布点法设置采样点；同时应考虑修复效果空间差异，在修复效果薄弱区增设采样点。重金属和半挥发性有机物可在采样单元内采集混合样，采

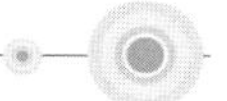

样方法参照 HJ 25.2 执行。

6.1.2.3.5　修复后土壤堆体的高度应便于修复效果评估采样工作的开展。

表 2　修复后土壤最少采样点数量

差变系数	采样单元大小，m^3
0.05～0.20	100
0.20～0.40	300
0.40～0.60	500
0.60～0.80	800
0.80～1.00	1 000

表 3　堆体模式修复后土壤最少采样点数量

堆体体积，m^3	采样单元数量，个
＜100	1
100～300	2
300～500	3
500～1 000	4
每增加 500	增加 1 个

6.1.3　土壤原位修复效果评估布点

6.1.3.1　评估对象

土壤原位修复效果评估的对象为原位修复后的土壤。

6.1.3.2　采样节点

6.1.3.2.1　原位修复后的土壤应在修复完成后进行采样。

6.1.3.2.2　原位修复的土壤可按照修复进度、修复设施设置等情况分区域采样。

6.1.3.3　布点数量与位置

6.1.3.3.1　原位修复后的土壤水平方向上采用系统布点法，推荐采样数量参照表 1。

6.1.3.3.2　原位修复后的土壤垂直方向上采样深度应不小于调查评估确定的污染深度以及修复可能造成污染物迁移的深度，根据土层性质设置采样点，原则上垂向采样点之间距离不大于 3 m，具体根据实际情况确定。

6.1.3.3.3　应结合地块污染分布、土壤性质、修复设施设置等，在高浓度污染物聚集区、修复效果薄弱区、修复范围边界处等位置增设采样点。

6.1.4　土壤修复二次污染区域布点

6.1.4.1　评估范围

6.1.4.1.1　土壤修复效果评估范围应包括修复过程中的潜在二次污染区域。

6.1.4.1.2 潜在二次污染区域包括：污染土壤暂存区、修复设施所在区、固体废物或危险废物堆存区、运输车辆临时道路、土壤或地下水待检区、废水暂存处理区、修复过程中污染物迁移涉及的区域、其他可能的二次污染区域。

6.1.4.2 采样节点

6.1.4.2.1 潜在二次污染区域土壤应在此区域开发使用之前进行采样。

6.1.4.2.2 可根据工程进度对潜在二次污染区域进行分批次采样。

6.1.4.3 布点数量与位置

6.1.4.3.1 潜在二次污染区域土壤原则上根据修复设施设置、潜在二次污染来源等资料判断布点，也可采用系统布点法设置采样点，采样点数量参照表1。

6.1.4.3.2 潜在二次污染区域样品以去除杂质后的土壤表层样为主（0～20cm），不排除深层采样。

6.2 风险管控效果评估布点

本标准所指风险管控包括固化/稳定化、封顶、阻隔填埋、地下水阻隔墙、可渗透反应墙等管控措施。

6.2.1 采样周期和频次

6.2.1.1 风险管控效果评估的目的是评估工程措施是否有效，一般在工程设施完工1年内开展。

6.2.1.2 工程性能指标应按照工程实施评估周期和频次进行评估。

6.2.1.3 污染物指标应采集4个批次的数据，建议每个季度采样一次。

6.2.2 布点数量与位置

6.2.2.1 需结合风险管控措施的布置，在风险管控范围上游、内部、下游，以及可能涉及的潜在二次污染区域设置地下水监测井。

6.2.2.2 可充分利用地块调查评估与修复实施等阶段设置的监测井，现有监测井须符合修复效果评估采样条件。

6.3 现场采样与实验室检测

6.3.1 检测指标

6.3.1.1 基坑土壤的检测指标一般为对应修复范围内土壤中目标污染物。存在相邻基坑时，应考虑相邻基坑土壤中的目标污染物。

6.3.1.2 异位修复后土壤的检测指标为修复方案中确定的目标污染物，若外运到其他地块，还应根据接收地环境要求增加检测指标。

6.3.1.3 原位修复后土壤的检测指标为修复方案中确定的目标污染物。

6.3.1.4 化学氧化/还原修复、微生物修复后土壤的检测指标应包括产生的二次污染物，原则上二次污染物指标应根据修复方案中的可行性分析结果确定。

6.3.1.5 风险管控效果评估指标包括工程性能指标和污染物指标。工程性能指标包括抗压强度、渗透性能、阻隔性能、工程设施连续性与完整性等；污染物指标包括关注污染物浓度、浸出浓度、土壤气、室内空气等。

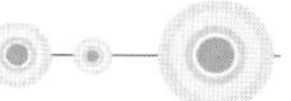

6.3.1.6　必要时可增加土壤理化指标、修复设施运行参数等作为土壤修复效果评估的依据；可增加地下水水位、地下水流速、地球化学参数等作为风险管控效果的辅助判断依据。

6.3.2　现场采样与实验室检测

风险管控与修复效果评估现场采样与实验室检测按照 HJ 25.1 和 HJ 25.2 的规定执行。

7　风险管控与土壤修复效果评估

7.1　土壤修复效果评估

7.1.1　土壤修复效果评估标准值

7.1.1.1　基坑土壤评估标准值为地块调查评估、修复方案或实施方案中确定的修复目标值。

7.1.1.2　异位修复后土壤的评估标准值应根据其最终去向确定

a）若修复后土壤回填到原基坑，评估标准值为调查评估、修复方案或实施方案中确定的目标污染物的修复目标值；

b）若修复后土壤外运到其他地块，应根据接收地土壤暴露情景进行风险评估确定评估标准值，或采用接收地土壤背景浓度与 GB 36600 中接收地用地性质对应筛选值的较高者作为评估标准值，并确保接收地的地下水和环境安全。风险评估可参照 HJ 25.3 执行。

7.1.1.3　原位修复后土壤的评估标准值为地块调查评估、修复方案或实施方案中确定的修复目标值。

7.1.1.4　化学氧化/还原修复、微生物修复潜在二次污染物的评估标准值可参照 GB 36600 中一类用地筛选值执行，或根据暴露情景进行风险评估确定其评估标准值，风险评估可参照 HJ 25.3 执行。

7.1.2　土壤修复效果评估方法

7.1.2.1　可采用逐一对比和统计分析的方法进行土壤修复效果评估。

7.1.2.2　当样品数量＜8 个时，应将样品检测值与修复效果评估标准值逐个对比：

a）若样品检测值低于或等于修复效果评估标准值，则认为达到修复效果；

b）若样品检测值高于修复效果评估标准值，则认为未达到修复效果。

7.1.2.3　当样品数量≥8 个时，可采用统计分析方法进行修复效果评估。一般采用样品均值的 95%置信上限与修复效果评估标准值进行比较，下述条件全部符合方可认为地块达到修复效果：

a）样品均值的 95%置信上限小于等于修复效果评估标准值；

b）样品浓度最大值不超过修复效果评估标准值的 2 倍。

7.1.2.4　若采用逐个对比方法，当同一污染物平行样数量≥4 组时，可结合 t 检验（附录 C）分析采样和检测过程中的误差，确定检测值与修复效果评估标准值的差异：

a）若各样品的检测值显著低于修复效果评估标准值或与修复效果评估标准值差异不

显著，则认为该地块达到修复效果；

b）若某样品的检测结果显著高于修复效果评估标准值，则认为地块未达到修复效果。

7.1.2.5　原则上统计分析方法应在单个基坑或单个修复范围内分别进行。

7.1.2.6　对于低于报告限的数据，可用报告限数值进行统计分析。

7.2　风险管控效果评估

7.2.1　风险管控效果评估标准

7.2.1.1　风险管控工程性能指标应满足设计要求或不影响预期效果。

7.2.1.2　风险管控措施下游地下水中污染物浓度应持续下降，固化/稳定化后土壤中污染物的浸出浓度应达到接收地地下水用途对应标准值或不会对地下水造成危害。

7.2.2　风险管控效果评估方法

7.2.2.1　若工程性能指标和污染物指标均达到评估标准，则判断风险管控达到预期效果，可对风险管控措施继续开展运行与维护。

7.2.2.2　若工程性能指标或污染物指标未达到评估标准，则判断风险管控未达到预期效果，须对风险管控措施进行优化或修理。

8　提出后期环境监管建议

8.1　后期环境监管要求

8.1.1　下列情景下，应提出后期环境监管建议：

——修复后土壤中污染物浓度未达到 GB 36600 第一类用地筛选值的地块；

——实施风险管控的地块。

8.1.2　后期环境监管的方式一般包括长期环境监测与制度控制，两种方式可结合使用。

8.1.3　原则上后期环境监管直至地块土壤中污染物浓度达到 GB 36600 第一类用地筛选值、地下水中污染物浓度达到 GB/T 14848 中地下水使用功能对应标准值为止。

8.2　长期环境监测

8.2.1　实施风险管控的地块应开展长期监测。

8.2.2　一般通过设置地下水监测井进行周期性采样和检测，也可设置土壤气监测井进行土壤气样品采集和检测，监测井位置应优先考虑污染物浓度高的区域、敏感点所处位置等。

8.2.3　应充分利用地块内符合采样条件的监测井。

8.2.4　原则上长期监测 1～2 年开展一次，可根据实际情况进行调整。

8.3　制度控制

8.3.1　条款 8.1.1 所述的两种情景均需开展制度控制。

8.3.2　制度控制包括限制地块使用方式、限制地下水利用方式、通知和公告地块潜在风险、制定限制进入或使用条例等方式，多种制度控制方式可同时使用。

9　编制效果评估报告

9.1　效果评估报告应当包括风险管控与修复工程概况、环境保护措施落实情况、效果评估布点与采样、检测结果分析、效果评估结论及后期环境监管建议等内容。
9.2　效果评估报告的格式参见附录 D。

附　录　A
（资料性附录）
地块概念模型涉及信息及其作用

表 A.1　地块概念模型涉及信息及其作用

地块概念模型涉及信息	在修复效果评估中的作用
地理位置	了解背景情况
地块历史	了解背景情况
地块调查评估活动	了解背景情况
地块土层分布	确定采样深度
水位变化情况	采样点设置
地块地质与水文地质情况	采样点设置
污染物分布情况	了解地块污染情况
目标污染物、修复目标	明确评估指标和标准
土壤修复范围	确定评估对象和范围
地下水污染羽	确定评估对象和范围
修复方式及工艺	制定效果评估方案
修复实施方案有无变更及变更情况	制定效果评估方案
施工周期与进度	确定效果评估采样节点
异位修复基坑清理范围与深度	采样点设置
异位修复基坑放坡方式、基坑护壁方式	采样点设置
修复后土壤土方量及最终去向	采样点设置、采样节点
修复设施平面布置	采样点设置
修复系统运行监测计划及已有数据	采样点设置、采样节点
目标污染物浓度变化情况	采样点设置、采样节点
地块内监测井位置及建井结构	判断是否可供效果评估采样使用
二次污染排放记录及监测报告	辅助资料
地块修复实施涉及的单位和机构	辅助资料

附　录　B

（资料性附录）

差变系数计算方法

差变系数指的是“修复后地块污染物平均浓度与修复目标值的差异”与“估计标准差”的比值，用 τ 表示。差异越大、估计标准差越小，则差变系数越大，所需样本量越小。

计算方法如下：

$$\tau=\frac{(C_s-\mu_1)}{\sigma}$$

式中：C_s——修复目标值；

μ_1——估计的总体均值，通常用已有样品的均值来估算；

σ——估计标准差，根据前期资料和先验知识估计或计算，具体如下：①从修复中试试验或其他先验数据中选择简单随机样本，样本量不少于 20 个，确定 20 个样本的浓度；若不是简单随机样本，则样本点应覆盖整个区域、能够代表采样区；若样本量少于 20 个，应补充样本量或采用其他的统计分析方法进行计算；②计算 20 个样本的标准差，作为估计标准差。

附　录　C

（资料性附录）

t 检验方法与案例

C.1　t 检验

t 检验是判定给定的常数是否与变量均值之间存在显著差异的最常用的方法。

假设一组样本，样本数为 n，样本均值为$\overline{x}$，样本标准差为 S，利用 t 检验判定某一给定值 μ_0 是否与样本均值$\overline{x}$存在显著差异，步骤为：

a）确定显著水平 α，常用 $\alpha=0.05$，$\alpha=0.01$；

b）计算检验统计量 $t=\dfrac{\overline{x}-\mu_0}{S/\sqrt{n}}$；

c）根据自由度 $df=n-1$ 和 α 查 t 分布临界值表，确定临界值 $C=t_{\frac{\alpha}{2}}(n-1)$，例如 $n=8$，$\alpha=0.05$，则 $t=2.365$；

d）统计推断：若 $|t|>C$，即 $\mu_0>\overline{x}+C\cdot S/\sqrt{n}$ 或 $\mu_0>\overline{x}-C\cdot S/\sqrt{n}$，则与均值存在显著差异，且前者为显著大于均值，后者为显著小于均值；若 $|t|\leqslant C$，即 $\overline{x}-C\cdot S/\sqrt{n}\leqslant\mu\leqslant\overline{x}+C\cdot S/\sqrt{n}$，则与均值不存在显著差异。下文中将 $C\cdot S/\sqrt{n}$ 简记为 u。

C.2 案例

假设一组样本数据且平行样数量满足要求，将样本中平行样检测数据列表如表 C.1 所示。

表 C.1 样本检测值

样本	浓度（mg/kg）		
	砷	铜	铅
A_1	71	215	183
A_2	72	206	182
平均值	71.5	210.5	182.5
B_1	52	180	181
B_2	59	174	204
平均值	55.50	177.00	192.50
C_1	17	43	70.1
C_2	20	49	73.6
平均值	18.50	46.00	71.85
D_1	42	127	84.2
D_2	48	137	96.1
平均值	45.00	132.00	90.15

计算各平行样样本值占均值的百分比以反映测量分析的精度，如表 C.2 所示。

表 C.2 样本精度数据

样本	占均值的比例（%）		
	砷	铜	铅
A_1	99.30	102.14	100.27
A_2	100.70	97.86	99.73
B_1	93.69	101.69	94.03
B_2	106.31	98.31	105.97
C_1	91.89	93.48	97.56
C_2	108.11	106.52	102.44
D_1	93.33	96.21	93.40
D_2	106.67	103.79	106.60
均值（%）	100	100	100
S（%）	6.6	4.3	4.9
C（α=0.05）	2.365	2.365	2.365
u（%）	5.5	3.6	4.1

（续）

样本	占均值的比例（%）		
	砷	铜	铅
修复目标值（mg/kg）	30	370	300
显著小于修复目标值（mg/kg）	＜28.4	＜356.7	＜287
与修复目标值不存在显著差异（mg/kg）	[28.4，31.6]	[356.7，383.8]	[287，312]
显著大于修复目标值（mg/kg）	＞31.6	＞383.8	＞312

注：28.4＝30×（100%－5.5%）；31.6＝30×（100%＋5.5%）。

以砷为例进行说明：

a）若某点检测值小于28.4，则认为该点检测值显著低于修复目标值，达到修复标准；

b）若某点检测值位于28.4和31.6之间，则认为该点检测值与修复目标无显著差异，达到修复标准；

c）若某点检测值大于31.6，则认为该点检测值显著大于修复目标值，未达到修复标准。

附　录　D
（资料性附录）
效果评估报告提纲

D.1　项目背景

简要描述污染地块基本信息，调查评估及修复的时间节点与概况、相关批复情况等。简明列出以下信息：项目名称、项目地址、业主单位、调查评估单位、修复单位、监理单位、修复效果评估单位。

D.2　工作依据

D.2.1　法律法规

D.2.2　标准规范

D.2.3　项目文件

D.3　地块概况

D.3.1　地块调查评价结论

D.3.2　风险管控或修复方案

D.3.3　风险管控或修复实施情况

D.3.4　环境保护措施落实情况

D.4　地块概念模型

D.4.1　资料回顾

D.4.2　现场踏勘

D.4.3　人员访谈

D.4.4　地块概念模型

D.5　效果评估布点方案

D.5.1　土壤修复效果评估布点

D.5.1.1　评估范围

D.5.1.2　采样节点

D.5.1.3　布点数量与位置

D.5.1.4　检测指标

D.5.1.5　评估标准值

D.5.2　风险管控效果评估布点

D.5.2.1　检测指标和标准

D.5.2.2　采样周期和频次

D.5.2.3　布点数量与位置

D.6　现场采样与实验室检测

D.6.1　样品采集

D.6.1.1　现场采样

D.6.1.2　样品保存与流转

D.6.1.3　现场质量控制

D.6.2　实验室检测

D.6.2.1　检测方法

D.6.2.2　实验室质量控制

D.7　效果评估

D.7.1　检测结果分析

D.7.2　效果评估

D.8　结论与建议

D.8.1　效果评估结论

D.8.2　后期环境监管建议

附件

a）地块规划图；

b）修复范围图；

c）水文地质剖面图；

d）钻孔结构图；

e）岩心箱照片；

f）采样记录单；

g）建井结构图；

h）洗井记录单；

i）地下水采样记录单；

j）实验室检测报告。

附录14　农用地土壤重金属污染风险等级评价导则

1　适用范围

本指引适用于农用地土壤重金属安全评估、等级划分、区域安全性划定和安全管理等工作。

2　农田土壤和农产品协同安全等级划分

2.1　划分依据

综合考虑现有的技术标准，如《全国农产品产地土壤重金属安全评估技术规定》《土壤环境质量 农用地土壤污染风险管控标准（试行）》（GB 15618—2018）、《土壤重金属风险评价筛选值 珠江三角洲》（DB44/T 1415—2014）、《食品安全国家标准 食品污染物限量》（GB 2762—2017）、广东省农产品种类和土壤理化性质等因素，以保障农产品产地安全和粮食安全为目的，推进广东省农用地重金属污染防治与调控，推行农田土地重金属安全评估，评估参比值参照表1执行，农产品中重金属限量参照表2。

表1　农用地土壤重金属安全评估参比值

（《土壤重金属风险评价筛选值 珠江三角洲》，DB44/T 1415—2014）

单位：mg/kg

项目	农产品产地土壤	土壤pH			
		＜5.5	5.5～6.5	6.5～7.5	＞7.5
镉	水稻产地土壤	0.25	0.35	0.55	1
	蔬菜产地土壤	0.25	0.35	0.45	0.6
	其他农产品产地土壤	0.25	0.35	0.5	0.8
汞	水稻产地土壤	0.25	0.35	0.55	0.85
	蔬菜产地土壤	0.25	0.35	0.45	0.65
	其他农产品产地土壤	0.3	0.4	0.75	1
砷	水稻产地土壤	55	45	40	35
	蔬菜产地土壤	55	45	40	35
	其他农产品产地土壤	60	50	45	40
铅	水稻产地土壤	80	80	90	100
	蔬菜产地土壤	80	80	90	100
	其他农产品产地土壤	80	80	90	100
铬	水稻产地土壤	220	235	270	360
	蔬菜产地土壤	120	135	170	260
	其他农产品产地土壤	120	135	170	260

表 2　农产品中重金属限量标准值

项目	农产品种类	标准限量值（mg/kg）
镉	水稻、蔬菜（叶菜类）、大豆	0.2
	小麦、玉米、蔬菜（豆类、根茎类）	0.1
	蔬菜（茄果类）、水果	0.05
汞	水稻、小麦、玉米	0.02
	蔬菜	0.01
砷	小麦、玉米、蔬菜	0.5
	水稻	0.2
铅	茶叶	5.0
	蔬菜（叶菜类）	0.3
	水稻、小麦、玉米、蔬菜（豆类、根茎类）、大豆	0.2
	蔬菜（茄果类）、水果	0.1
铬	水稻、小麦、玉米、大豆	1.0
	蔬菜	0.5

2.2　评估对象及指标

评估对象为广东省农田土壤采样点土壤农产品重金属协同污染状况。选取农田土壤及对应点位农产品中镉、汞、砷、铅、铬 5 种元素含量为评估指标。

2.3　评估方法

评估方法采用土壤单因子指数和农产品单因子指数相结合的方法。

（1）土壤单因子指数计算公式如下：

$$P_i = \frac{C_i}{C_{oi}}$$

式中：P_i——土壤重金属 i 的单因子指数；

C_i——土壤重金属 i 的实测浓度；

C_{oi}——土壤重金属 i 的污染风险评估参比值。

（2）农产品单因子指数计算公式如下：

$$E_i = \frac{A_i}{S_i}$$

式中：E_i——农产品中重金属 i 的单因子指数；

A_i——农产品中重金属 i 的实测浓度；

S_i——农产品中重金属 i 的限量标准值。

2.4　风险等级划分

2.4.1　划分方法

在农田土壤与农产品协同监测区域，采用单因子指数结合法，即结合点位单项指数的最大值$P_{i\max}$与农产品单因子指数E_i进行划分。土壤和农产品数据应采用调查实测数据。

2.4.2 划分等级

对于农田土壤农产品协同监测区域，采用单因子指数结合法进行等级划分，其等级划分依据表 3。采用单因子指数结合法的分级结果应当与相应区域最大单项指数法的分级结果做对比分析，并说明其差异原因。

表 3 依据农田土壤和农产品重金属协同的安全划分等级

安全等级		划分依据		协同安全水平	划分依据说明
一级	二级	土壤指数	农产品指数		
1	1.1	$P_{i\max}\leqslant 1$	$E_i\leqslant 1$	无风险	土壤重金属含量未超过参比值，农产品达标，表明土壤环境对农产品安全未构成危害
2	2.1	$P_{i\max}\leqslant 2$	$1<E_i\leqslant 2$	低风险	土壤重金属含量为参比值的 2 倍以内，农产品重金属含量为限量标准的 1～2 倍，表明土壤环境对农产品安全未构成危害
3	3.1	$P_{i\max}\leqslant 2$	$E_i>2$	中度风险	土壤重金属含量为参比值的 2 倍以内，且农产品重金属含量为限量标准的 2 倍以上，表明生产环境对农产品安全已构成较大的安全威胁
	3.2	$2<P_{i\max}\leqslant 3$	$1<E_i\leqslant 2$		土壤重金属含量为参比值的 2～3 倍，农产品重金属含量为限量标准的 1～2 倍，表明农产品安全已经受到极大的安全威胁
4	4.1	$2<P_{i\max}\leqslant 3$	$E_i>2$	高风险	土壤重金属含量为参比值的 2～3 倍，农产品重金属含量为限量标准的 2 倍以上，表明农产品安全已经受到极大的安全威胁
	4.2	$P_{i\max}>3$	$E_i>1$		土壤重金属含量为参比值的 3 倍以上，农产品重金属含量为限量标准的 1 倍以上，表明农产品安全已经受到极大的安全威胁
5	5.1	$P_{i\max}>1$	$E_i\leqslant 1$	潜在风险	土壤重金属含量为参比值的 1 倍以上，但农产品达标，提示产地环境具有一定的潜在安全风险

3 区域农田土壤和农产品协同安全性划分

3.1 划分依据

以实测重金属含量为基础，综合考虑土壤理化性质、作物种植、土地利用方式以及其他自然社会经济情况与土壤重金属含量之间的关系等因素，划定土壤和农作物协同安全性等级。土壤安全性等级划定按表 1 和表 3 执行。

3.2 划分方法

借助普通克里格、反距离权重、径向基函数等空间插值方法及相关技术手段划分区域内农用地块（或者图斑）的土壤安全风险、土壤和农产品协同安全风险等级，以客观反映区域土壤和农作物重金属含量特征。以土地利用现状图为基础，划分精度精确到地块尺度。

3.3 划分程序

3.3.1 土壤 pH 和重金属含量插值

分别检验土壤 pH 和重金属含量值得数据分布形态，符合正态分布的直接插值；不符合正态分布的可经暂行放弃离群值、做数据变换等处理后再插值。

3.3.2 指数计算

依据土壤 pH 和农产品种类计算土壤重金属单因子指数，并计算出相应的农产品单因子指数。

3.3.3 安全等级划分

根据土壤重金属单因子指数分布图和农产品重金属单因子指数分布图叠加，按照表 3 中安全等级划分依据，得到农田土壤和农产品重金属协同的安全等级分布图。

3.4 安全等级特征及管理策略

从保障农产品安全的角度，根据土壤重金属的含量、参考不同种类农作物对重金属的敏感性，将土壤安全性以及土壤和农产品协同安全性等级划分为无风险、低风险、中度风险、高风险等四级，各级安全性主要特征及推荐管理策略参考表 4。

表 4 农田土壤和农作物各安全等级主要特征及推荐管理措施

安全等级		协同安全水平	主要特征	管理措施
一级	二级			
1	1.1	无风险	土壤重金属含量低，土壤及其周边环境污染对农产品质量基本没影响，农产品安全无风险	实施重点保护，防止新增污染，维持安全状态
2	2.1	低风险	土壤重金属含量低，农产品重金属含量超标，调整农产品种植结构可以确保农产品安全	周边环境可能存在污染源，应该调查周边污染输入；调整作物种植结构，优化农艺生产措施及生产管理
3	3.1	中度风险	土壤重金属含量有一定积累，土壤及周边环境对农产品安全构成明显威胁，并导致农产品重金属含量超标，通过调整种植结构、优化农艺生产措施可确保农产品安全。	控制污染输入，监视污染动态，种植低重金属富集作物、优化生产管理措施。
	3.2		土壤重金属含量较高，农产品重金属含量超标，需要选择合适的低富集作物或采用修复方法对土壤进行修复	开展土壤重金属风险评估，实施风险控制，积极修复土壤，严格控制作物种植，定期严格检测农产品重金属含量
4	4.1	高风险	土壤重金属含量低，农产品重金属含量严重超标，表明产地周边环境污染较严重。	开展种植地周围重金属污染源综合调查，对周边环境进行污染综合整治，严格控制污染输入，同时调整种植结构。
	4.2		土壤重金属含量有一定积累，土壤及周边环境对农产品质量构成明显威胁，农产品重金属含量严重超标，需要对周边环境进行综合整治。	开展种植地周围污染源调查，对土壤和周边环境进行污染综合整治，严格控制污染输入，调整种植结构。

（续）

安全等级 一级	安全等级 二级	协同安全水平	主要特征	管理措施
4	4.3	高风险	土壤重金属含量较高，农产品重金属含量严重超标，土壤和周边环境严重影响农产品质量，需要进行综合整治。	开展种植地周围污染源调查，确认周围环境污染情况，对土壤和周围环境进行综合整治，调整种植结构。
	4.4		土壤重金属含量严重超标，农产品重金属含量超标，土壤是主要的农产品质量安全影响因素，需要进行综合整治。	对土壤进行综合整治，严格控制周围环境的污染输入，调整种植结构。
	4.5		土壤重金属含量严重超标，农产品重金属含量严重超标，需要进行综合整治	开展种植地周边污染调查，对土壤进行综合整治，控制新增污染物输入，调整种植结构
5	5.1	潜在风险	土壤重金属含量有一定积累，农产品重金属含量符合安全标准，优化农艺生产措施可确保农产品质量安全。	对土壤重金属背景值进行调查，若土壤重金属背景值低，则需要优化农艺措施，控制污染输入，监视污染动态；若土壤重金属背景值高，不用进行综合治理，但需要加强农产品安全检测。
	5.2		土壤重金属含量含量较高，但农产品达标，土壤及周边环境对农产品安全的潜在风险很大。	对土壤重金属背景值进行调查，若背景值低则需进行综合整治，开展土壤重金属风险评估，实施风险控制，积极修复土壤，定期严格检测农产品重金属含量；若背景值高，不用进行综合治理，但应严格控制作物类型，选择低富集作物，同时加强农产品的检测。
	5.3		土壤重金属含量严重超标，但农产品达标，周边环境污染少，土壤环境具有极高的潜在安全风险，需要对土地进行综合整治	对土壤重金属背景值进行调查，若背景值低则需进行综合整治，应当对周边环境污染源进行调查，并严格控制新增污染输入，定期检测农产品重金属含量；若背景值较高，则不用进行综合治理，但应严格控制作物类型，选择低富集作物，加强农产品安全检测

注：在土壤pH较低的风险区，可采取适当措施提高土壤pH，如施用一定量的石灰、碳酸钙、草炭、粉煤灰等碱性物质并配施一定的钙镁磷肥、硅肥。

4　受污染农用地安全利用技术指导

坚持预防为主、保护先行，分类管理、突出重点区域，综合防治，严控新增污染，逐步减少存量污染。根据区域生态环境特点和污染程度，分别采取相应的管理措施，确保到2020年受污染土地安全利用率达到90%以上。

4.1　划定农用地土壤环境质量保护类别

依据协同安全利用级别将农用地划为优先保护类、安全利用类、严格管控类、有限利用类四类土壤环境质量保护类别。

4.1.1　优先保护类

将无风险和低风险农用地划为优先保护类。土壤重金属背景值高的潜在风险农用地也划为优先保护类。低风险农用地周边环境可能存在污染源，应该调查周边污染输入；调整作物种植结构，优化农艺生产措施及生产管理。严格限制在优先保护农用地及周边新建排污企业，控制污染输入。

4.1.2 安全利用类

将中度风险农用地划为安全利用类。重点关注水田和菜地，控制污染输入，监测土壤重金属污染动态，种植低重金属富集作物、优化生产管理措施。开展土壤重金属风险评估，实施风险控制，积极修复土壤，严格控制作物种植，定期严格检测农产品重金属含量。

4.1.3 严格管控类

将高风险农用地划为严格控制类。开展食用农产品质量定点监测，经过综合整治（包括土壤和周围环境整治，以及调整种植作物等）仍然无法满足农产品安全条件的，应将该区域划定为食用农产品禁止生产区，给予农户适当生态补偿。严格管控区以耕地和菜地为重点。

4.1.4 有限利用类

将潜在风险农用地划为有限利用类。对于土壤重金属背景值较高的农用地，可以不用进行综合整治，农作物应为低富集品种；农用地背景值较低，应当进行重点综合防治，农作物应为严格控制在低富集品种。

4.2 综合整治技术

重金属污染土地综合整治应将农艺、植物修复、工程修复、化学修复措施在田间进行综合应用。对于轻度污染土壤，应采取控制土壤水分、改变耕作制度、调整部分作物种类、合理施肥、灌溉等农艺措施和施用土壤改良剂等物理、化学措施修复重金属轻度污染的土壤；对于中度污染土壤，采用适宜的治污模式和技术，以改种经济作物（如苎麻、薯类）、生物质能源作物为主；对于重度污染土壤，采用重金属钝化和植物修复相结合的技术或改为果树、林地以及绿化用地；对于污染无法修复地区，应当调整种植结构，若仍无法满足农产品食用安全，则应当考虑退耕还林还草。

4.3 农艺调控措施

4.3.1 种植结构调整

在确保粮食安全的前提下，调整种植结构，选种低富集作物品种。例如，种植叶菜农产品重金属超标可改种水稻，水稻超标可改种瓜菜，瓜菜超标可改种果树，果树超标可改种低富集苗木（杨柳科除外）。

4.3.2 灌溉管理

农田灌溉用水应符合国家灌溉用水标准，科学灌溉，如水稻田可保持适当水层；重金属污染土壤可适当增加灌溉，稻田可增大地表径流，降低土壤重金属含量。

4.3.3 施肥管理

推广施用测土配方肥，鼓励农民增加有机肥施用量，畜禽粪肥经过无害化处理再施用，减少化肥特别是磷肥的施用量。

4.3.4 耕作管理

为减少新增污染输入，优先保护类耕地应减少化肥施用，推行秸秆还田、增施有机肥、少耕免耕、粮豆轮作等耕作方式。

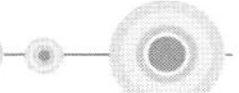

对于安全利用类和严格管控类农用地，除应增施有机肥和减少化肥投入外，还应因地制宜选择作物类型和轮作方式，如前茬种植高粱、棉花、亚麻或花卉等作物或超富集作物，可以降低土壤重金属污染。另外，轮作或间作高富集植物、深耕和减少秸秆还田都可以降低土壤重金属含量，治理耕地重金属污染。

4.4　工程物理措施

4.4.1　土地整理

深耕翻土与污土混合，降低土壤中重金属的含量，必要时可采取客土、换土等方法。

4.4.2　使用螯合剂

根据植物不同性质和重金属污染因子，研制不同组分、不同浓度的螯合剂，分片使用，通过植物生长观察、植物和土壤中重金属浓度变化情况，筛选吸附能力强、成本低的螯合剂并确定其用量。

4.5　植物修复措施

选用对重金属吸附能力强、生物量大且已在国内外开展试点修复工作的植物，初步筛选蜈蚣草、印度芥菜、黑麦草、向日葵等富集性能好的绿色植物，根据区域的土壤重金属安全等级，采用间作方式分片区开展种植，不同区域选择不同的螯合剂可增加植物的富集能力。

4.6　化学修复措施

针对稻田土壤，可以施用的添加改良剂主要有：1）碱性物质（酸性土壤），如石灰、碳酸钙、草炭、粉煤灰等碱性物质并配施一定的钙镁磷肥、硅肥，提高稻田 pH，促使土壤中重金属元素形成氢氧化物或碳酸盐结合态盐类沉淀，降低镉在稻米中的积累；2）施用离子拮抗物质，如镉污染土壤中加入适量锌，减少镉富集；3）添加沉淀物质，如施用正磷酸化合物提高稻田磷含量，可以使镉形成沉淀；4）添加吸附物质，如施用褐煤、海泡石、高岭土、石膏、沸石、膨润土等可吸附固定重金属，减少植物吸收。

附录 15 国家重点研发计划项目综合绩效评价工作规范（试行）

国家重点研发计划项目实施期满后，项目管理专业机构（以下简称专业机构）应立即启动综合绩效评价工作。项目因故不能按期完成须申请延期的，项目牵头单位应于项目执行期结束前 6 个月提出延期申请，经专业机构提出意见报科技部审核后，由专业机构批复。项目延期原则上只能申请 1 次，延期时间原则上不超过 1 年。

综合绩效评价重点包括项目（课题）任务完成情况和经费管理使用情况等方面。有关工作分为课题绩效评价和项目综合绩效评价两个阶段，在完成课题绩效评价的基础上开展项目综合绩效评价。

一、总体要求

1. 课题承担单位和参与单位，对本单位科研成果管理负主体责任，要组织对本单位科研人员的成果进行真实性审查，并按照分类分级管理的原则，对科研档案的完整性、准确性、系统性进行审查；项目牵头单位和项目负责人、课题承担单位和课题负责人，要对本项目或课题的相关成果进行审核把关，检查科技报告完成情况和科技成果填报情况，不得把项目承担单位之外的成果，或项目任务之外成果纳入综合绩效评价材料。

2. 综合绩效评价工作中，任务完成方面主要考核项目目标和考核指标的完成情况、成果效益、人才培养和组织管理等；经费管理使用方面主要考核承担单位项目资金拨付及到位、预算执行、科研经费管理制度执行情况和经费开支合规性等。项目牵头单位负责组织课题绩效评价并对绩效评价结论负责；专业机构负责组织项目综合绩效评价。

3. 突出代表性成果和项目实施效果评价，不将“人才项目”“头衔”“帽子”“论文数量”“获得奖励”等作为评价指标。基础研究与应用基础研究类项目重点评价新发现、新原理、新方法、新规律的重大原创性和科学价值、解决经济社会发展和国家安全重大需求中关键科学问题的效能、支撑技术和产品开发的效果、代表性论文等科研成果的质量和水平，以国际国内同行评议为主。技术和产品开发类项目重点评价新技术、新方法、新产品、关键部件等的创新性、成熟度、稳定性、可靠性，突出成果转化应用情况及其在解决经济社会发展关键问题、支撑引领行业产业发展中发挥的作用。应用示范类项目绩效评价以规模化应用、行业内推广为导向，重点评价集成性、先进性、经济适用性、辐射带动作用及产生的经济社会效益，更多采取应用推广相关方评价和市场评价方式。

对于关键核心技术攻关重大项目，进一步发挥需求方、用户、产业界等的重要作用，需求方、用户、产业界代表应直接参与综合绩效评价工作，充分发表意见，并将需求方和用户对项目完成情况的评价意见，以及对项目成果的推广应用意见，作为评价的核心指标。

4. 专业机构应提前部署综合绩效评价工作，通知项目牵头单位做好准备，同时制定

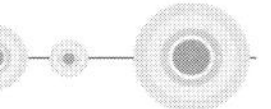

重点专项项目年度综合绩效评价工作方案，并报科技部备案。

二、课题绩效评价

项目下设各课题实施期满后，项目牵头单位组织对课题任务完成情况进行绩效评价，课题承担单位和负责人应认真编制课题绩效自评价报告（格式见附 1）；同时，课题承担单位从国家科技管理信息系统选取具备国家科技计划（专项、基金等）资金审计资格的会计师事务所开展课题结题审计。课题承担单位应与会计师事务所签订审计协议，审计费用可从课题资金列支，应在双方协商、公允透明、经济合理的原则下确定。

（一）课题绩效评价

1. 项目牵头单位组建课题绩效评价专家组。专家组实行回避制度和诚信承诺，人数一般不少于 7 人，其中可包括重点专项专家委员会专家和专业机构聘请的项目责任专家。

2. 专家组在审阅资料、听取汇报、实地考察等基础上，根据科研项目绩效分类评价的要求，按照任务书约定，对课题目标和考核指标完成情况、研究成果的水平及创新性、成果示范推广及应用前景、课题对项目总体目标的贡献、人才培养和组织管理等情况进行评价（专家个人意见表格式见附 2，专家组意见表格式见附 3）。评价时，既要总结成绩，又要分析存在的主要问题，并严格审核课题成果的真实性。课题绩效评价结论分为通过、未通过和结题三类。

（1）按期保质完成课题任务书确定的目标和任务，为通过。

（2）因非不可抗拒因素未完成课题任务书确定的主要目标和任务，为未通过。

（3）因不可抗拒因素未完成课题任务书确定的主要目标和任务的，按结题处理。

（4）未按期提交材料的，提供的文件、资料、数据存在弄虚作假的，未按相关要求报批重大调整事项的，课题承担单位、参与单位或个人存在严重失信行为并造成重大影响的，拒不配合绩效评价工作的，均按未通过处理。

对于项目下不设课题或仅设置一个课题的情况，可不组织课题绩效评价。

（二）课题结题审计

1. 课题结题审计主要是对课题资金的管理使用情况进行审计。会计师事务所应严格按照《中央财政科技计划项目（课题）结题审计指引》要求，如实、准确、全面的开展结题审计，并向课题承担单位出具审计报告。项目的汇总审计报告由审计项目牵头单位的会计师事务所出具。课题承担单位如能提供本课题经有关政府、纪检等审计后出具的报告，应当对相关结论予以采信。

2. 结题审计后，课题承担单位应将审计报告和相关补充说明材料等统一交至项目牵头单位。对于项目下不设课题或仅设置一个课题的情况，直接出具项目审计报告。

完成上述工作后，项目牵头单位在国家科技管理信息系统中填报并提交项目综合绩效自评价报告（格式见附 4）。

三、项目综合绩效评价

项目牵头单位和项目负责人应在项目执行期结束后 3 个月内完成项目综合绩效评价材料准备工作，并通过国家科技管理信息系统向专业机构提交如下材料。

（1）项目综合绩效自评价报告。

（2）项目所有下设课题相关绩效评价材料及绩效评价意见。

（3）项目实施过程中形成的知识产权和技术标准情况，包括专利、商标、著作权等知识产权的取得、使用、管理、保护等情况，国际标准、国家标准、行业标准等研制完成情况。

（4）与项目任务相关的第三方检测报告或用户使用报告。

（5）成果管理和保密情况，说明研究过程中公开发表论文和宣传报道、对外合作交流、接受外方资助等情况；保密项目和拟对成果定密的非保密项目还需说明成果定密的密级和保密期限建议、研究过程中保密规定执行情况等。

（6）任务书中约定应呈交的科技报告。

（7）科技资源汇交方案，根据《国务院办公厅关于印发科学数据管理办法的通知》的要求和指南规定需要汇交的数据，应提交由有关方面认可的科学数据中心出具的汇交凭证；对于项目实施过程中形成的科技文献、科学数据、具有宣传与保存价值的影视资料、照片图表、购置使用的大型科学仪器、设备、实验生物等各类科技资源，应提出明确的处置、归属、保存、开放共享等方案。

（8）审计报告和相关补充说明材料等（审计报告由会计师事务所上传）。

专业机构应在收到项目综合绩效评价材料后 6 个月内完成项目综合绩效评价。

（一）评前审查

收到综合绩效评价材料后，专业机构应组织开展评前审查。审查工作可委托第三方评估机构（以下简称评估机构）开展。评估机构应具备国家科技计划项目（课题）资金审核工作经验，熟悉国家科技计划和资金管理政策，建立了相关领域的科技专家队伍，拥有专业的人才队伍等。

审查内容包括：

（1）资料的完整性、合规性。

（2）审计报告反映的问题是否准确、客观、全面，并填写审计报告质量评价表。

（3）对资金管理存在的问题进行组织整改，要求项目牵头单位组织各课题承担单位于 15 个工作日内提交整改材料，如未按时提交整改材料，且无正当理由的，按相关支出不合理认定。

（4）对整改后各课题专项资金的收支及结余情况进行调整并出具审查意见。

审查工作应在收到综合绩效评价资料后 25 个工作日内完成。

（二）专家评议

1. 专业机构应按照科研项目绩效分类评价要求，根据不同项目类型，组织项目综合绩效评价专家组，采用同行评议、第三方评估和测试、用户评价等方式开展综合绩效评价工作，如有需要可现场核查。对于具有创新链上下游关系或关联性较强的相关项目，应有整体设计，强化对一体化实施绩效的考核。

为便于有关部门及时掌握专项实施成效、推动后续成果的转化应用，项目综合绩效评价时一般应邀请科技部计划管理司局、业务司局等相关司局和有关部门、地方参加。

2. 项目综合绩效评价专家组实行回避制度和诚信承诺。专家组包含技术专家和财务

专家等，组长由技术专家担任，副组长由财务专家担任，总人数一般不少于 10 人（财务专家不少于 3 人），原则上从国家科技专家库中选取。其中：技术专家应包括重点专项专家委员会专家和专业机构聘请的项目责任专家，其构成应体现科研项目绩效分类评价要求，并充分听取专项参与部门意见；财务专家可特邀不超过 3 人。

3. 开展项目综合绩效评价时，专家组在审阅资料、听取汇报和质询等基础上，结合项目年度、中期执行情况等信息，进行审核评议。

——在项目任务方面，根据科研项目绩效分类评价的要求，重点对项目目标和考核指标完成情况、研究成果的水平及创新性、成果示范推广及应用前景、项目组织管理和内部协作配合、人才培养等情况进行评价。

——在资金方面，重点对资金到位与拨付情况、会计核算与资金使用情况、预算执行与调整等情况进行评议，在此基础上确定课题专项资金结余，并由财务专家填写专家个人、专家组课题资金评议打分表（格式见附 5、附 6）。

4. 技术专家填写项目综合绩效评价专家个人意见表（格式见附 7），专家组出具项目综合绩效评价专家组意见表（格式见附 8）。项目综合绩效评价结论分为通过、未通过和结题三类。对于通过综合绩效评价的项目，绩效等级分为优秀、合格两档。

（1）按期保质完成项目任务书确定的目标和任务，为通过。

（2）因非不可抗拒因素未完成项目任务书确定的主要目标和任务，为未通过。

（3）因不可抗拒因素未完成项目任务书确定的主要目标和任务的，按结题处理。

（4）未按任务书约定提交科技报告或未按期提交材料的，提供的文件、资料、数据存在弄虚作假的，未按相关要求报批重大调整事项的，项目牵头单位、课题承担单位、参与单位或个人存在严重失信行为并造成重大影响的，拒不配合综合绩效评价工作或逾期不开展课题绩效评价的，均按未通过处理。

对于通过综合绩效评价的项目，平均得分 90 分及以下的，绩效等级为合格；由专业机构根据综合绩效评价情况，在平均得分 90 分以上的项目中，确定绩效等级为优秀的项目，且每个重点专项中，绩效等级为优秀的项目比例不超过 15%。

四、综合绩效评价结论下达及其他事宜

1. 专业机构根据项目综合绩效评价情况，形成项目综合绩效评价结论。综合绩效评价工作结束后 3 个月内，专业机构应将项目综合绩效评价结论（附 9）通知项目牵头单位，抄报科技部和项目牵头单位的主管部门。

2. 存在下列情况之一的，课题结余资金由专业机构收回：

（1）课题绩效评价结论为结题或未通过的。

（2）课题资金评议得分为 80 分及以下的。

（3）课题承担单位信用评价差的。

（4）项目综合绩效评价结论为结题或未通过的，项目下所有课题结余由专业机构收回。

3. 对于需上交的课题专项资金结余，项目牵头单位应及时收缴课题承担单位的结余，并汇总后上交专业机构。结余资金上交应在项目牵头单位收到综合绩效评价结论后 1 个月

内完成。

4. 留用的结余由课题承担单位和参与单位在2年内（自综合绩效评价结论下达后次年的1月1日起计算）统筹用于本单位科研活动的直接支出。2年后结余未使用完的，应及时上交专业机构，统筹用于重点专项后续支出。

5. 专业机构应督促项目牵头单位在收到项目综合绩效评价结论后1个月内，将项目综合绩效评价材料和相关技术文件归档管理。涉及科技报告、数据汇交、技术标准、成果管理、档案管理等事宜，按照有关管理规定执行。

6. 项目综合绩效评价结论及成果除有保密要求外，应及时向社会公示。

7. 保密项目和拟对成果定密的非保密项目的综合绩效评价，参照此办法并严格按照《中华人民共和国保守国家秘密法》《科学技术保密规定》等相关规定组织实施。保密课题结题审计由专业机构组织以财务检查形式开展。

五、责任与监督

1. 科技部相关司局根据职能分工采取随机抽查等方式对综合绩效评价工作进行督促检查。项目牵头单位和专业机构负责对受其管理或委托的项目相关责任主体的严重失信行为进行记录，并报送科技部进行管理和结果应用。

2. 项目综合绩效评价或课题绩效评价不通过的，或项目牵头单位、课题承担单位和参与单位或个人涉及科研诚信问题的，依照相关规定和程序记入信用记录；课题承担单位和参与单位在科研资金使用中有重大违规行为，或整改不到位，或未及时足额上交结余资金的，视情节轻重，给予通报批评、停拨单位在研课题中央财政资金、取消单位或有关人员课题申报资格等处理，并记入信用记录；涉嫌犯罪的，移送司法机关处理。

3. 科技部对审计报告和第三方评估测试或评价报告进行抽查监督评估，相关结果将作为对相关责任主体进行信用记录的重要依据。

建立对会计师事务所的责任追究制度。会计师事务所无正当理由不按时提交审计报告、或出具的结题审计报告未能按要求如实反映被审课题资金管理和使用情况，或出现协助承担单位弄虚作假、重大稽核失误以及其他虚假陈述或未勤勉尽责行为的，相关部门给予通报批评或取消审计资格等处理，同时按照《中华人民共和国注册会计师法》及国家有关法律法规追究相应责任；涉嫌犯罪的，移送司法机关处理。

4. 专业机构是实施项目综合绩效评价的主体，对综合绩效评价结果负责。在综合绩效评价各环节出现审核疏漏、违反规则，以及滥用职权、玩忽职守、徇私舞弊等违法违纪行为的，一经查实，按照《中华人民共和国监察法》《事业单位工作人员处分暂行规定》《财政违法行为处罚处分条例》等国家有关法律法规追究相应责任；涉嫌犯罪的，移送司法机关处理。

5. 评估机构应当遵守国家法律法规，规范审查业务流程。评估机构存在重大问题的，可视情节采取记录机构不良信用、批评、通报、相关审查结果无效，或取消该单位审查资格等处理措施，并依法追究相关工作人员的责任。

6. 参与综合绩效评价工作的专家应恪尽职业操守，按照独立、客观、公正的原则进行审核评议。建立对专家的责任追究制度，存在明显不合理、不正当、不作为等倾向，或

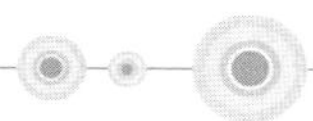

谋取不正当利益等行为的，其出具的相关意见无效，记入专家个人信用记录，情节严重的给予通报批评、取消专家资格等处理；涉嫌犯罪的，移送司法机关处理。

7. 对专业机构以及相关人员、项目承担单位及相关人员、会计师事务所及从业人员、有关专家等的处理结果，以适当方式向社会公布。

附：1. 国家重点研发计划课题绩效自评价报告（参考格式）
2. 国家重点研发计划课题绩效评价专家个人意见表（参考格式）
3. 国家重点研发计划课题绩效评价专家组意见表（参考格式）
4. 国家重点研发计划项目综合绩效自评价报告（参考格式）
5. 专家课题资金评议打分表（参考格式）
6. 专家组课题资金评议打分表（参考格式）
7. 国家重点研发计划项目综合绩效评价专家个人意见表（参考格式）
8. 国家重点研发计划项目综合绩效评价专家组意见表（参考格式）
9. 关于下达国家重点研发计划××项目综合绩效评价结论的通知（参考格式）

附 1

课题编号： **密级：**

国家重点研发计划
课题绩效自评价报告
（参考格式）

课题名称：____________________
所属项目：____________________
所属专项：____________________
课题负责人：（签字）________________
课题承担单位：（盖章）______________
执行期限：　　　　年　　月至　　　　年　　月

中华人民共和国科学技术部
20　年　　月　　日

编 报 要 求

一、内容说明

课题绩效自评价报告应围绕课题任务书的内容报告总体执行情况，具体包括课题目标和考核指标完成情况、重要成果、成果应用示范推广及产业化情况、一体化组织实施及管理运行情况、人才培养、资金使用情况等。

二、格式要求

文字简练；报告的密级一般与课题任务书密级相同；报告文本统一用A4幅面纸，报告文本第一次出现外文名称时要写清全称和缩写，再出现时可以使用缩写。

三、编制程序及时间要求

各课题执行期结束后，课题承担单位应组织课题参与单位编制绩效自评价报告，经课题承担单位和课题负责人审核签字（盖章）后，提交项目牵头单位。

涉密课题绩效自评价报告按照有关保密规定进行填写、打印及报送。

编 写 大 纲

一、总体进展情况

1. 课题总体进展情况

对照课题目标和各项考核指标，阐明课题总体进展情况。

2. 课题重要调整情况

对课题主要研究内容和考核指标调整、课题承担/参与单位变更、课题负责人变更、项目骨干、课题执行期变更等调整情况进行说明（如无调整此项不用填写）。

二、取得的重要成果及效益

1. 取得的重要进展及成果

简要介绍课题研究工作的重要进展、重要成果及应用前景。

2. 经济社会效益

重点阐明课题研究对学科/行业产生的重要影响，对社会民生、生态环境、国家安全等的作用，以及研究成果的合作交流、转移转化和示范推广情况，人才、专利、技术标准战略在课题中的实施情况等。

三、人员及资金投入使用情况

1. 人员及资金使用情况

对照课题任务书阐述人员投入情况，课题资金（包括中央财政资金、地方财政资金、单位自筹资金和其他渠道资金等）到位、拨付、支出和资金管理使用、监督情况等，并填写经结题审计后的课题资金支出情况表（附表）。

2. 资金调整情况

如出现课题执行过程中需报批的预算调整事项，以及资金未及时到位、停拨、迟拨等特殊情况，请详细说明原因。

四、组织实施管理情况及重大问题、建议

五、课题任务书中有特殊约定或其他需要说明的事项

附表

课题资金支出情况表

金额单位：万元

填表说明：1. 预算批复数以任务书批复的金额为准，如有调整，以履行报批程序后专业机构批复的金额为准；
2. 账面支出数为项目执行周期内实际支出数；
3. 账面结余数为预算批复数减去账面支出数。

序号	课题编号	课题承担单位	预算批复数				账面支出数				账面结余数				是否为预算内单位
			中央财政专项资金		其他来源资金	合计	中央财政专项资金		其他来源资金	合计	中央财政专项资金		其他来源资金	合计	
			直接费用	间接费用			直接费用	间接费用			直接费用	间接费用			
	(1)	(2)	(3)	(4)	(5)	(6)	(7)	(8)	(9)	(10)	(11)	(12)	(13)	(14)	(15)
累计															/

注：采用计提方式列支间接费用的课题，计提数则为账面支出数，无须填写计提后的详细支出情况。

附 2

国家重点研发计划课题
绩效评价专家个人意见表

（参考格式）

重点专项名称					
项目编号		项目名称			
评价内容	课题 1 名称	课题 2 名称	课题 3 名称	课题 4 名称	…
一、课题目标、考核指标完成情况，对项目总体目标的贡献（55 分）					
二、成果水平、创新性、应用前景及示范推广情况（30 分）					
三、人才培养、组织管理、数据共享、技术档案归档等情况（15 分）					
总分					

意见及建议：

签　名：

注：1. 本表由专家填写，每人一份。
2. 意见及建议栏可另附页。
3. 各项目可根据各自特点对各项评价内容的内涵进行细化。

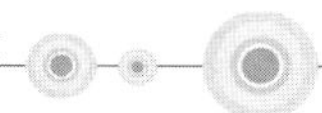

附 3

国家重点研发计划课题
绩效评价专家组意见表
（参考格式）

重点专项名称			
项目编号		项目名称	
课题编号		课题名称	
课题负责人		课题承担单位	

专家组意见：
（包括：1. 对课题执行情况的总体评价，是否完成预定考核指标、达到预期目标，对项目总体目标的贡献；2. 取得的重要成果、创新性、应用前景及示范推广等情况；3. 组织管理、人才培养等情况；4. 存在的问题及建议等。）

绩效评价意见：

□ 通过

□ 未通过

□ 结题

专家组组长签名：

注：因非不可抗拒因素未完成课题任务书确定的主要目标和任务；未按期提交材料的；提供的文件、资料、数据存在弄虚作假的；未按相关要求报批重大调整事项的；课题承担单位、参与单位或个人存在严重失信行为并造成重大影响的；拒不配合绩效评价工作的；均按未通过处理。

附 4

项目编号： **密级：**

国家重点研发计划
项目综合绩效自评价报告
（参考格式）

项目名称：______________________________

所属专项：______________________________

项目负责人：（签字）__________________________

项目牵头单位：（盖章）________________________

项目管理专业机构：__________________________

执行期限： 年 月至 年 月

中华人民共和国科学技术部

20 年 月 日

编　报　要　求

一、内容说明

项目综合绩效自评价报告应围绕项目任务书的内容报告总体执行情况，具体包括项目目标和考核指标完成情况、获得的重要成果、成果应用示范推广及产业化情况、组织管理和人才培养等情况，以及资金使用情况等。

二、格式要求

文字简练；报告的密级一般与项目任务书密级相同；报告文本统一用 A4 幅面纸，文字内容一律通过国家科技管理信息系统公共服务平台在线填报；报告文本第一次出现外文名称时要写清全称和缩写，再出现时可以使用缩写。

三、编制程序及时间要求

项目各课题绩效评价结束后，由项目牵头单位组织项目参与单位编制项目综合绩效自评价报告，经项目牵头单位及项目负责人审核后，按照填报项目任务书时的用户名和密码，登录国家科技管理信息系统公共服务平台（http：//service. most. gov. cn/）在线填写，并由单位管理员审核提交专业机构审核确认。填报完毕后，打印装订，由项目负责人签字，项目牵头单位盖章后，报送专业机构。

涉密项目综合绩效自评价报告不得在线填写，请在国家科技管理信息系统公共服务平台下载文档模板，并按照有关保密规定进行填写、打印及报送。

编写大纲

一、总体进展情况

1. 项目总体进展情况

对照项目任务书的目标和各项主要考核指标，阐明项目总体进展情况，项目实施、重要产出和成果等对专项整体进展、完成专项目标的贡献。

2. 项目重要调整情况

对项目主要研究内容和考核指标调整、项目牵头单位/课题承担单位/课题参与单位变更、项目/课题负责人变更、项目骨干变更、项目（课题）执行期变更等调整情况进行说明（如无调整此项可不写）。

二、取得的重要成果及效益

1. 取得的重要进展及成果

介绍项目研究工作的重要进展、重要成果及应用前景。

2. 经济社会效益

重点阐明项目研究对学科/行业产生的重要影响，对社会民生、生态环境、国家安全等的作用，以及研究成果的合作交流、转移转化和示范推广情况，人才、专利、技术标准战略在项目中的实施情况等。

三、组织实施管理工作

1. 人员投入使用情况

对照项目任务书阐述项目的人员投入情况。

2. 项目组织管理情况

阐述项目内部管理机构和管理制度建立、运行情况和效果，以及项目牵头单位组织课题间交流、检查评估等方面的管理情况。

3. 项目间协作情况

阐述项目参与重点专项的相关管理活动，项目间资源与数据共享、协作研发以及成果转化应用情况，具有创新链上下游关系或关联性较强的相关项目实施中协调联动情况等。

4. 组织实施风险及应对情况

阐述项目在组织实施过程中，面对外部政策、组织管理、研发变化和知识产权等方面的风险以及应对措施。

5. 资金投入、拨付与支出情况

经结题审计后的项目资金（包括专项中央财政资金、地方财政资金、单位自筹资金和其他来源资金等）到位、拨付、调整、支出和资金使用监督管理情况等，并提交项目下所有课题的《中央财政科技计划项目（课题）结题审计报告》，如对审计报告有异议或进行整改的，可一并提交相关材料。

四、组织实施中的重大问题及建议

五、项目任务书中有特殊约定或其他需要说明的事项

六、专业机构要求提交的其他材料

附表

国家重点研发计划项目
综合绩效评价信息表

一、项目基本情况

<table>
<tr><td>项目名称</td><td colspan="3"></td></tr>
<tr><td>项目编号</td><td colspan="3"></td></tr>
<tr><td>所属专项</td><td colspan="3"></td></tr>
<tr><td>密级</td><td>□公开 □秘密 □机密 □绝密</td><td>课题数</td><td></td></tr>
<tr><td>项目牵头单位</td><td></td><td>单位性质</td><td></td></tr>
<tr><td>申请绩效评价时间</td><td></td><td>参加单位数</td><td></td></tr>
<tr><td>中央财政专项资金</td><td></td><td>地方财政资金</td><td></td></tr>
<tr><td>单位自筹资金</td><td></td><td>其他渠道获得资金</td><td></td></tr>
<tr><td>项目执行周期</td><td></td><td>审计基准日</td><td></td></tr>
<tr><td>项目负责人</td><td></td><td>联系电话</td><td></td></tr>
<tr><td>电子邮箱</td><td colspan="3"></td></tr>
<tr><td>项目联系人</td><td></td><td>联系电话</td><td></td></tr>
<tr><td>电子邮箱</td><td colspan="3"></td></tr>
<tr><td>科研财务助理</td><td></td><td>联系电话</td><td></td></tr>
<tr><td>电子邮箱</td><td colspan="3"></td></tr>
<tr><td>项目类型</td><td colspan="3">□基础前沿 □重大共性关键技术 □应用示范 □其他 □青年项目</td></tr>
<tr><td>与专项内其他项目/
应用单位/
企业合作状况</td><td colspan="3">□信息交流 □技术咨询 □研发合作 □成果转化 □实现产业化</td></tr>
<tr><td>项目执行情况</td><td colspan="3">01 按期完成 02 提前完成 03 延期完成</td></tr>
<tr><td>项目完成情况</td><td colspan="3">01 达到预期指标 02 超过预期指标 03 未达到预期指标</td></tr>
</table>

二、项目人员投入情况

总人数	其中女性	高级职称	中级职称	初级职称	其他人员	博士	硕士	学士	其他学历	总人年

三、项目目标及考核指标完成情况

项目目标	成果名称	成果类型	对应的课题	考核指标				考核方式（方法）及评价手段	实际完成指标状态
				指标名称	立项时已有指标值/状态	中期指标值/状态	完成时指标值/状态		
	1	☐新理论 ☐新原理 ☐新产品 ☐新技术 ☐新方法 ☐关键部件 ☐数据库 ☐软件 ☐应用解决方案 ☐实验装置/系统 ☐临床指南/规范 ☐工程工艺 ☐标准 ☐论文 ☐发明专利 ☐其他		指标 1.1					
				…					
	2	同上		指标 2.1					
				…					
	…	同上		指标…					
				…					
科技报告考核指标	序号	报告类型		数量	提交时间			公开类别及时限	是否按计划提交科技报告
其他目标与考核指标完成情况									

四、项目取得经济社会效益情况

1. 标准情况	获得国际标准数		获得国家标准数	
	获得行业、地方标准数		获得其他标准数	
2. 专利情况	申请发明专利项数		获得授权发明专利项数	
	其中国际		其中国际	
	申请其他各类专利项数		获得授权其他各类专利项数	
	其中国际		其中国际	

（续）

<table>
<tr><td rowspan="2">3. 专著人才等情况</td><td>毕业研究生数</td><td></td><td colspan="2">其中博士生</td><td></td></tr>
<tr><td>取得软件著作权数</td><td></td><td colspan="2">出版专著数</td><td></td></tr>
<tr><td rowspan="4">4. 新理论、新技术、新产品等情况</td><td>取得的新理论、新原理数</td><td></td><td colspan="2">取得的新技术、新工艺、新方法数</td><td></td></tr>
<tr><td>取得的新产品、新装置数</td><td></td><td colspan="2">示范、推广面积数（亩）</td><td></td></tr>
<tr><td>获得新药（医疗器械）证书数、临床批件数</td><td></td><td colspan="2">获得临床指南、规范数</td><td></td></tr>
<tr><td>新建生产线数</td><td></td><td colspan="2">新建示范工程数</td><td></td></tr>
<tr><td>5. 培训情况</td><td>培训技术人员数</td><td></td><td colspan="2">培训农民数</td><td></td></tr>
<tr><td>6. 成果转化情况</td><td>成果转让数（项）</td><td></td><td colspan="2">成果转让收入（万元）</td><td></td></tr>
<tr><td rowspan="5">论文专著发表情况（请列出不超过5篇代表性论文）</td><td>论文/专著名称</td><td colspan="2">发表期刊/出版单位</td><td>完成人</td><td>发表时间</td></tr>
<tr><td></td><td colspan="2"></td><td></td><td></td></tr>
<tr><td></td><td colspan="2"></td><td></td><td></td></tr>
<tr><td></td><td colspan="2"></td><td></td><td></td></tr>
<tr><td>…</td><td colspan="2"></td><td></td><td></td></tr>
<tr><td rowspan="5">专利申请授权情况（请列出不超过5项代表性专利）</td><td>申请/授权的专利名称</td><td>申请号/批准号</td><td>申请/批准国别</td><td>完成人</td><td>专利类型</td></tr>
<tr><td></td><td></td><td></td><td></td><td></td></tr>
<tr><td></td><td></td><td></td><td></td><td></td></tr>
<tr><td></td><td></td><td></td><td></td><td></td></tr>
<tr><td>…</td><td></td><td></td><td></td><td></td></tr>
<tr><td rowspan="4">技术标准获批情况</td><td>获得技术标准名称</td><td colspan="2">标准类型</td><td colspan="2">标准号</td></tr>
<tr><td></td><td colspan="2"></td><td colspan="2"></td></tr>
<tr><td></td><td colspan="2"></td><td colspan="2"></td></tr>
<tr><td>…</td><td colspan="2"></td><td colspan="2"></td></tr>
<tr><td rowspan="3">其他情况（不超过5项）</td><td colspan="5"></td></tr>
<tr><td colspan="5"></td></tr>
<tr><td colspan="5">…</td></tr>
</table>

注：项目牵头单位仅需填写与本项目相关的内容信息，并根据项目进展情况填写。

五、项目牵头单位中央财政专项资金拨付情况表

金额单位：万元

填表说明：该表填报内容为项目牵头单位资金外拨课题承担单位情况。

序号	课题编号	课题名称	课题承担单位	预算批复数			拨付数			拨付日期	是否为预算内单位	是否足额拨付资金
				中央财政专项资金		合计	中央财政专项资金		合计			
				直接费用	间接费用		直接费用	间接费用				
	(1)	(2)	(3)	(4)	(5)	(6)	(7)	(8)	(9)	(10)	(11)	(12)
1												
2												
3												
4												
5												
6												
7												
8												
9												
10												
累计											/	/

注：此表为项目牵头单位向课题承担单位拨付中央财政专项资金填列，如存在项目牵头单位向课题承担单位拨付其他来源资金的，请单独作出说明。

六、项目资金支出情况汇总表

金额单位：万元

填表说明：1. 预算批复数以任务书批复的金额为准，如有调整，以履行报批程序后专业机构批复的金额为准；2. 账面支出数为项目执行周期内实际支出数；3. 账面结余数为预算批复数减去账面支出数。

序号	课题编号	课题承担单位	预算批复数				账面支出数				账面结余数				是否为预算内单位
			中央财政专项资金		其他来源资金	合计	中央财政专项资金		其他来源资金	合计	中央财政专项资金		其他来源资金	合计	
			直接费用	间接费用			直接费用	间接费用			直接费用	间接费用			
	(1)	(2)	(3)	(4)	(5)	(6)	(7)	(8)	(9)	(10)	(11)	(12)	(13)	(14)	(15)
1															
2															
3															
4															
5															
6															
7															
8															
9															
10															
累计															/

注：1. 课题承担单位应付未付和预计支出应在课题审计报告中反映；2. 采用计提方式列支间接费用的课题，计提数则为账面支出数，无须填写计提后的详细支出情况。

附 5

专家课题资金评议打分表
（参考格式）

课题编号		课题承担单位	
课题名称		课题负责人	
总经费		中央财政专项资金	
		其他来源资金	

一、评分表

指标	内容	分值	评分
1. 资金到位和拨付情况	①中央财政专项资金和其他来源资金到位情况； ②项目/课题承担单位是否按照任务进展对课题承担/参与单位及时足额拨付资金。 （如出现无故不拨专项经费影响课题任务执行，自筹资金不到位影响任务执行等情况，该指标得 0 分）	30 分	
2. 会计核算和资金使用情况	①课题承担/参与单位的会计核算是否规范； ②支出与课题任务是否相关、经济合理，开支范围和标准是否符合规定； ③相关资产管理情况； ④财务档案保存情况。 （如出现挤占、挪用、套取、转移专项资金，提供虚假会计资料，拒不提供会计资料，存在问题拒不整改以及其他违反国家财经纪律行为的任意一种，该指标得 0 分）	40 分	
3. 预算执行与调整情况	①专项经费预算调整是否履行规定的程序（如出现重大调整事项未报批的，该指标得 0 分）； ②专项经费预算执行是否明显过低；（课题专项经费预算执行率每低于 95%一个百分点，减少 1 分）	30 分	
评议得分		100 分	

二、资金审核评议情况说明

（一）资金到位和拨付情况：
（二）会计核算和资金使用情况：
（三）预算执行与调整情况：
（四）经评议，对审计确认的结余资金进行了审核调整：
1.
2.
…
最终认定本课题结余资金为　　　万元。

评议专家签字：　　　　　　　　　　　　日期：

附 6

专家组课题资金评议打分表

（参考格式）

课题编号		课题承担单位	
课题名称		课题负责人	
总经费		中央财政专项资金	
		其他来源资金	

一、评分表

指标	分值	评分 1	评分 2	评分 3	评分 4	最终评分
1. 资金到位和拨付情况	30 分					
2. 会计核算和资金使用情况	40 分					
3. 预算执行与调整情况	30 分					
评议得分	100 分					

二、资金审核评议情况说明

（一）资金到位和拨付情况：

（二）会计核算和资金使用情况：

（三）预算执行与调整情况：

（四）经专家组评议，对审计确认的结余资金进行了审核调整：

1.

2.

…

最终认定本课题结余资金为　　　万元。

专家组副组长签字：　　　　　　　　　　　日期：

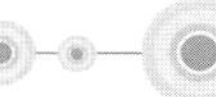

附 7

国家重点研发计划项目
综合绩效评价专家个人意见表
（参考格式）

重点专项名称				
项目编号		项目名称		
项目负责人		项目牵头单位		
评 价 内 容			分 值	得 分
一、项目目标、考核指标完成情况等			55 分	
二、成果水平、创新性、应用前景及示范推广情况			30 分	
三、组织管理、人才培养、数据共享、科技报告呈交、技术档案归档等情况			15 分	
总 分			100 分	

意见及建议：

签 名：

注：1. 本表由专家填写，每人一份。
2. 意见及建议栏可另附页。
3. 各专业机构可根据专项项目特点对各项评议内容的内涵进行细化。

附 8

国家重点研发计划项目
综合绩效评价专家组意见表
（参考格式）

重点专项名称										
项目编号			项目名称							
项目负责人			项目牵头单位							
专家平均评分	专家 1	专家 2	专家 3	专家 4	专家 5	专家 6	专家 7	专家 8	专家 9	专家 10	专家…

专家组意见：

（包括：1. 对项目执行情况的总体评价，是否完成预定任务、达到预期目标，项目支撑专项目标实现情况；2. 取得的重要成果、创新性、应用前景及示范推广等情况；3. 组织管理、人才培养及相关项目协同情况等；4. 存在的问题及建议等。）

综合绩效评价意见：

□ 通过

□ 未通过

□ 结题

专家组组长签名：

注：因非不可抗拒因素未完成项目任务书确定的主要目标和任务；未按任务书约定提交科技报告或未按期提交材料的；提供的文件、资料、数据存在弄虚作假的；未按相关要求报批重大调整事项的；项目牵头单位、课题承担单位、参与单位或个人存在严重失信行为并造成重大影响的；拒不配合综合绩效评价工作或逾期不开展课题绩效评价的；均按未通过处理。

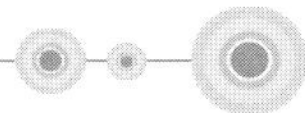

附 9

关于下达国家重点研发计划××项目综合绩效评价结论的通知
（参考格式）

××（项目牵头单位）：

你单位牵头承担的××项目执行期已满。按照《国家重点研发计划管理暂行办法》（国科发资〔2017〕152号）、《国家重点研发计划资金管理办法》（财科教〔2017〕113号）以及相关配套管理制度等要求，你单位组织对该项目下设各课题任务完成情况进行了绩效评价；我们组织对该项目进行了综合绩效评价，现将综合绩效评价结论下达你单位。

一、项目综合绩效评价结论

项目综合绩效评价结论为××，评分为××分，绩效等级为××。

课题编号	课题名称	课题绩效评价结论	课题资金评议得分	结余资金（单位：万元）	应上交结余（单位：万元）
项目合计					

注：如项目综合绩效评价结论为“未通过”或“结题”，项目下各课题的结余资金均应上交专业机构；“应上交结余”栏目填写的金额应等于“结余资金”栏目。

二、有关要求

对于留归单位使用的结余资金，应严格按照中央财政科技计划资金管理的相关规定执行，加强管理，规范使用，切实提高资金的使用效益。

对于应上交的结余资金，请项目牵头单位在收到综合绩效评价结论后1个月内及时组织回收课题承担单位的结余，汇总上交至专业机构指定账户（户名：　　　　　开户行：　　　　　账号：　　　　　），并备注“××结余”。课题承担单位应组织相关参与单位做好结余回收工作，并积极配合项目牵头单位完成结余上交。

附件：项目综合绩效评价专家组意见表（将专家个人评分删去）

（专业机构签章）
年　　月　　日

图书在版编目（CIP）数据

农业面源和重金属污染监测方法与评价指标体系研究/刘宝存，郑戈主编．—北京：中国农业出版社，2020.10
ISBN 978-7-109-27268-2

Ⅰ．①农…　Ⅱ．①刘…　②郑…　Ⅲ．①农业污染源－面源污染－污染源监测－研究－中国 ②重金属污染－污染防治－研究－中国　Ⅳ．①X5

中国版本图书馆 CIP 数据核字（2020）第 168073 号

中国农业出版社出版
地址：北京市朝阳区麦子店街 18 号楼
邮编：100125
责任编辑：谢志新　郭晨茜
版式设计：杜　然　　责任校对：刘丽香
印刷：北京通州皇家印刷厂
版次：2020 年 10 月第 1 版
印次：2020 年 10 月北京第 1 次印刷
发行：新华书店北京发行所
开本：787mm×1092mm　1/16
印张：22.25
字数：450 千字
定价：280.00 元
